中等卫生职业教育创新教材

供中职药剂、中医、中药、中药制剂、医学检验技术、
康复技术等相关专业使用

生物化学基础

（第二版）

主　编　莫小卫

副主编　迟玉芹　刘保东

编　者　（按姓氏汉语拼音排序）

迟玉芹　山东省青岛第二卫生学校
刘　丽　太原市卫生学校
刘保东　长治卫生学校
柳晓燕　安徽省淮南卫生学校
莫小卫　梧州市卫生学校
王　杰　石河子卫生学校
张文娟　南阳医学高等专科学校

科学出版社

北　京

内 容 简 介

本教材旨在贯彻《国家职业教育改革实施方案》文件精神，按照教育部最新《职业学校专业教学标准》课程建设工作的基本要求和课程特点编写而成，内容上涵盖“蛋白质与核酸化学、酶与维生素、生物氧化、糖代谢、脂类代谢、氨基酸代谢、肝生物化学、核苷酸代谢和蛋白质的生物合成、水和无机盐代谢、酸碱平衡”等重点知识。本教材具有注重“三基”“五性”以及实用的特点，同时配套有“数字化资源点”等在线学习平台，从而使教材内容立体化、生动化，易教易学。

本教材供中职药剂、中医、中药、中药制剂、医学检验技术、康复技术等相关专业使用。

图书在版编目（CIP）数据

生物化学基础 / 莫小卫主编. —2版. —北京：科学出版社，2021.1
中等卫生职业教育创新教材
ISBN 978-7-03-066932-2

Ⅰ. ①生… Ⅱ. ①莫… Ⅲ. ①生物化学-中等专业学校-教材 Ⅳ. ①Q5

中国版本图书馆CIP数据核字（2020）第227292号

责任编辑：段婷婷 / 责任校对：杜子昂
责任印制：赵 博 / 封面设计：蓝正设计

科学出版社 出版
北京东黄城根北街16号
邮政编码：100717
http：//www.sciencep.com
天津文林印务有限公司 印刷
科学出版社发行 各地新华书店经销
*
2010年6月第 一 版 开本：850×1168 1/16
2021年1月第 二 版 印张：9 1/4
2021年1月第十七次印刷 字数：175 000

定价：32.80元

（如有印装质量问题，我社负责调换）

前言

本教材依据教育部颁布的《中等职业学校专业教学标准》的要求，结合中等职业学校的培养目标及现阶段中等职业学校学生知识水平的总体状况，本着“够用、实用、适用”的原则编写而成。为更好地满足中职医药卫生类相关专业的教学需求，在科学出版社教材建设委员会的组织规划下，《生物化学基础》突出强调生物化学知识的系统性，有针对性和实用性地为药品类专业课程服务。

1. 强化技能，理论适度　体现中等职业教育的属性，以培养高素质劳动者和技能型人才为主要目标，使学生掌握一定的技能以适应岗位的需要，具有一定的理论知识基础和可持续发展的能力。教材内容既给学生学习和掌握技能奠定必要的、足够的理论基础，也不过分强调理论知识的系统性和完整性。

2. 注重实践，突出案例　加强实际案例的内容，使教材内容更贴近岗位，让学生了解实际岗位的知识与技能要求，做到学以致用。

3. 遵循教材规律，注重“三基”“五性”　教材内容注重基本知识、基础理论、基本技能及思想性、科学性、先进性、启发性、适用性，以满足多数学校的教学需要。

4. 多媒融合　本教材建设有“数字化资源点”网络教学平台和在线学习平台，丰富教学资源，实现教学资源数字化和教学过程互动式。

本教材特点如下。

1. 在突出教材系统性和“三基”内容的基础上，适当增加与药物作用相关的生化知识，以突出生物化学为专业课程服务的理念。

2. 本教材在每一章内容之前列出了学习目标，教师可围绕学习目标组织教学内容。教材中设有“链接”“课堂互动”，增加了教材的启发性、趣味性和可读性，拓展了学生的知识面，激发了学生的学习兴趣。每章后还有“自测题”，便于学生复习。

本教材在编写过程中得到了各参编学校的大力支持，在此表示衷心感谢。全体参编人员在编写过程中尽了最大努力，付出了辛勤的汗水，除了完成自己的编写任务外，还发扬了团队合作精神，互相帮助互审稿件。但由于编者水平有限，经验不足，书中若有不足之处，敬请使用本教材的广大师生提出宝贵意见。

莫小卫

2020年6月

配 套 资 源

欢迎登录“中科云教育”平台，**免费**数字化课程等你来！

本系列教材配有图片、视频、音频、动画、题库、PPT 课件等数字化资源，持续更新，欢迎选用！

“中科云教育”平台数字化课程登录路径

电脑端

- 第一步：打开网址 http://www.coursegate.cn/short/WF5QN.action
- 第二步：注册、登录
- 第三步：点击上方导航栏“课程”，在右侧搜索栏搜索对应课程，开始学习

手机端

- 第一步：打开微信“扫一扫”，扫描下方二维码

- 第二步：注册、登录
- 第三步：用微信扫描上方二维码，进入课程，开始学习

PPT课件，请在数字化课程中各章节里下载！

目 录

第1章 绪论

第1节 生物化学概述

生物化学即“生命的化学”，简称生化。生物化学是研究生物体的物质组成、化学结构以及各种化学变化的科学，是从分子水平上解释一切生命现象的科学，是生命科学及医学的重要组成部分。它的研究对象是生物体，医学生物化学的研究对象是人体。生物化学的研究任务是研究生物体的物质组成、新陈代谢和生物大分子的结构与功能等。

考点：生物化学的定义

一、生物化学的主要研究内容

1. 研究生物体的物质组成（叙述生物化学） 研究生物体的化学变化，首先要了解生物体的物质组成，这是生物化学最基本的研究内容，是生物化学的基础。生物体是由无机物和有机物两大类物质组成的。无机物包括水和无机盐，有机物包括蛋白质、核酸、糖类、脂类和维生素。蛋白质和核酸与生命现象有明确的、直接的关系，又称生物大分子。蛋白质是生物体性状的表现者，而核酸则是遗传信息的携带者。蛋白质和核酸分别由氨基酸和核苷酸组成，因此氨基酸和核苷酸分别称为蛋白质和核酸的基本组成单位或构件分子。

2. 研究新陈代谢（动态生物化学） 生命的存在有赖于与所在环境的物质交换，即新陈代谢。新陈代谢是生命的基本特征，是生物体有别于非生物体的重要标志。几乎每一种物质的代谢都是由肠道的消化吸收、血液的运输、细胞内的生物化学及最终产物的排出等几个阶段组成。新陈代谢包括分解代谢和合成代谢。分解代谢是由大分子物质转变为小分子物质的过程，其目的在于释放能量（产能），合成 ATP 供机体利用，同时也为合成代谢提供原料。合成代谢是由小分子物质转变为大分子物质的过程。新陈代谢在体内可受到严格的调节和控制，以保证机体对环境的适应。

3. 研究生物大分子的结构和功能（分子生物化学） 主要研究工作是探究各种生物大分子的结构与其功能的关系，通过研究蛋白质和核酸来确定其生物学功能，是当代生物化学的主要研究内容。

二、生物化学的发展过程

生物化学是 20 世纪初作为一门独立的学科发展起来的，最近 50 年是生物化学发展最迅速的阶段，在这一阶段生物化学取得了许多里程碑式的重大突破。生物化学的发展过程大致可分为三个阶段，即叙述生物化学、动态生物化学和分子生物化学阶段。

我国生物化学家在生物化学的发展过程中作出了一定的贡献。1965 年中国科学院上海生物化学研究所、中国科学院上海有机化学研究所和北京大学化学系的科学家们首次人工合成了具有生物活性的结晶牛胰岛素。1981 年，我国科学家又成功地合成了酵母苯丙氨酰 tRNA。此外，我国科学家还在酶学、蛋白质结构、新基因的克隆和功能等方面取得了重要成就。

考点：生物化学研究的主要内容

三、生物化学与医学的关系

生物化学作为重要的医学基础课程，其研究内容与疾病的发生、诊断和治疗均有密切关系。

1. 生物化学与疾病的发生 DNA 的结构改变可导致细胞变异；血红蛋白结构异常会发生镰状细胞贫血；胰岛素分泌不足可发生糖尿病；酪氨酸酶缺陷和苯丙氨酸羟化酶缺陷分别会导致白化病和苯丙酮尿症；糖酵解速度过快可造成乳酸酸中毒；食物中缺乏叶酸或维生素 B_{12} 会发生巨幼红细胞贫血。

2. 生物化学与疾病的诊断 临床上测定血清谷丙转氨酶（丙氨酸氨基转移酶），可了解肝脏是否功能正常；检测血清中甲胎蛋白，可协助诊断是否有肝癌的发生；测定红细胞膜上的胆碱酯酶活性，可了解有机磷中毒的程度及评估治疗效果；测定血浆蛋白的种类和含量，可作为肝、肾疾病的诊断依据；分析 DNA 的结构可了解是否有致病基因的存在。

3. 生物化学与疾病的治疗 通过介入技术将链激酶或尿酶注入冠状动脉血栓形成处，可将血栓溶解，使血管再通；多晒太阳可促进佝偻病患者维生素 D 的合成，从而预防佝偻病或软骨病；通过限制苯丙酮尿症患者苯丙氨酸摄入量，对保证患者正常生长发育有一定作用。

总之，在临床实践中不论是疾病的预防，还是疾病的诊断和治疗，生物化学知识和技术可解决很多问题。这也是学习生物化学的目的之一。

第 2 节　生物化学药物

生物化学是药学专业基础课程。生物化学与医学和药学有着密切的联系，其迅速发展的理论和技术促进了医学和药学等相关学科的发展。

一、生物化学药物的概念

生物化学药物简称生化药物，是指运用生物化学的理论、方法和技术从生物资源中提取的，以及通过化学合成、微生物合成或现代生物技术制得的，用于预防、诊断和治疗疾病的生物活性物质。

考点：生物化学药物的定义

二、生物化学药物的来源

1. 植物 药用植物品种繁多，但从植物中提取生化药物的品种还不多，近年来由植物材料寻找生化药物已引起重视，特别是我国中药资源丰富，如用黄芪、人参、刺五加、红花等中药可抽取促进免疫功能、抗肿瘤、抗辐射等活性多糖和各种蛋白酶抑制剂。

2. 动物和海洋生物 许多生化药物来源于动物的组织、器官、腺体、胎盘、骨、毛发和蹄甲等。动物组织器官的主要来源是猪，其次是牛、羊、家禽和海洋生物。海洋生物是开发生化药物的重要材料，目前已从海藻类、鱼类、河鲀、海星等海洋生物中提取了多种生化药物。人血、人尿也是重要的原料。

3. 微生物 微生物及其代谢产物资源丰富，且易培养、繁殖快、产量高、成本低，便于大规模工业化生产，不受原料运输、保存和生产季节、资源供应的影响，可开发的潜力很大。应用微生物发酵法生产生化药物是一个重要的途径。

4. 化学合成 许多小分子生化药物已能用化学合成或半合成进行生产，并且通过结构改造制得的生化药物具有高效、长效和高专一性等优点。

5. 现代生物技术产品 随着各种生物技术的发展，应用基因工程建立“工程菌”“工程酵母”“工程细胞”等，使所需的基因在宿主细胞内表达，制造各种生物活性物质，这是生化制药今后的发展方向。

考点：生物化学药物的来源

三、生物化学药物的特点

1. 药理学特性

（1）药理活性高：生化药物是体内原先存在的生理活性物质，以生物分离工程技术从大量生物材料中精制而成，因此具有高效的药理活性。

（2）治疗效果可靠：生化药物治疗的生理、生化机制合理，疗效可靠。

（3）毒副作用较小，营养价值高：生化药物的化学组成更接近人体的正常生理物质，进入人体后更易被机体吸收、利用和参与人体的正常代谢和调节，所以毒副作用小，还有较高的营养价值。

（4）免疫原性反应和过敏反应常有发生：生化药物来自生物材料，不同的生物或相同生物的不同个体，所含的生物活性物质结构上常有很大的差异，使得在临床使用的时候常会表现出免疫原性反应和过敏反应。

2. 理化特性

（1）分子量（相对分子质量）不恒定：生化药物除了氨基酸等属于化学结构明确的小分子化合物外，大部分为大分子物质，其相对分子质量不是定值，导致大分子物质即使组分相同，往往由于分子量不同而产生不同的生理活性。

（2）生物活性测定：生化药物有时会因为工艺条件的变化，导致生物活性丧失，因此对生化药物除了采用理化法检定外，尚需用生物检定法检定，以证实其生物活性。

（3）安全性检查：由于生化药物的性质特殊，生产工艺复杂，易引入特殊杂质，所以一般要做安全性检查，如热原检查、过敏试验、异常毒性检查、致突变试验等。

（4）效价测定：生化药物多数可通过含量测定进行，但酶类药物需进行效价测定或酶活力测定，以表明其有效成分的高低。

（5）结构确证难：大分子生化药物由于有效结构或分子量不确定，其结构很难用红外线、紫外线、核磁、质谱等方法确定，往往还需要用生化法加以证实。

考点： 生物化学药物的特点

四、生物化学药物分类

生化药物有很多种分类方式，根据化学结构可分为以下七类。

1. 氨基酸、多肽及蛋白质类药物 氨基酸类药物主要包括天然的氨基酸、氨基酸衍生物及氨基酸的混合物；多肽类药物主要是多肽类激素和多肽细胞生长调节因子；蛋白质类药物主要包括蛋白类激素、蛋白类细胞因子、血浆蛋白等。

2. 酶和辅酶类药物 这类药物包括酶类药物、辅酶类药物和酶抑制剂。

3. 核酸及其降解物和衍生物类药物 这类药物包括核酸类、多聚核苷酸类和核苷酸、核苷及其衍生物类。

4. 糖类药物 这类药物包括单糖类、寡糖类和多糖类。

5. 脂类药物 这类药物包括饱和脂肪酸类、磷脂类、胆酸类、固醇类、胆色素等。

6. 维生素类药物 这类药物主要包括水溶性维生素、脂溶性维生素和复合维生素类。

7. 组织制剂 动植物组织经过加工处理，制成符合药品标准并有一定疗效的制剂称为组织制剂。这类制剂未经分离、纯化，有效成分也不完全清楚，但对有些疾病有一定疗效。

五、生化药物的发展

生化药物是生物化学发展起来后才出现的，由于生化药物的药理特点以及分离纯化方法日趋成熟，生化药物在临床得到广泛应用。现代生化技术的发展，为生化药物的发展创造了更为有利的条件。目前生化药物的开发热点主要集中在以下几个方面。

1. 利用蛋白质工程技术研制新药 利用蛋白质工程技术对现有蛋白质类药物进行改造，使其具有较好的性能，是获得具有自主知识产权生物技术药物的最有效途径之一。

2. 发展反义药物 反义药物是指人工合成长度为10～30个碱基的单链DNA或RNA片段。它们能在基因水平上干扰致病蛋白质的产生，可广泛地应用于各种病症的治疗，比传统药物更具有选择性，具有高效低毒和用量少等特点。

3. 利用基因组成果研发新药 21世纪初，人类基因组工作草图绘制完毕，以此研究成果为基础，能开发各种特异性新药。

4. 寻找新生化药物资源 传统观念认为，生化药物的来源仅局限于脏器、组织和代谢物，但实际上远远不止这些，凡是有生命的物质都是生化药物学者寻找开发的对象。从海洋生物中开发生化药物是未来研发的重点。

5. 开发多糖与寡糖类药物 不同序列的多糖片段具有不同的生物活性，是寻找新生化药物的宝库。

链接

学习生物化学的方法

☆要运用结构决定功能的逻辑思维来学习生物化学。

☆要注重在学习的过程中对基本概念、关键酶、重要反应过程及特点、意义等理解记忆。

☆要注意前后联系、勤于思考，充分做到理论联系实际。

☆要学会自学，课前预习、课后及时复习的有效方法。

（莫小卫）

自测题

一、单项选择题

1. 医学生物化学的研究对象是（　　）

A. 动物　B. 植物　C. 人体　D. 生物体　E. 微生物

2. 以下不属于生化药物药理学特性的是（　　）

A. 药理活性高

B. 治疗针对性强

C. 毒副作用较小，营养价值高

D. 生理不良反应常有发生

E. 遇热易分解

二、填空题

1. 生物化学即“________的化学”，简称________。生物化学是研究生物体的________、________及各种化学变化的科学，是从________上解释一切生命现象的科学，是生命科学及医学的重要组成部分。

2. 生物化学药物简称________，是指运用________、________和技术从生物资源提取的，以及通过化学合成、微生物合成或现代生物技术制得的，用于________、________和治疗疾病的生物活性物质。

3. 生化药物的来源有________、________、________、________、________、________。

第 2 章

蛋白质与核酸化学

蛋白质是生命活动的主要承担者。组成细胞的有机物中含量最多的就是蛋白质。蛋白质是生物体内最重要的生物大分子之一。蛋白质是由许多氨基酸通过肽键相连形成的高分子含氮化合物。蛋白质必须经过消化成为各种氨基酸，才能被人体吸收和利用。

蛋白质含量高、分布广，所有器官、组织都含有蛋白质；细胞的各个部分都含有蛋白质。蛋白质几乎涉及所有的生理过程，许多蛋白质是构成细胞和生物体结构的重要物质；细胞内的化学反应离不开酶的催化，绝大多数酶都是蛋白质；有些蛋白质具有运输载体的功能；有些蛋白质起信息传递作用，能够调节机体的生命活动；有些蛋白质有免疫功能。

第 1 节　蛋白质的分子组成

课堂互动

三鹿奶粉事件是中国的一起食品安全事件。事件起因是很多食用三鹿集团生产的奶粉的婴儿被发现患有肾结石，随后在其奶粉中发现了化工原料三聚氰胺。

思考：三聚氰胺加入牛奶中以次充好的机制？

一、蛋白质的元素组成

蛋白质的种类繁多、结构各异，但组成蛋白质的元素相似，主要有碳（C）、氢（H）、氧（O）、氮（N）、硫（S）。有些蛋白质还含有少量的磷、铁、铜、锌、锰等元素。各种蛋白质含氮量较恒定，平均为 16%。即 1g 氮相当于 6.25g 蛋白质。生物组织中的氮元素绝大部分存在于蛋白质分子中，只要测出样品中的含氮量，就可以计算出样品中蛋白质的含量：

100g 样品中蛋白质的含量（g）=每克样品含氮克数（g）×6.25×100

考点：蛋白质的元素组成及含氮量

二、蛋白质的基本组成单位——氨基酸

组成蛋白质分子的基本单位是氨基酸。自然界中的氨基酸有 300 多种，但是构成人体蛋白质的氨基酸仅有 20 种，除甘氨酸之外，其余均为 *L*-α-氨基酸。各种氨基酸之间的区别在于 R 基的不同。

```
     COOH                 COOH
      |                    |
H2N—C—H              H—C—NH2
      |                    |
      R                    R
```

L-α-氨基酸　　　　*D*-α-氨基酸

20 种氨基酸根据其侧链的结构和理化性质可分为四类，分别是非极性疏水性侧链氨基酸；极性中性侧链氨基酸；酸性侧链氨基酸；碱性侧链氨基酸（表 2-1）。

表 2-1　组成蛋白质的 20 种氨基酸及分类

结构式	中文名	英文名	三字母符号	等电点 pI
1. 非极性疏水性侧链氨基酸				
H—CH—COOH NH_2	甘氨酸	glycine	Gly	5.97
CH_3—CH—COOH NH_2	丙氨酸	alanine	Ala	6.00
CH_3—CH— CH—COOH CH_3　NH_2	缬氨酸	valine	Val	5.96
CH_3—CH—CH_2—CH—COOH CH_3　NH_2	亮氨酸	leucine	Leu	5.89
CH_3—CH_2—CH—CH—COOH CH_3　NH_2	异亮氨酸	isoleucine	Ile	6.02
—CH_2—CH—COOH NH_2	苯丙氨酸	phenylalanine	Phe	5.48
CH —COOH NH	脯氨酸	proline	Pro	6.30
2. 极性中性侧链氨基酸				
CH—COOH N　NH_2	色氨酸	tryptophan	Trp	5.89
HO—CH_2—CH—COOH NH_2	丝氨酸	serine	Ser	5.68
HO——CH_2 — CH —COOH NH_2	酪氨酸	tyrosine	Tyr	5.66
HS—CH_2—CH—COOH NH_2	半胱氨酸	cysteine	Cys	5.07
CH_3—S—CH_2—CH_2—CH—COOH NH_2	甲硫氨酸	methionine	Met	5.74
O H_2N—C—CH_2—CH—COOH NH_2	天冬酰胺	asparagine	Asn	5.41
O H_2N—C—CH_2—CH_2—CH—COOH NH_2	谷氨酰胺	glutamine	Gln	5.65
CH_3 HO—CH—CH—COOH NH_2	苏氨酸	threonine	Thr	5.60
3. 酸性侧链氨基酸				
HOOC—CH_2—CH—COOH NH_2	天冬氨酸	aspartic acid	Asp	2.97
HOOC—CH_2—CH_2—CH—COOH NH_2	谷氨酸	glutamic acid	Glu	3.22

续表

结构式	中文名	英文名	三字母符号	等电点 pI
4. 碱性侧链氨基酸				
$H_2N—CH_2—CH_2—CH_2—CH_2—CH(NH_2)—COOH$	赖氨酸	lysine	Lys	3.22
$H_2N—C(=NH)—NH—CH_2—CH_2—CH_2—CH(NH_2)—COOH$	精氨酸	arginine	Arg	10.76
咪唑环$—CH_2—CH(NH_2)—COOH$	组氨酸	histidine	His	7.59

三、肽和肽键平面

（一）肽和肽键

一个氨基酸分子中的 *α*-氨基与另一个氨基酸分子中的 *α*-羧基脱水缩合所形成的酰胺键称肽键。所形成的化合物称为肽。

$$H_2N—CHR_1—CO—OH + H—NH—CHR_2—COOH \xrightarrow{-H_2O} H_2N—CHR_1—CO—NH—CHR_2—COOH$$

肽键

蛋白质的基本结构形式是多肽链，肽链中的每个氨基酸部分已不是完整的氨基酸，故称为氨基酸残基。在多肽链中，氨基酸残基按一定的顺序排列，这种排列顺序称为氨基酸排列顺序。多肽链有两个游离的末端，一端有游离的氨基，称为氨基末端（或 N 端）；另一端有游离的羧基称为羧基末端（或 C 端）。氨基酸的顺序是从 N 端的氨基酸残基开始，以 C 端氨基酸残基为终点的排列顺序。书写时，一般把 N 端写在左侧，C 端写在右侧。

考点：肽与肽键的概念

（二）肽键平面

在蛋白质分子中形成肽键的 C—N 键具有部分双键的性质，不能自由旋转，使得形成的肽键的四个原子及相邻的两个 *α*-碳原子处于同一平面上，称为肽键平面（肽平面）。它是蛋白质构象的基本结构单位。

第 2 节　蛋白质的结构与功能

一、蛋白质基本结构

在蛋白质分子中，从 N 端至 C 端氨基酸排列顺序称为蛋白质的一级结构。一级结构中的主要化学键是肽键，此外，蛋白质分子中所有二硫键的位置也属于一级结构的范畴。牛胰岛素是第一个被测定一级结构的蛋白质分子。在牛胰岛素的一级结构中，胰岛素有 A 和 B 两条多肽链。A 链有 21 个氨基酸残基，B 链有 30 个氨基酸残基。牛胰岛素分子中有 3 个二硫键（图 2-1）。

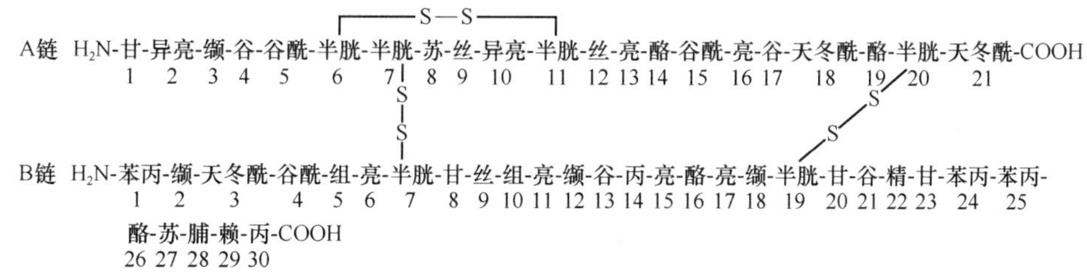

图 2-1　牛胰岛素的一级结构

考点：蛋白质一级结构的概念

二、蛋白质的空间结构

蛋白质的多肽链折叠、卷曲，使分子内各原子形成一定的空间排布及相互关系，称为蛋白质的空间结构。包括二级结构、三级结构和四级结构。

（一）蛋白质的二级结构

多肽链主链沿长轴方向折叠或卷曲可形成局部有规律的、重复出现的空间结构。蛋白质的二级结构是指蛋白质分子中某一段肽链的局部空间结构，也就是该段肽链主链骨架原子的位置，并不涉及氨基酸残基侧链的构象。维持二级结构稳定的主要化学键是氢键。α-螺旋、β-折叠是蛋白质二级结构的主要形式。此外，还包括β-转角和无规则卷曲。

1. **α-螺旋** α-螺旋的结构要点是：①多肽链主链围绕中心轴呈有规律的螺旋式上升的结构，形成右手螺旋，侧链伸向螺旋外侧；②每圈螺旋含 3.6 个氨基酸残基，螺距为 0.54nm；③每个肽键的 N—H 和第四个肽键的羰基氧形成氢键，保持螺旋稳定（图 2-2）。

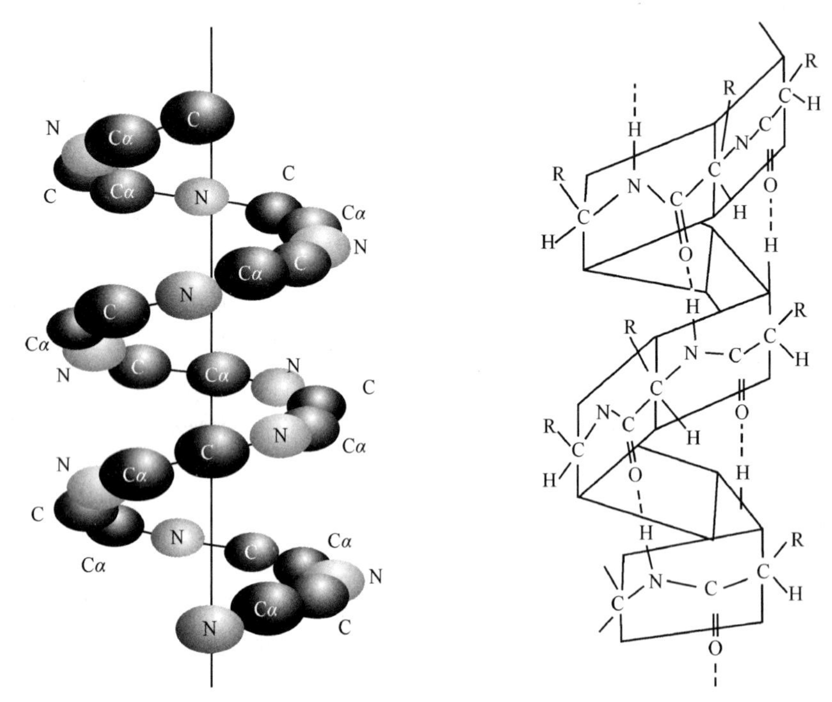

图 2-2　α-螺旋结构

2. **β-折叠** β-折叠为一种伸展、呈锯齿状的肽链结构。β-折叠的结构特点是：①多肽链呈锯齿状，并与长轴相互平行；②相邻肽键平面之间彼此折叠成锯齿状结构，侧链的 R 基团在折叠的上下方；③若干个 β-折叠结构可顺向平行排列，也可逆向平行排列；④相邻肽链之间以氢键连接，以维持 β-折叠结构的稳定（图 2-3）。

（二）蛋白质的三级结构

在二级结构的基础上，多肽链进一步折叠、卷曲，主链和侧链都包括在内形成的空间结构称为蛋白质的三级结构。包括整条多肽链中全部氨基酸残基的相对空间位置。也就是整条多肽链所有原子在三维空间的排布位置（图 2-4）。稳定三级结构的次级键包括氢键、盐键、疏水键等，其中以疏水键最为重要。只有一条多肽链的蛋白质必须具备三级结构才具有生物学功能。三级结构对于蛋白质的分子形状及其功能活性部位的形成起重要作用。如肌红蛋白就是由一条多肽链构成的具有三级结构的蛋白质分子。

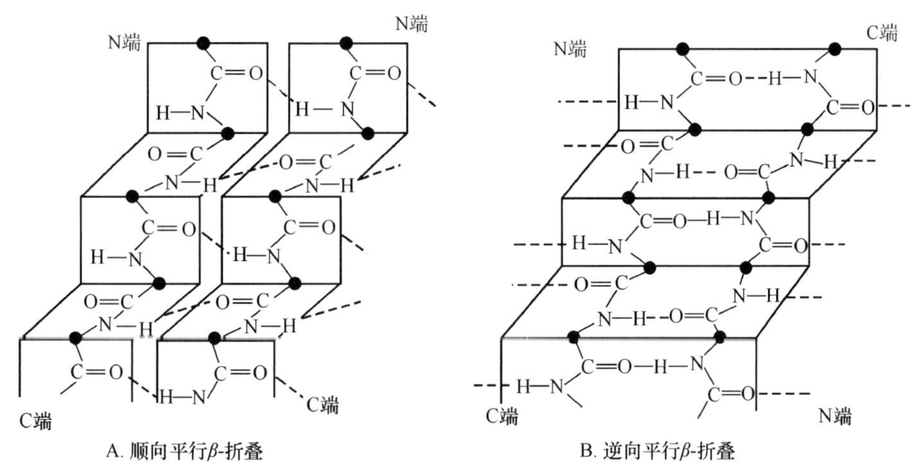

图 2-3　β-折叠结构

（三）蛋白质的四级结构

在体内有许多蛋白质含有 2 条或 2 条以上多肽链，每一条多肽链都具有其完整的三级结构，称为亚基。亚基与亚基之间以非共价键相连接，这种蛋白质分子中各个亚基的空间排布及亚基接触部位的布局和相互作用，称为蛋白质的四级结构。蛋白质四级结构的主要作用力是疏水键、氢键、盐键、范德瓦耳斯力等非共价键，单独的亚基没有生物学活性，必须聚合形成四级结构才具有蛋白质的生物学活性。血红蛋白是由 2 个 α 亚基和 2 个 β 亚基组成的四聚体（图 2-4）。

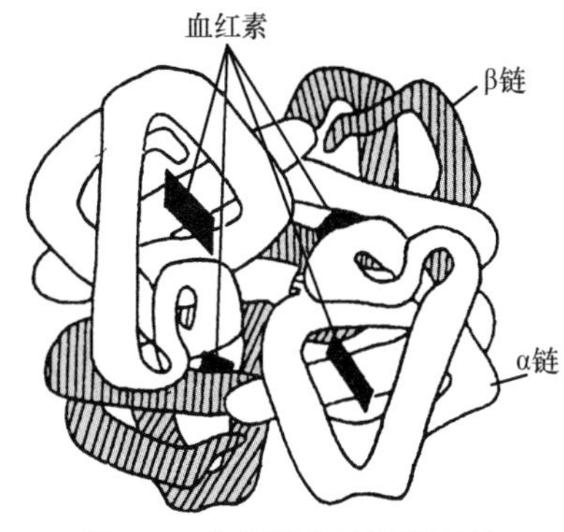

图 2-4　血红蛋白的四级结构

三、蛋白质结构与功能关系

蛋白质特定的功能都是由其特定的构象所决定的，各种蛋白质特定的构象与其一级结构密切相关。天然蛋白质的构象一旦发生变化，必然会影响它的生物活性。一方面，不同的空间结构决定了各种蛋白质的不同功能；另一方面，改变蛋白质的空间结构可以使其活性增强或减弱，甚至使其失活。

蛋白质的一级结构决定空间结构，空间结构是生物活性的直接体现。

链 接

蛋白质工程

蛋白质工程是指以蛋白质分子的结构规律及其与生物功能的关系作为基础，通过基因修饰或基因合成，对现有蛋白质进行改造，或制造一种新的蛋白质，以满足人类的生产和生活的需求。蛋白质工程的目标是根据人们对蛋白质功能的特定需求，对蛋白质的结构进行分子设计。由于基因决定蛋白质，因此，要对蛋白质的结构进行设计改造，最终还必须通过基因来完成。

第 3 节　蛋白质的理化性质和分类

一、蛋白质的理化性质

（一）蛋白质的两性解离及等电点

蛋白质分子除两端的氨基和羧基可解离外，氨基酸残基侧链中某些基团在一定的溶液 pH 条件下都可以解离成带负电荷或正电荷的基团。当蛋白质溶液处于某一 pH 时，蛋白质分子解离成正负离子的趋势相等，净电荷为零，呈兼性离子状态，此时溶液的 pH 称为该蛋白质的等电点（pI）。蛋白质溶液的 pH 大于 pI 时，该蛋白质颗粒带负电荷，反之带正电荷（图 2-5）。

考点：蛋白质等电点的概念

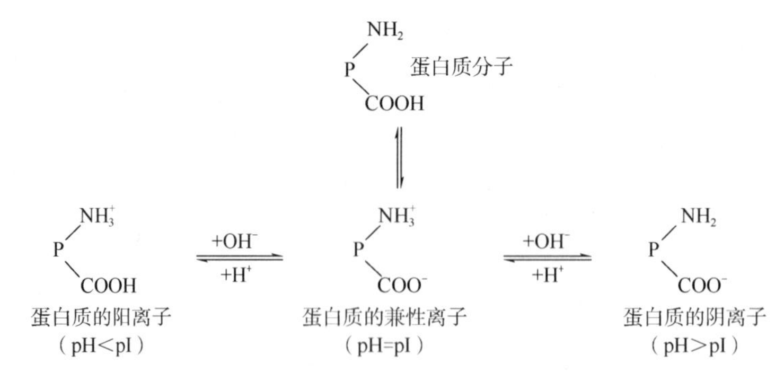

图 2-5　蛋白质的阳离子、兼性离子和阴离子

（二）蛋白质的胶体性质

蛋白质属于生物大分子，分子量很大，其分子的直径可达 1～100nm，为胶体颗粒范围之内。所以蛋白质溶液为胶体溶液。使蛋白质胶体溶液稳定的因素有：①蛋白质颗粒表面的水化膜。蛋白质颗粒表面大多为亲水基团，可吸引水分子，使颗粒表面形成一层水化膜，从而阻断颗粒的相互聚集，防止溶液中蛋白质的沉淀析出。②蛋白质颗粒表面的同种电荷。在非等电点状态时，蛋白质颗粒表面带有一定量同种电荷，同种电荷互相排斥，使蛋白质颗粒不易发生碰撞而聚集沉淀。

考点：蛋白质溶液稳定的因素

（三）蛋白质的沉淀

蛋白质分子聚集从溶液中析出的现象称为蛋白质的沉淀。变性的蛋白质易于沉淀，有时蛋白质发生沉淀，但并不变性。破坏蛋白质溶液稳定的因素，蛋白质就会发生沉淀。使蛋白质沉淀的方法有以下几种。

1. 盐析　向蛋白质溶液中加入一定浓度的中性盐（硫酸铵、硫酸钠和氯化钠等），使蛋白质表面电荷被中和以及水化膜被破坏，导致蛋白质沉淀。

2. 有机溶剂沉淀　乙醇、丙酮、甲醇等有机物能破坏蛋白质颗粒的水化膜，同时也降低了蛋白质的电离程度，使蛋白质沉淀。在 pH 达到等电点时效果更佳。

3. 重金属盐沉淀　蛋白质在碱性溶液（pH>pI）中带负电荷，易与带正电荷的重金属离子如 Cu^{2+}、Hg^{2+}、Ag^{+}、Pb^{2+}等结合成不溶性的蛋白质盐沉淀。此种沉淀常引起蛋白质分子变性。因此临床上利用该原理抢救重金属盐中毒的患者，给予大量的蛋白质液体（如牛奶、蛋清）与重金属盐生成不溶性的蛋白质盐而减少吸收，然后利用洗胃或催吐剂将其排出体外。

4. 某些酸类沉淀　三氯乙酸、鞣酸、苦味酸等分子中的酸根负离子，在酸性溶液（pH<pI）中易与带正电荷的蛋白质结合成盐而沉淀。

（四）蛋白质的变性

蛋白质在某些理化因素作用下，其特定空间结构被破坏而导致其理化性质改变和生物学活性丧失，这种现象称为蛋白质变性。能引起蛋白质变性的物理因素有加热、高压、紫外线和超声波等，化学因素有强酸、强碱、重金属盐等。变性蛋白质原有的生物学活性丧失；空间结构破坏，但不涉及一级结构改变；易被酶水解。蛋白质变性广泛应用于临床工作中，如用乙醇、紫外线照射、高压蒸汽等方式消毒杀菌。某些生物制剂、酶等放在低温下保存，也是为了防止温度过高引起蛋白质变性。

考点：蛋白质的变性的概念及应用

（五）蛋白质的紫外吸收性质与呈色反应

1. 蛋白质的紫外吸收　由于蛋白质分子中含有具有共轭双键的酪氨酸和色氨酸残基，因此在 280nm 波长处有特征性吸收峰。在该波长处，蛋白质的吸光度与其浓度成正比关系，因此，常用于蛋白质的定量测定。

2. 蛋白质的呈色反应　蛋白质分子可与某些化学物质反应生成有色化合物，蛋白质的呈色反应可用于蛋白质的定性分析。

（1）茚三酮反应：同氨基酸一样，蛋白质分子中的 *α*-游离氨基可以与茚三酮反应，生成蓝紫色化合物。

（2）双缩脲反应：蛋白质和多肽分子中肽键在稀碱溶液中与硫酸铜共热，呈现紫色或红色，此反应称为双缩脲反应，氨基酸不出现此反应。双缩脲反应可用于检测蛋白质的水解程度。

（3）酚试剂反应：蛋白质分子中酪氨酸和色氨酸可以将酚试剂中的磷钨酸和磷钼酸还原，生成蓝色化合物。

二、蛋白质的分类

（一）按组成成分分类

1. 单纯蛋白质　仅由氨基酸组成。如清蛋白、谷蛋白等。

2. 结合蛋白质　由蛋白质和非蛋白质两部分组成，结合蛋白质中的非蛋白质部分被称为辅基，绝大部分辅基是通过共价键方式与蛋白质部分相连。如糖蛋白、脂蛋白。

（二）按分子形状分类

1. 纤维状蛋白质　纤维状蛋白质多数为结构蛋白，较难溶于水，如胶原蛋白、弹性蛋白、角蛋白等。

2. 球状蛋白质　球状蛋白质多数可溶于水，许多具有生理活性的蛋白质如酶、转运蛋白和免疫球蛋白等都属于球状蛋白质。

第 4 节　核酸的化学

核酸是一类重要的生物信息大分子，担负着遗传信息的储存与传递。核酸有两类：脱氧核糖核酸（DNA）和核糖核酸（RNA）。核酸是现代生物化学、分子生物学的重要研究领域，是基因工程操作的核心分子。核酸的基本单位是核苷酸。DNA 主要存在于细胞核内，携带遗传信息，是遗传信息的载体。RNA 主要存在于细胞质中，少量分布于细胞核和线粒体中，参与细胞核内遗传信息的传递和表达。在某些 RNA 病毒中，RNA 也可作为遗传信息的载体。

信使 RNA（mRNA）携带 DNA 遗传信息，是蛋白质生物合成的直接模板。转运 RNA（tRNA）是氨基酸的运载工具及蛋白质生物合成的“适配器”。核糖体 RNA（rRNA）与核糖体蛋白共同构成核糖体，核糖体是蛋白质生物合成的场所。

链接

病毒的核酸类型

病毒形体极其微小，电镜下才能观察到，没有细胞结构，其主要成分是核酸和蛋白质，病毒是只含有一种核酸（DNA 或 RNA），必须在活细胞内寄生并以复制方式增殖的非细胞型生物。病毒的核酸包括双链 DNA、单链 DNA、双链 RNA、单链 RNA 等不同类型；病毒是一种非细胞生命形态，它由核酸和蛋白质外壳构成，病毒没有自己的代谢机构，没有酶系统。因此病毒离开了宿主细胞，就成了没有任何生命活动，也不能独立自我繁殖的化学物质。

冠状病毒是一类有包膜的 RNA 病毒，因包膜表面有间隔较宽、呈放射状排列的花冠状突起，似皇冠，故名冠状病毒，冠状病毒的一个变种是引起严重急性呼吸综合征（SARS）的病原体。

一、核酸的元素组成

核酸是由 C、H、O、N、P 等元素组成，其中 P 元素在核酸中的含量比较恒定，为 9%～10%（平均含量 9.5%），故测定样品中磷的含量即可算出核酸的含量。

二、核酸的基本成分和基本单位

（一）核酸的基本成分

1. 碱基　碱基是构成核苷酸的基本组分之一，碱基是含氮杂环化合物，可分为嘌呤和嘧啶两类。常见的嘌呤包括腺嘌呤（A）和鸟嘌呤（G）。常见的嘧啶包括尿嘧啶（U）、胸腺嘧啶（T）和胞嘧啶（C）。构成 DNA 的碱基有 A、G、C、T；构成 RNA 的碱基有 A、G、C、U（图 2-6）。

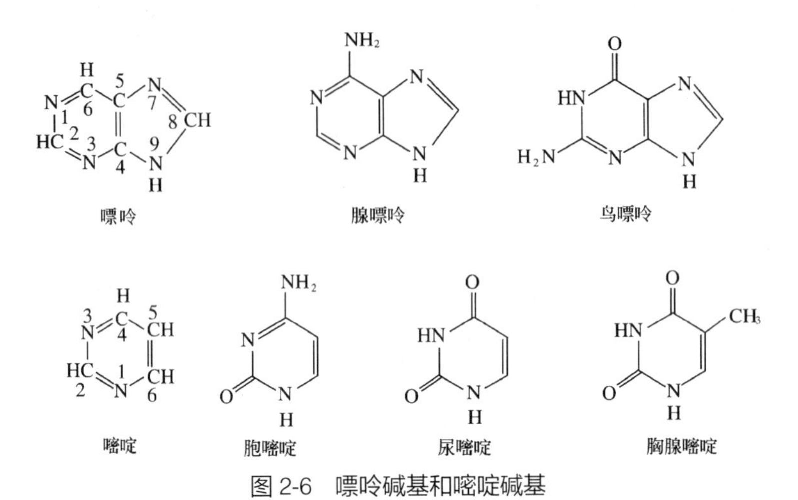

图 2-6　嘌呤碱基和嘧啶碱基

2. 戊糖　组成核酸的戊糖有两种。DNA 所含的糖为 *β-D*-2′-脱氧核糖；RNA 所含的糖为 *β-D*-核糖。核糖存在于 RNA 中，而脱氧核糖存在于 DNA 中。戊糖的结构差异使得 DNA 较 RNA 在化学上更为稳定（图 2-7）。

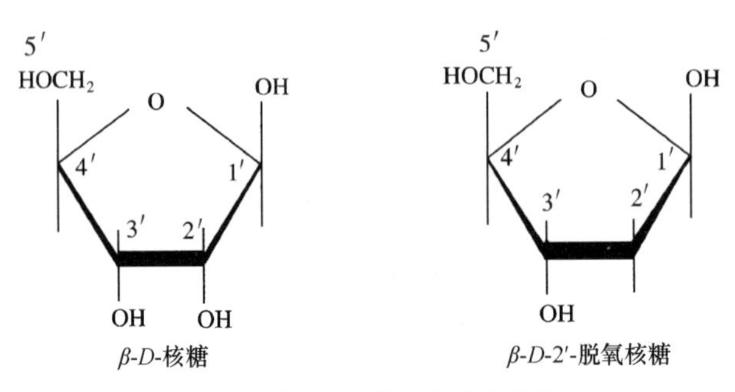

图 2-7　核糖和脱氧核糖的结构

考点：DNA 与 RNA 的碱基、戊糖的区别

3. 磷酸　核酸分子中含有磷酸，所以呈酸性。核酸分子中磷酸与戊糖连接。

（二）核酸的基本单位——核苷酸

1. 核苷　核苷是碱基与戊糖以糖苷键相连接所形成的化合物，戊糖的 C-1′原子分别与嘌呤的 N-9 原子、嘧啶的 N-1 原子通过缩合反应形成了 N-糖苷键。核糖与碱基形成的化合物称为核糖核苷（简称核苷），核苷共有四种（腺苷、胞苷、鸟苷、尿苷）。脱氧核糖与碱基形成的化合物称为脱氧核糖核苷（简称脱氧核苷），脱氧核苷也有四种（脱氧腺苷、脱氧胞苷、脱氧鸟苷、脱氧胸苷）。

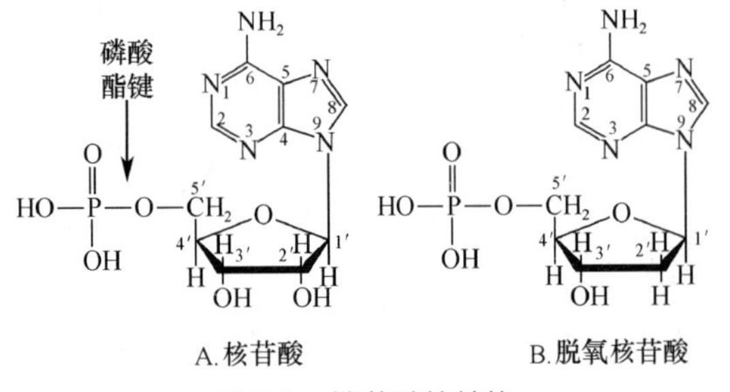

图 2-8　核苷酸的结构

2. 核苷酸　核苷或脱氧核苷中戊糖的 C-5′原子上的羟基可以与磷酸反应，脱水后生成酯键，形成核苷酸或脱氧核苷酸。RNA 的基本单位是核苷酸（NMP），DNA 的基本单位是脱氧核苷酸（dNMP）（图 2-8）。

常见的核苷酸及其缩写符号如表 2-2 所示。

表 2-2　常见的核苷酸及其缩写符号

核糖核苷酸（NMP）		脱氧核糖核苷酸（dNMP）	
符号	名称	符号	名称
AMP	腺苷酸（一磷酸腺苷）	dAMP	脱氧腺苷酸（一磷酸脱氧腺苷）
GMP	鸟苷酸（一磷酸鸟苷）	dGMP	脱氧鸟苷酸（一磷酸脱氧鸟苷）
CMP	胞苷酸（一磷酸胞苷）	dCMP	脱氧胞苷酸（一磷酸脱氧胞苷）
UMP	尿苷酸（一磷酸尿苷）	dTMP	脱氧胸苷酸（一磷酸脱氧胸苷）

DNA 和 RNA 化学组成的区别如表 2-3 所示。

表 2-3　DNA 和 RNA 化学组成的区别

核酸	碱基	戊糖	核苷	核苷酸
DNA	A、G、C、T	脱氧核糖	脱氧核糖核苷	dAMP、dGMP、dCMP、dTMP
RNA	A、G、C、U	核糖	核糖核苷	AMP、GMP、CMP、UMP

考点：DNA 与 RNA 化学组成的区别

三、核酸的分子结构

（一）核酸的一级结构

核酸分子中，通过一个核苷酸的 C-3′的羟基和相邻的核苷酸的 C-5′的磷酸基团脱水缩合形成的酯键称为 3′, 5′-磷酸二酯键。核酸是由许多核苷酸通过 3′, 5′-磷酸二酯键连接形成的多聚核苷酸链，多个核苷酸以此方式连接成线状大分子，称为多聚核苷酸。多聚核苷酸链有两个末端，分别称为 5′端（游离磷酸基端）和 3′端（游离羟基端）。因此核酸分子具有方向性，即 5′→3′方向和 3′→5′方向（图 2-9）。

核酸的一级结构是构成核酸的核苷酸或脱氧核苷酸从 5′端到 3′端的排列顺序，也就是核苷酸序列。由于核酸分子具有方向性，书写时按照从 5′端到 3′端，即按照 5′→3′方向书写。

考点：核酸一级结构的概念与化学键

（二）核酸的空间结构

1. DNA 的空间结构

（1）DNA 的二级结构：1953 年，沃森（Watson）和克里克（Crick）提出了著名的 DNA 双螺旋结构模型（图 2-10）。

DNA 双螺旋结构模型有以下要点。

1）DNA 分子是由两条反向平行的多聚脱氧核苷酸链构成，一条链是 5′→3′方向，另一条链是 3′→5′方向，两条链沿同一中心轴盘绕而成右手螺旋结构。

2）由脱氧核糖和磷酸基团组成的骨架位于双螺旋结构的外侧，而碱基位于内侧。

3）螺旋的直径 2.37nm，螺距 3.54nm，每旋转一圈包含 10.5 个碱基对。

4）两条链上的碱基通过碱基互补规律组成互补碱基对，即 A 和 T 通过两个氢键配对，G 和 C 通过三个氢键配对。两条互补的多核苷酸链则称为互补链。

5）维系双螺旋的作用力，横向的是氢键，纵向的是碱基堆积力，后者是稳定 DNA 的主要作用力。

考点：DNA 双螺旋结构的要点

（2）DNA 的三级结构：DNA 的三级结构为超螺旋结构，是 DNA 双螺旋进一步卷曲而形成的更加复杂的空间结构。

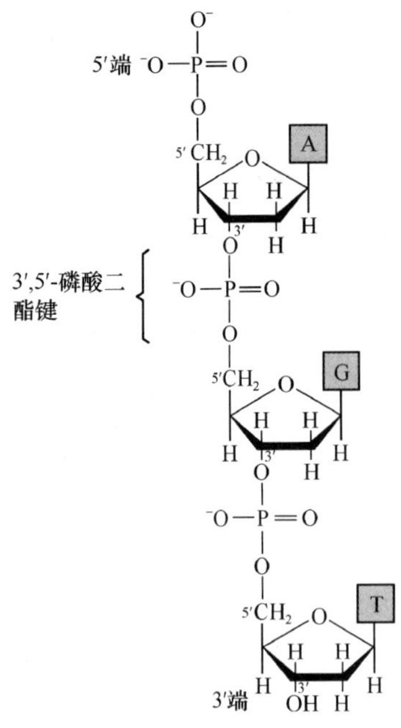

图 2-9 核苷酸之间的连接方式

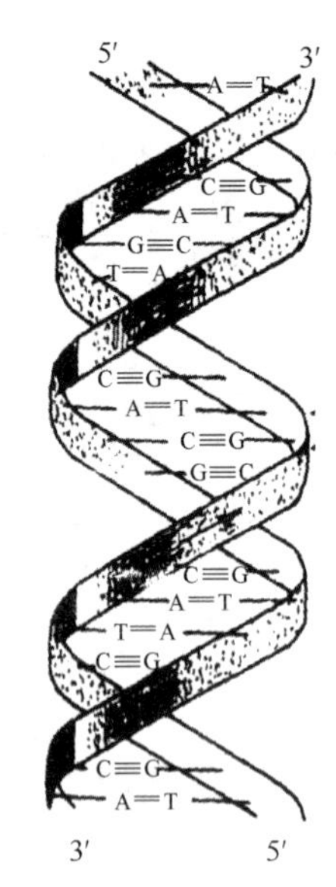

图 2-10 DNA 双螺旋结构示意图

2. RNA 的空间结构

（1）RNA 的二级结构：RNA 在生命活动中具有重要作用，RNA 和蛋白质共同负责基因的表达和表达过程的调控。RNA 通常以单链形式存在。多核苷酸链可以回折，在碱基互补区形成双螺旋结构，碱基配对的规则是 A-U，G-C，无法进行碱基配对的则形成突环，称为 RNA 的二级结构。

目前，RNA 空间结构研究比较清楚的是 tRNA。tRNA 的二级结构呈三叶草形，含有四个螺旋区、三个突环和一个附加叉。其中有两处比较重要的结构：①氨基酸臂：所有 tRNA 的 3′-OH 末端均有相同的—CCA 结构，该结构是结合氨基酸的部位，通常将其以及与此相连的螺旋区称为氨基酸臂。②反密码环：此环中间的 3 个碱基称为反密码子，可与 mRNA 上相应的密码子进行碱基互补配对，在基因表达中起解读密码的作用（图 2-11）。

（2）RNA 的三级结构：是指 RNA 在二级结构的基础上进一步折叠形成的结构。tRNA 的三级结构呈倒 L 形（图 2-11）。

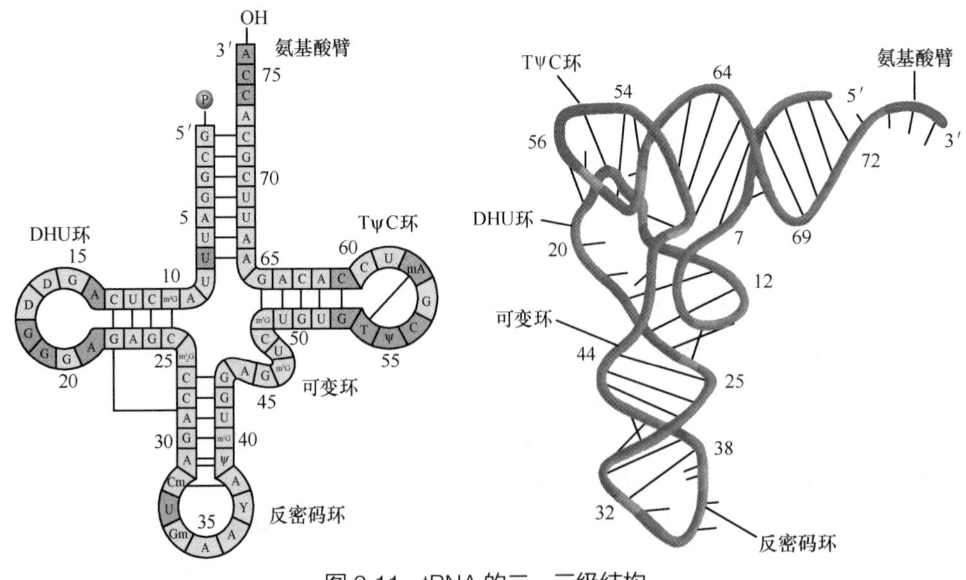

图 2-11 tRNA 的二、三级结构

考点：tRNA 的三叶草形结构与功能的关系

四、某些重要的核苷酸

1. 多磷酸核苷　核苷酸的 5′-磷酸基可再磷酸化分别形成二磷酸核苷（NDP）和三磷酸核苷（NTP）。如一磷酸腺苷（AMP），二磷酸腺苷（ADP），三磷酸腺苷（ATP）。ADP、ATP 都是高能化合物（其结构式中“～”表示高能键，含高能键的化合物都是高能化合物）。ATP 是体内最重要的高能化合物，ATP 的高能磷酸键水解释放的能量，是机体生命活动可直接利用的能源（图 2-12）。

2. 环化核苷酸　在体内核苷酸还会以其他衍生物的形式参与各种物质代谢的调控和多种蛋白质功能的调节。其中环腺苷酸（cAMP）和环鸟苷酸（cGMP）是细胞信号转导过程中的第二信使，具有重要调控作用（图 2-13）。

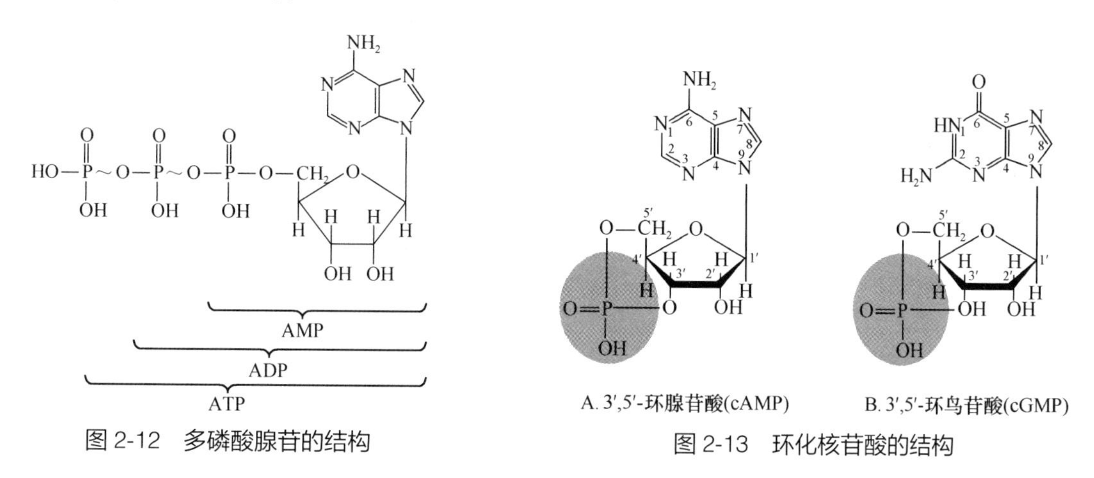

图 2-12　多磷酸腺苷的结构

图 2-13　环化核苷酸的结构

五、核酸类药物

核酸是生物体内的生物信息大分子物质。核酸的基本成分是碱基、戊糖和磷酸。核苷是碱基与戊糖以糖苷键相连接所形成的化合物。核苷与磷酸通过磷酸酯键相连即为核苷酸，核苷酸是核酸的基本组成单位。

核酸类药物是指具有药用价值的核酸、核苷酸、核苷和天然碱基、类似物、衍生物及其聚合物。

核酸类药物一般可分为两大类：一类是具天然结构的核酸类物质；另一类是天然碱基、核苷、核苷酸结构类似物或聚合物。

（一）具有天然结构的核酸类物质

如 GTP、CTP、ATP、UTP、辅酶 A、辅酶 I、辅酶 II 等。缺乏这类物质会使机体代谢失调，提供这类药物有助于改善机体物质代谢和能量平衡，修复受损组织，促使缺氧组织恢复正常生理功能。临床上已广泛用于血小板减少症、白细胞减少症、慢性肝炎、放射病、心血管疾病和肌肉萎缩等的治疗。这些药物多数是生物体自身能够合成的物质，在具有一定临床功能的前提下，毒副作用小，它们基本上都可以从微生物发酵或从生物资源中提取获得。

（二）天然碱基、核苷、核苷酸结构类似物或聚合物

它们是当今人类治疗病毒、肿瘤、艾滋病等的重要药物，也是产生干扰素、免疫抑制的临床药物。主要有叠氮胸苷、阿糖腺苷、阿糖胞苷和氟尿嘧啶等。它们大部分通过由天然结构的核酸类物质半合成为结构改造物，或者采用化学酶合成法。

（刘　丽）

自 测 题

一、名词解释

1. 蛋白质变性　2. 蛋白质等电点　3. 核酸的一级结构
4. 碱基互补规律

二、单项选择题

1. 测得某一蛋白质样品的氮含量为0.40g，此样品约含蛋白质多少？（　　）
   A. 2.00g　B. 6.40g　C. 2.50g
   D. 3.00g　E. 6.25g
2. 维持蛋白质二级结构的主要化学键是（　　）
   A. 疏水键　B. 氢键
   C. 盐键　D. 肽键
   E. 二硫键
3. 下列哪种氨基酸含有巯基（　　）
   A. 丙氨酸　B. 甘氨酸
   C. 亮氨酸　D. 半胱氨酸
   E. 丝氨酸
4. 蛋白质变性是由于（　　）
   A. 氨基酸排列顺序的改变
   B. 氨基酸组成的改变
   C. 肽键的断裂
   D. 蛋白质空间构象的破坏
   E. 蛋白质的水解
5. 蛋白质分子中，维持一级结构的主要化学键是（　　）
   A. 氢键　B. 肽键
   C. 二硫键　D. 盐键
   E. 疏水键
6. 下列哪种碱基只存在于RNA而不存在DNA中（　　）
   A. 腺嘌呤　B. 鸟嘌呤
   C. 胸腺嘧啶　D. 胞嘧啶
   E. 尿嘧啶
7. RNA彻底水解的产物是（　　）
   A. 碱基、脱氧核糖、磷酸　B. 核苷、磷酸
   C. 碱基、核糖、磷酸　D. 核苷酸
   E. 核苷
8. 含有2个高能磷酸键的化合物是（　　）
   A. ADP　B. AMP　C. UDP
   D. ATP　E. CMP
9. 在核酸分子中核苷酸之间的连接方式是（　　）
   A. 2′, 3′-磷酸二酯键　B. 糖苷键
   C. 2′, 5′-磷酸二酯键　D. 肽键
   E. 3′, 5′-磷酸二酯键

三、多项选择题

1. 含硫氨基酸包括（　　）
   A. 甲硫氨酸　B. 苏氨酸
   C. 组氨酸　D. 半胱氨酸
   E. 亮氨酸
2. 下列哪些是碱性氨基酸（　　）
   A. 组氨酸　B. 甲硫氨酸
   C. 精氨酸　D. 赖氨酸
   E. 谷氨酸
3. 下列哪种蛋白质在pH为5的溶液中带正电荷？（　　）
   A. pI为4.5的蛋白质　B. pI为7.4的蛋白质
   C. pI为7.0的蛋白质　D. pI为6.5的蛋白质
   E. pI为3.0的蛋白质

四、填空题

1. 蛋白质中的含氮量平均为________。
2. 蛋白质的基本单位是________。
3. 蛋白质胶体溶液稳定的两个因素是________和________。
4. 核酸的基本组成单位是________。核苷酸由________、________和________组成。
5. DNA的二级结构为________。tRNA的二级结构为________。

五、简答题

1. 简述DNA和RNA的基本成分和基本单位。
2. 简述DNA双螺旋结构要点。

第3章 酶与维生素

第1节 酶的概述

生物体内的新陈代谢过程是通过有序的、连续不断的、各种各样的化学反应来进行的。这些化学反应如果在体外进行，通常需要在高温、高压、强酸、强碱等剧烈条件下才能发生。而在生物体内，这些反应在极为温和的条件下就能高效和特异地进行。这是因为生物体内存在着一类极为重要的生物催化剂——酶。体内几乎所有的化学反应都是在酶的催化下完成的。酶在生物体物质代谢过程中发挥着重要的作用，若某些酶缺失或活性发生改变，均可导致体内物质代谢紊乱，甚至发生疾病。临床上还可通过测定某些酶的活性以协助诊断有关疾病。因此，酶与医学的关系十分密切。

一、酶的概念

酶（E）是由活细胞产生的具有催化作用的蛋白质，又称生物催化剂。体内物质代谢反应几乎都是由酶所催化，如果没有酶就没有生命。酶所催化的反应称为酶促反应，被酶所催化的物质称为底物（S），生成的物质称为产物（P），酶所具有的催化能力称为酶活性，酶失去催化能力称为酶失活。

酶促反应式：

$$E+S \rightleftharpoons ES \longrightarrow E+P$$

考点：酶的概念

链接

酶的发现

1773年，意大利科学家斯帕兰札尼做了一个巧妙的实验：他把肉块放在一个小巧的金属笼中，用绳子系住，然后让鹰吞下去。过了一段时间他把小笼取出来，发现肉块消失了。于是，他大胆推断胃液中一定含有消化肉块的物质，但究竟这是什么物质呢？他想不出来。1836年，德国科学家施旺从胃液中提取出了消化蛋白质的物质，解开胃的消化之谜。1926年，美国科学家萨姆纳从刀豆种子中提取出脲酶的结晶，并通过化学实验证实脲酶是一种蛋白质。20世纪30年代，科学家们相继提取出多种酶的蛋白结晶，并指出酶是一类由活细胞产生的具有生物催化作用的蛋白质。20世纪80年代，美国科学家切赫和阿尔特曼发现少数RNA也具有生物催化作用，称为核酶。

二、酶促反应的特点

酶是生物催化剂，除具有一般催化剂的普遍特征外还有自己的特征。

（一）高度催化效率

酶催化反应的效率特别高，有酶催化的化学反应的反应速度通常比没有催化剂的反应高 10^8～10^{20}倍，比一般催化剂的高 10^7～10^{13}倍。例如，过氧化氢酶催化过氧化氢水解的速度是 Fe^{3+}催化的 6×10^5倍；脲酶催化尿素水解的速度是 H^+催化的 7×10^{12}倍。

（二）高度专一性

与一般催化剂不同，酶对其催化的底物具有严格选择性，即酶只能催化一种或一类化合物、一种化学键，催化一定的化学反应并生成一定的产物，这种现象叫作酶的专一性，酶的专一性有以下3种类型。

1. 绝对专一性 是指一种酶只能作用于一种底物，进行化学反应生成特定结构的产物。例如，脲酶只能催化尿素水解成氨气和二氧化碳。

2. 相对专一性 是指一种酶能作用于一类化合物或者一种化学键，对底物选择不很严格。例如，磷酸酶对许多磷酸酯都能够起到水解作用。

3. 立体异构专一性 是指一种酶只能催化一种立体异构体进行反应。例如，乳酸脱氢酶只能催化 *L*-乳酸脱氢生成丙酮酸而不能催化 *D*-乳酸生成丙酮酸。

（三）高度不稳定性

酶是生物催化剂，其化学本质是蛋白质，能使蛋白质变性的理化因素，如强酸、强碱、重金属盐、有机溶剂、高温、紫外线、剧烈振荡等都可以使酶失去催化活性。

（四）酶活性可调节性

酶的活性受许多因素（如底物、产物和激素等）的调控，其调控方式有多种，有的可提高酶的活性，有的可抑制酶的活性，从而使体内各种化学反应有条不紊、协调地进行。

考点：酶促反应的特点

第 2 节　酶的结构与功能

一、酶分子组成

根据酶的化学组成不同，可以将酶分为单纯酶和结合酶两类。

单纯酶是指仅由氨基酸构成的酶。如催化水解反应的酶、蛋白酶、淀粉酶、脂肪酶、磷酸酶、核糖核酸酶等。

结合酶是由蛋白质部分和非蛋白质部分组成的，其中蛋白质部分叫酶蛋白，非蛋白质部分叫辅助因子。酶蛋白与辅助因子构成的复合物叫全酶（结合酶）。

全酶（结合酶）=酶蛋白+辅助因子

辅助因子有两类：一类是无机离子；另一类是小分子有机化合物，多数为B族维生素或者B族维生素的衍生物。根据与酶蛋白结合的紧密程度，酶的辅助因子可以分为辅基和辅酶。与酶蛋白结合紧密，不能通过透析等方法将其分开的叫作辅基；与酶蛋白结合疏松，用透析等方法易将其分开的叫作辅酶。

酶蛋白或者辅助因子单独存在时不具有活性，只有两者结合成全酶才有活性。一种酶蛋白只能与一种辅助因子结合成一种特异酶；而一种辅助因子可与多种酶蛋白结合成不同的特异酶。酶蛋白决定酶催化作用的专一性和高效性，辅助因子在酶促反应中起递氢、递电子或者传递某些基团的作用。例如，乳酸脱氢酶催化的反应：

$$L\text{-乳酸} \underset{NAD^{+} \curvearrowright NADH+H^{+}}{\xrightleftharpoons{\text{乳酸脱氢酶}}} \text{丙酮酸}$$

在这个反应中，NAD^{+}作为乳酸脱氢酶的辅酶，是氢和电子的载体，发挥接受氢和电子的作用。

考点：酶的分子组成

二、酶的活性中心与必需基团

酶蛋白分子中存在着许多化学基团，其中与酶活性密切相关的基团叫作必需基团。这些必需基团在蛋白质一级结构排列顺序上也许相距甚远，但它们在空间结构上却彼此靠近，形成一个能够和底物特异性结合并可以将底物转化为产物的特定空间区域，这一区域叫作酶的活性中心。对于结合酶来说，辅酶或者辅基可以参与活性中心的组成。

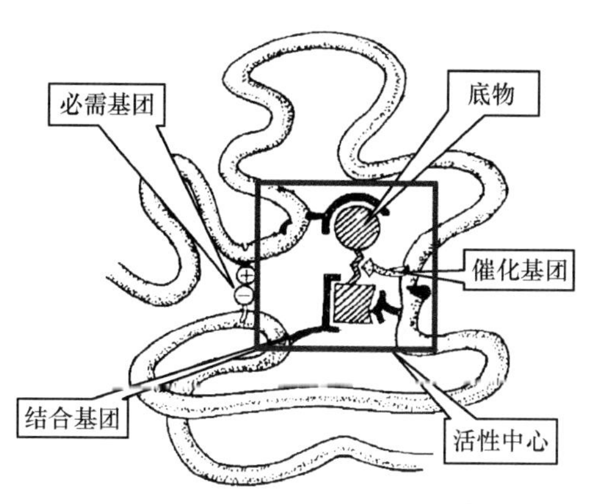

图 3-1　酶活性中心示意图

酶活性中心内的必需基团有两种：一种是结合基团，其作用是与底物相结合形成复合物；另一种是催化基团，其作用是影响底物中某些化学键的稳定性，催化底物发生化学反应，并且使之转化为产物。活性中心内的必需基团可以同时具备这两方面的功能。还有一些必需基团虽不参与活性中心的组成，但是为了维持酶活性中心特有的空间构象所必需，被称为酶活性中心外的必需基团（图 3-1）。

不同酶分子活性中心的结构是不同的，催化作用各不相同，这样就从结构基础上解释了酶催化作用的专一性。

考点：酶的活性中心与必需基团

课堂互动

为什么胰腺产生的胰蛋白酶在正常情况下不会把胰腺自身消化分解掉？

三、酶原与酶原的激活

有些酶在细胞内合成或刚开始分泌时只是酶的无活性前体，在一定条件下，这些酶的前体被水解掉一个或者几个特定的肽段，使其构象发生了变化，表现出了酶的活性。这种无活性酶的前体叫作酶原。酶原在一定条件下转变成有活性酶的过程称为酶原激活。酶原激活本质上是酶的活性中心的形成或暴露的过程。例如，胰蛋白酶原从胰腺细胞合成分泌时并无活性，当胰蛋白酶原随着胰液排入小肠后，在 Ca^{2+}存在的情况下受肠激酶的激活，第 6 位赖氨酸残基与第 7 位异亮氨酸残基之间的肽键被切断，水解掉一个六肽，使胰蛋白酶原分子构象发生改变，从而形成酶的活性中心，生成具有催化活性的胰蛋白酶（图 3-2）。

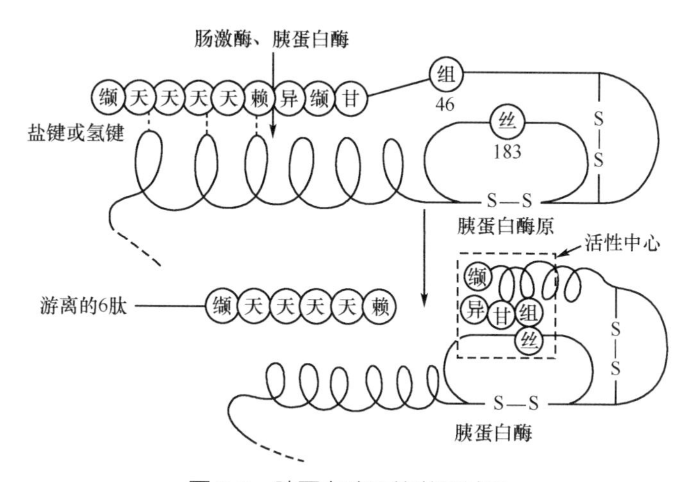

图 3-2　胰蛋白酶原的激活过程

酶以酶原的形式存在具有重要的生理意义。①保证合成酶的细胞本身不受蛋白酶的消化破坏。例如，胰蛋白酶在胰腺中以胰蛋白酶原存在，只有在进入小肠中被激活才能发挥作用，从而保障胰腺的正常功能。出血性胰腺炎的发生就是由于胰蛋白酶原在未进入小肠时就被激活了，激活的胰蛋白酶水解自身的胰腺细胞，导致胰腺出血、肿胀。②在特定的生理条件和规定的部位受到激活并发挥其生理作用。如血液中的凝血因子在血液循环中以酶原的形式存在，能够防止血液在血管内凝固，只有在组织或血管内膜受损后激活凝血因子，才能产生凝血功能。

考点：酶原与酶原激活的概念、生理意义

四、同 工 酶

同工酶是指能够催化相同的化学反应，而酶蛋白的分子结构、理化性质及免疫特性不同的一组酶。同工酶存在于同一种属或者同一个体的不同组织或者同一细胞的不同亚细胞结构中，对代谢调节具有重要的作用。

现在已经发现一百多种酶具有同工酶。人们发现最早、研究最多的是乳酸脱氢酶同工酶（LDH）。LDH 是四聚体酶，这种酶的亚基有两种类型：骨骼肌型（M 型）和心肌型（H 型）。这两种亚基以不同的比例组成五种同工酶：LDH_1（H_4）、LDH_2（H_3M）、LDH_3（H_2M_2）、LDH_4（HM_3）、LDH_5（M_4）（图 3-3）。因为分子结构上存在有差异，LDH 的同工酶在不同组织器官中的含量和分布比例不同，从而造成不同组织器官形成特有的同工酶谱（表 3-1）。正常情况下心肌中以 LDH_1 较为丰富，肝和骨骼肌中含 LDH_3 较多。同工酶的测定已应用于临床实践，是现代医学中诊断灵敏、可靠的手段。例如，通过观测心肌受损患者血清中LDH同工酶的酶谱可以发现LDH_1含量上升等。

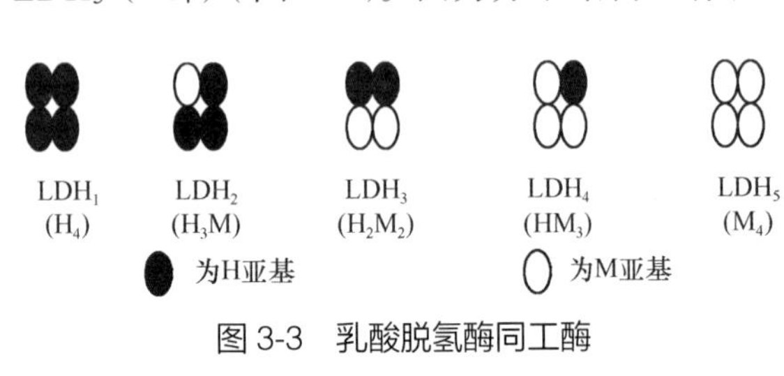

图 3-3　乳酸脱氢酶同工酶

考点：同工酶的概念

表 3-1　人体各组织器官中 LDH 同工酶分布

人体组织器官	同工酶百分比（%）				
	LDH_1	LDH_2	LDH_3	LDH_4	LDH_5
心	67	29	4	<1	<1
肝	2	4	11	27	56
骨骼肌	4	7	21	27	41
肾	52	28	16	4	<1
红细胞	42	36	15	5	2
血清	27	38	22	9	4

第 3 节　影响酶促反应速度的因素

酶的化学本质是蛋白质，因此凡是能够影响蛋白质化学性质的理化因素都会影响酶的结构和功能。若酶的结构改变，酶促反应速度也将改变。影响酶促反应速度的因素有酶浓度、底物浓度、温度、pH、激活剂和抑制剂等。

一、酶浓度对酶促反应的影响

在底物浓度[S]足够大时，酶促反应速度 V 与酶浓度[E]呈正比（图 3-4）。这种关系是测定酶活性的基础。

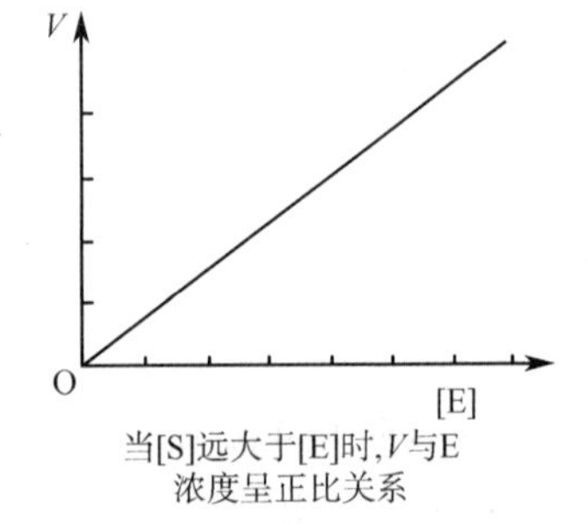

图 3-4　酶浓度对酶促反应速度的影响

二、底物浓度对酶促反应的影响

在酶浓度及其他条件不变的情况下，底物浓度[S]对酶促反

应速度 V 的影响作用呈矩形双曲线（图 3-5）。在[S]很低时，V 随[S]的增加而增加，两者成正比关系；当[S]较高时，V 虽然随[S]的增加而增加，但增加幅度两者之间不再成正比关系；当[S]增高至一定程度时，V 趋于恒定，继续增加[S]，V 不再增加，此时 V 达到最大反应速度 V_{max}，此时酶的活性中心已被底物饱和。

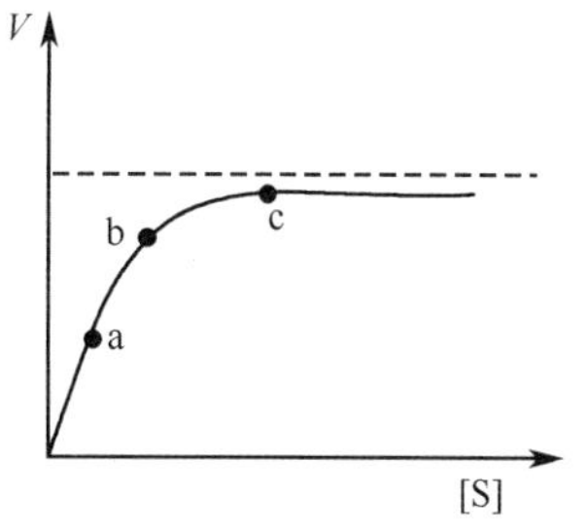

图 3-5　底物浓度对酶促反应速度的影响

三、温度对酶促反应的影响

温度对酶促反应速度的影响具有双重性。一方面，升高温度可加快酶促反应的速度；另一方面，随着温度的升高，酶因变性催化能力减弱。综合这两种因素，酶作用必然有一个最适合的温度(图 3-6)，酶促反应速度最快时的温度叫酶促反应的最适温度。人体组织中酶的最适温度多在 37℃，酶的最适温度不是酶的特征性常数，它与反应进行的时间有关。酶可以在短时间内耐受较高的温度，相反，延长反应时间，最适温度便降低。

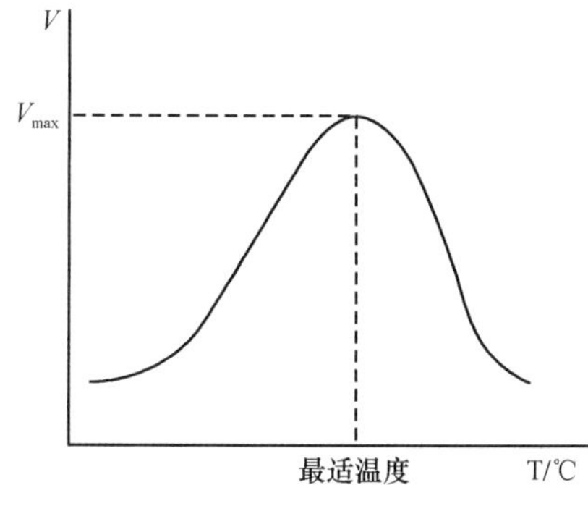

图 3-6　温度对酶促反应速度的影响

低温能够降低酶活性，但一般不破坏酶结构，温度回升后，酶又可以恢复活性。临床上低温麻醉就是利用酶的这一性质，用来减慢组织细胞代谢速度，提高机体对氧和营养物质缺乏的耐受性。低温保存菌种也是利用这一原理。生物化学实验中测定酶活性时，应严格控制反应体系的温度。酶制剂应当保存在冰箱中，从冰箱中取出后应立即使用，以免酶发生变性。

四、pH 对酶促反应的影响

在不同 pH 的条件下，酶分子中许多极性基团解离状态不同，其所带电荷的种类和数量也各不相同，酶活性中心的某些必需基团往往仅在某一解离状态时才最容易同底物结合或具有最大的催化作用。因此，pH 的改变对酶的催化作用影响很大（图 3-7）。酶催化活性最大时的环境 pH 称为酶促反应的最适 pH。在动物体内多数酶的最适 pH 接近中性。少数特殊的酶，如胃蛋白酶的最适 pH 约为 1.8，肝精氨酸酶最适 pH 为 9.8，最适 pH 不是酶的特征性常数，它受底物浓度、缓冲液的种类与浓度以及酶的纯度等因素影响。所以，在测定酶的活性时，应选用适宜的缓冲液以保持酶活性的相对恒定。

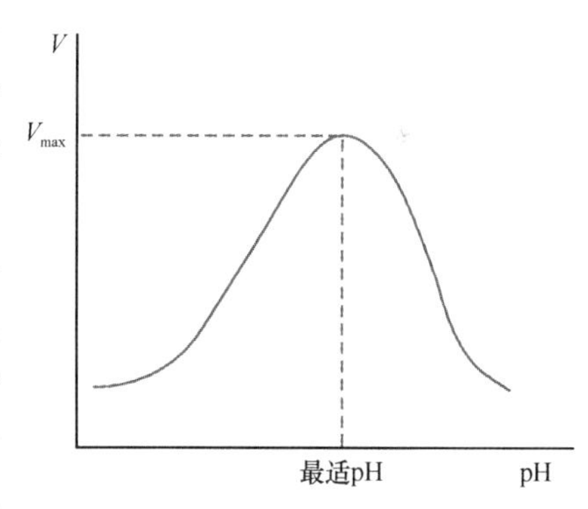

图 3-7　pH 对酶促反应速度的影响

五、激活剂对酶促反应的影响

激活剂是指凡是能使酶由无活性变为有活性或者使酶活性增加的物质，如 Mg^{2+}、K^{+}、Mn^{2+}、Cl^{-}及胆汁酸盐等。其中，大多数金属离子激活剂在酶促反应中是不可缺少的，否则酶将失去催化活性，这类激活剂叫作必需激活剂，如 Mg^{2+}是己糖激酶的必需激活剂；有些激活剂不存在时，酶仍有一定的催化活性，但催化效率较低，加入激活剂后，酶的催化活性显著提高，这类激活剂叫作非必需激活剂，如 Cl^{-}是唾液淀粉酶的非必需激活剂。

六、抑制剂对酶促反应的影响

凡是能够降低酶的活性，但不引起酶蛋白变性的物质，称为酶的抑制剂，根据抑制剂与酶结合的紧密程度，酶的抑制作用可分为不可逆性抑制和可逆性抑制两类。

（一）不可逆性抑制

不可逆性抑制剂通常以共价键与酶活性中心的必需基团结合，使酶失活。这类抑制剂不能用稀释、超滤、透析等方法去除。但这类抑制剂使酶活性抑制后，可用某些药物解除，使酶恢复活性。

例如，胆碱酯酶催化乙酰胆碱水解生成胆碱和乙酸。农药有机磷杀虫剂（美曲磷脂、敌敌畏、1059 等）能专一地与胆碱酯酶活性中心结合，使酶失去活性，不能催化乙酰胆碱水解，造成迷走神经兴奋，表现出恶心、呕吐、多汗、肌肉震颤、瞳孔缩小、惊厥等一系列中毒症状。临床上常采用碘解磷定治疗有机磷农药中毒。

（二）可逆性抑制

可逆性抑制剂与酶分子以非共价键相结合，从而使酶活性降低或消失，这类抑制剂能用透析或超滤等方法除去，使酶恢复活性。可逆性抑制可分为竞争性抑制和非竞争性抑制。

1. 竞争性抑制 抑制剂与底物结构相似，可以和底物竞争酶的同一活性中心，阻碍酶与底物结合。由于抑制剂、底物和酶的结合均可逆，所以竞争性抑制作用的特点是：抑制的程度取决于抑制剂与底物的相对浓度及二者与酶的亲和力，在抑制剂浓度不变的情况下，增加底物浓度能减弱或者消除抑制剂的抑制作用。

利用竞争性抑制是药物设计的根据之一，许多抑菌药物、抗癌药物多是竞争性抑制剂，如甲氨蝶呤（MAX）、5-氟尿嘧啶（5-FU）、6-巯基嘌呤（6-MP）等。其中磺胺类药物是典型代表，磺胺类药物是典型的抗菌药，细菌生长繁殖需要叶酸，磺胺敏感菌在生长繁殖时，在菌体内二氢叶酸合成酶催化下，以对氨基苯甲酸为底物合成二氢叶酸，进而合成四氢叶酸，以促进核酸的合成。磺胺类药物的化学结构与对氨基苯甲酸相似，是二氢叶酸合成酶的竞争性抑制剂，抑制二氢叶酸合成，使四氢叶酸缺乏，核酸的合成受阻，影响细菌生长繁殖。人类能直接利用食物中的叶酸，核酸的合成不受磺胺类药物干扰。根据竞争性抑制特点，在使用磺胺类药物时，采用“首剂加倍”的方法，用来保持血液中药物的有效浓度，才能提高抑菌效果。

$H_2N-C_6H_4-COOH$　　$H_2N-C_6H_4-SO_2NHR$

对氨基苯甲酸　　磺胺类药物

2. 非竞争性抑制 抑制剂能够和酶活性中心外的部位结合，不影响酶与底物的结合，酶与底物的结合也不影响酶与抑制剂的结合，底物与抑制剂之间没有竞争关系。非竞争性抑制作用的特点是：抑制程度取决于抑制剂本身浓度，不能用增加底物浓度的方法消除抑制作用。

考点：影响酶促反应速度的因素

七、酶的分类与命名及酶在医学上的应用

（一）酶的分类

根据国际酶学委员会规定，以及酶促反应的性质，酶可以分为以下六大类。

1. 氧化还原酶类 催化底物进行氧化还原反应的酶类。例如，琥珀酸脱氢酶、乳酸脱氢酶、细胞色素氧化酶、过氧化物酶、过氧化氢酶等。

2. 转移酶类 催化底物之间进行基团的转移和交换的酶类。例如，氨基转移酶、甲基转移酶等。

3. 水解酶类 催化底物发生水解反应的酶类。例如，蛋白酶、淀粉酶、脂肪酶、磷酸酶等。

4. 裂解酶类（裂合酶类） 催化底物脱去一个基团，并留下双键的反应和其逆反应的酶类。例如，碳酸酐酶、柠檬酸合成酶、醛缩酶等。

5. 异构酶类 催化各种同分异构体之间相互转化的酶类。例如，磷酸丙糖异构酶、消旋酶等。

6. 合成酶类（或者连接酶类） 催化两分子底物合成一分子化合物，同时偶联有 ATP 的磷酸键断裂释放能量的酶类。例如，氨基酸-tRNA 合成酶、谷氨酰胺合成酶等。

（二）酶的命名

1. **习惯命名法**　习惯命名法是将酶催化底物的名称、底物发生的反应、酶的生物来源等加在“酶”字前面组合而成。如淀粉酶、水解酶、脱氢酶、胃蛋白酶等。

2. **系统命名法**　系统命名法包括酶作用的底物名称和该酶的分类名称。系统命名法规定每一种酶都有一个系统名称，它标明酶的所有底物与反应类型，同时有一个由4组数字组成的系统编号。如天冬氨酸氨基转移酶系统命名为*L*-天冬氨酸；*α*-酮戊二酸氨基转移酶，系统编号为EC2.6.1.1。

（三）酶在医学上的应用

1. **酶作为药物直接应用于疾病的治疗**　酶作为药物目前主要应用于帮助消化、消炎、抗凝、抗肿瘤等方面。多酶片（含胃蛋白酶、胰淀粉酶、胰蛋白酶等）用于帮助消化；利用溶菌酶、糜蛋白酶等进行外科清创或者烧伤患者痂垢的清除；利用尿激酶、链激酶和纤溶酶等防止血栓的形成，促进血栓溶解，可用于脑血栓、心肌梗死等疾病的防治；利用天冬酰胺酶分解天冬酰胺，抑制血液中癌细胞的生长。

2. **酶作为试剂应用于临床检验**　酶作为分析试剂，对一些酶的活性、底物浓度、激活剂、抑制剂等进行定量分析。如生化检验中测定血液中的葡萄糖、胆固醇、尿酸等，免疫学检验中测定肝炎病毒等，都使用酶作为试剂进行测定。

第4节　维　生　素

一、维生素的概念

维生素又名维他命，是维持人体生命活动所必需的营养素，在人体内不能合成或合成量很少，必须由食物供给的一类低分子有机化合物。维生素在人体生长、代谢、发育过程中发挥着重要的作用。维生素具有以下特点。

1. 均以维生素本身或可被机体利用的前体化合物（维生素原）的形式存在于天然食物中。
2. 不是构成机体组织和细胞的组成成分，也不产生能量，主要是参与机体代谢的调节。
3. 一般不能在体内合成或合成量很少，必须由食物提供。
4. 人体对维生素的需要量很小，日需要量常以毫克（mg）或微克（μg）计算，如果缺乏就会引发相应的维生素缺乏症，对人体健康造成损害。

考点： 维生素的概念

二、维生素缺乏症的原因

引起维生素缺乏的常见原因主要有以下几点。

1. 从食物中摄入量不足，如食物单一、烹饪破坏、贮存不当等。
2. 吸收利用率降低，如消化系统疾病或者脂肪摄入量过少影响脂溶性维生素的吸收，如长期腹泻、呕吐等。
3. 需要量相对增高，比如妊娠和哺乳期的妇女、儿童、特殊人群。
4. 使用抗生素不合理、不规范造成维生素缺乏。

三、维生素的分类

维生素种类很多，按其溶解性可分为脂溶性和水溶性两大类。

维生素按发现的先后，以英文字母顺序命名为维生素A、B、C、D、E等。其中如维生素B族原来以为是一种物质，后来又发现是几种维生素的混合物，故又以B_1、B_2……加以区别。维生素也可按化学结构命名，如硫胺素、核黄素、烟酸等。此外还可按生理功能及治疗作用命名，如抗坏血酸、抗佝偻病维生素、抗干眼病维生素等。因此，往往一种维生素有几种不同的名称。

四、脂溶性维生素

脂溶性维生素包括维生素 A、维生素 D、维生素 E 和维生素 K。易溶于脂质和有机溶剂而不易溶于水；可随脂质被人体吸收并在体内蓄积，排泄率不高，故过量摄入可引起中毒。

链 接

胡萝卜如何吃才更有营养?

胡萝卜中的 β-胡萝卜素叫作维生素 A 原，只有溶解于油脂中，才能在人体肝脏中转变成维生素 A，被人体吸收。如果生吃胡萝卜，大部分的胡萝卜素被排泄掉，起不到营养作用，所以胡萝卜不宜生吃，宜熟吃，尤其是用油炒着吃营养更容易被吸收。

（一）维生素 A

维生素 A 又名视黄醇或抗干眼病维生素，视黄醇、视黄醛、视黄酸是维生素 A 的活性形式。维生素 A 只存在于动物性食物中，植物性食物中的胡萝卜素在体内可转变成维生素 A，故又叫作维生素 A 原。植物中的黄、红色素很多是胡萝卜素，其中最重要的是 β-胡萝卜素。

1. 理化性质　维生素 A 和胡萝卜素遇热和碱均稳定，一般烹调和罐头加工不易破坏。但是维生素 A 极易被氧化，特别在高温条件下，紫外线照射可加快其氧化破坏。脂肪氧化变质时，其中的维生素 A 也会遭受破坏。故维生素 A 制剂（如鱼肝油）应贮存于棕色瓶内，避光保存。

2. 生理功能与缺乏症

（1）维持正常视觉：维生素 A 参与视觉细胞内感光物质的合成与再生，与暗光下的视觉有密切关系，在感受弱光或暗光的视网膜杆状细胞内，维生素 A 可以转化成 11-顺视黄醛。11-顺视黄醛与光敏感视蛋白结合生成视紫红质，产生视觉神经冲动，使人在弱光或暗光下可以看清周围环境。维生素 A 缺乏时，11-顺视黄醛补充不足，视紫红质合成减少，对弱光或暗光敏感性降低，最早出现的症状是暗适应能力下降，即在黑暗中看不清物体，在弱光下视力减退，暗适应时间延长，严重者可致夜盲症。

（2）维护上皮组织健全：缺乏时可致上皮细胞角化，造成皮肤粗糙、干燥，呼吸道、消化道以及泌尿生殖系统内膜损伤而易受感染，特别是儿童易引起呼吸道疾病。缺乏维生素 A 还会引起眼干燥症，泪腺分泌减少，角膜干燥，严重者可导致失明。

（3）促进生长发育：维生素 A 可促进骨骼生长发育，缺乏时儿童生长发育迟缓。

（4）抑制肿瘤生长：维生素 A 有延缓或阻止癌前病变，拮抗化学致癌物作用，能抑制多种上皮肿瘤的发生和发展。

（5）维持机体正常免疫功能：缺乏维生素 A 可引起免疫功能低下。维生素 A 摄入过量可引起中毒，表现为食欲减退、头痛、呕吐、脱发、肌肉疼痛等。大量摄入胡萝卜素皮肤可出现类似黄疸症状，停止食用后症状可逐渐消失。

维生素 A 在动物性食物中含量丰富，最好的来源是各种动物肝脏、蛋类、鱼卵、乳类、鱼肝油等。植物性食物中只含胡萝卜素，其良好来源是深色蔬菜和水果，如红心红薯、胡萝卜、芹菜叶、西兰花、芒果、杏子、柿子等。

考点： 维生素 A 的生理功能

（二）维生素 D

维生素 D 又称钙化醇、抗佝偻病维生素。为类固醇衍生物，主要包括维生素 D_2 和维生素 D_3。人体皮下组织中的 7-脱氢胆固醇经紫外线照射可转化为维生素 D_3，植物油和酵母中的麦角固醇经紫外线照射可转化为维生素 D_2。

1. 理化性质　维生素 D 的化学性质比较稳定，在中性和碱性环境中耐热，不易被氧化破坏，在 130℃加热 90 分钟，仍能保持其活性。酸性时逐渐被分解破坏。烹调加工不会损失，脂肪酸败时可被破坏。

2. 生理功能与缺乏症 维生素D的主要生理功能是促进钙、磷在肠道内的吸收和肾小管内的重吸收，从而维持血液中钙、磷的正常浓度，这是因为维生素D与甲状旁腺共同作用，维持血中钙的水平，使之不过高或过低。维生素D还能促进软骨及牙齿的钙化，并不断更新以维持其正常生长。

膳食中维生素D不足或缺乏、人体日光照射不足是维生素D缺乏的两大重要原因。当然，膳食中其他成分如磷、镁、维生素A和维生素D也有关系；某些疾病，特别是肠道吸收障碍，是造成维生素D缺乏的常见原因之一。维生素D缺乏可引起钙、磷吸收减少，血钙水平下降，骨骼钙化受阻，导致骨质软化、变形，在婴幼儿期发生佝偻病，在幼儿刚学会走路时，重力作用使其下肢骨弯曲，形成“X”或“O”形腿。成人缺乏维生素D可发生骨质软化症，特别是妊娠、哺乳期妇女，还有骨质疏松症、手足痉挛症。现在临床上较常见维生素D缺乏症是肋骨下陷。

天然食物（动物性和植物性）中维生素D的含量均较低，含脂肪高的海鱼、动物肝、蛋黄、奶油中含量相对较多，瘦肉、奶中含量较少，故常在鲜奶与婴儿配方食品中强化维生素 D。鱼肝油中维生素D含量较高，虽非日常饮食部分，但供婴儿补充维生素D之用，在防治佝偻病上有很重要意义。适当日光浴对婴幼儿、地面下工作人员非常有必要，它可增加体内维生素D的产生。维生素D过量摄入可引起中毒，出现食欲不振、口渴、眼睛发炎、呕吐等症状。

考点：维生素D的生理功能与缺乏症

（三）维生素E

1. 理化性质 维生素E又称生育酚、抗不孕维生素。维生素E包括生育酚和三烯生育酚。维生素E为脂溶性，溶于乙醇与有机溶剂，不溶于水，对氧敏感，容易氧化破坏。油脂酸败时维生素E多被破坏。食物中的维生素E较稳定，一般烹调加工损失不大，但高温（如油炸食品）可使维生素E的活性明显降低。

2. 生理功能与缺乏症

（1）抗氧化作用：维生素E是一种很强的抗氧化剂，在体内能保护细胞免受自由基的危害。维生素E缺乏，可使机体内的抗氧化功能发生障碍，引起细胞损伤。

（2）抑制血小板聚集：维生素E可调节血小板的黏附力和聚集作用，保证血流畅通。缺少时可引起血栓形成，心肌梗死与脑卒中的危险性也会增加。

（3）延缓衰老：维生素E可以减少体内脂褐素（俗称老年斑）的形成，还可以改善皮肤弹性，提高机体免疫力，在延缓衰老中的作用日益受到重视。

（4）维持生殖器官正常功能：维生素E与动物的生殖功能和精子生成有关，缺乏时可出现睾丸变性、孕育异常。维生素E还可以促进雌激素和孕激素的分泌，所以临床上常用维生素E治疗不孕症、先兆流产和习惯性流产。

维生素E缺乏在人类少见，因为维生素E广泛存在于植物油、油性种子和麦芽、豆类、肉、蛋、奶中，且在体内储存时间长，不易排泄。

考点：维生素E的生理功能

（四）维生素K

1. 理化性质 维生素K又叫作凝血维生素，维生素K在自然界中主要以维生素K_1、K_2两种形式存在。现在人工合成的有水溶性的维生素K_3、K_4。维生素K_1主要存在于深绿色蔬菜和植物油中；维生素K_2是人体肠道细菌的代谢产物。临床上运用较多的是人工合成的水溶性的维生素K_3，可以口服和肌内注射。

维生素K在动物肝脏、鱼、肉和绿叶蔬菜中含量丰富，主要吸收部位在小肠，吸收后经淋巴进入血液，并转运至肝内储存。

2. 生理功能与缺乏症

（1）维生素K能够促进凝血：维生素K是γ-谷氨酰羧化酶的辅酶，γ-谷氨酰羧化酶可以催化凝血因子Ⅱ、Ⅶ、Ⅸ、Ⅹ及抗凝血因子蛋白C和蛋白S在肝细胞中无活性前体转变为具有凝血功能的活性形式，所以，维生素K是合成凝血因子所必需的。

（2）维生素K在骨代谢中起重要作用：骨骼中骨钙蛋白和骨基质γ-羧基谷氨酸蛋白是维生素K依赖性蛋白。

维生素K在绿色植物中含量丰富，且人体内肠道细菌也能合成，故一般不易缺乏。胰腺、胆管疾病和小肠黏膜萎缩及脂肪便、长期服用广谱抗生素的人群都可能引起维生素K缺乏。由于维生素K不能通过胎盘吸收，新生儿出生后肠道内又无细菌，因此新生儿易发生维生素K的缺乏。维生素K缺乏的主要症状是凝血障碍，皮下、肌肉及肠道出血。

五、水溶性维生素

水溶性维生素易溶于水而不易溶于脂质和有机溶剂，包括B族维生素（维生素B_1、维生素B_2、烟酸、维生素B_6、叶酸、维生素B_{12}、泛酸、生物素等）和维生素C。B族维生素是构成机体多种酶系的重要辅基或辅酶，参与机体蛋白质、脂肪、糖类等多种代谢；吸收后体内储存很少，过量的从尿中排出，一般不会引起中毒，但摄入过量时常干扰其他营养素的代谢。

链接

米糠治好了脚气病

1896年，一名年轻的荷兰医生被派到当时的荷属东印度某个医院工作，当地脚气病蔓延。医生注意到医院中有几只厨师喂养的鸡，这些鸡也有双腿僵直、虚弱无力等类似脚气病的症状。有一天，他突然发现鸡的麻痹症状消失了，通过观察，他发现喂鸡的饲料原来是用患者吃剩的白米饭，现在改用了米糠。聪明的医生试着给患者吃一些米糠和糙米，不久，他们的脚气病竟被治愈了!后来，人们从米糠中提取出具有抗脚气病作用的物质，并能用人工方法合成，它就是维生素B_1。

（一）维生素B_1

1. 理化性质 维生素B_1又称硫胺素、抗脚气病维生素。维生素B_1为白色结晶，易溶于水，在酸性溶液中稳定，比较耐热，不易被破坏；在碱性溶液中对热极不稳定，一般加温煮沸可使其大部分被破坏。煮粥、蒸馒头时加碱，会造成维生素B_1大量损失。维生素B_1容易被小肠吸收，进入血液后在肝脏及脑组织中被硫胺素焦磷酸激酶催化生成焦磷酸硫胺素（TPP）。TPP是维生素B_1的活性形式，占体内硫胺素总量的80%。

2. 生理功能与缺乏症 维生素B_1是脱羧酶的辅酶，参与糖类代谢。在维持神经、肌肉特别是心肌正常功能以及促进胃肠蠕动和消化液分泌、维持正常食欲等方面也起着重要作用。

缺乏维生素B_1会导致糖代谢障碍，使血液中丙酮酸和乳酸含量增多，影响神经组织供能，产生维生素B_1缺乏症（脚气病）。临床上以消化系统、神经系统及心血管系统的症状为主，主要表现为乏力、恶心、指趾麻木、肌肉酸痛、下肢水肿、心力衰竭等。

维生素B_1广泛存在于各类食物中，其良好来源是动物内脏（肝、肾、心）和瘦肉、谷类、豆类和坚果类。谷物是我国人民的主食，也是维生素B_1的主要来源，米面加工精度过高会造成维生素B_1大量损失。

考点：维生素B_1的缺乏症

（二）维生素B_2

1. 理化性质 维生素B_2又称核黄素，为橙黄色针状结晶，带有微苦味，在水中溶解度较低，在酸性溶液中对热稳定，在碱性溶液中易分解破坏。

2. 生理功能与缺乏症 维生素B_2是多种黄素酶的辅酶，维生素B_2的活性形式是黄素单核苷酸（FMN）和黄素腺嘌呤二核苷酸（FAD）。FMN和FAD是体内多种氧化还原酶（如琥珀酸脱氢酶、脂酰辅酶A脱氢酶、黄嘌呤氧化酶等）的辅基，在体内生物氧化中起递氢体作用，能促进蛋白质、脂肪、糖类代谢和能量代谢，对维持皮肤、黏膜和视觉的功能有一定的作用。

维生素 B_2 缺乏的主要表现有口角炎、唇炎、舌炎、睑缘炎、脂溢性皮炎和阴囊炎。维生素 B_2 还与红细胞生成以及铁的吸收和利用有关，补充维生素 B_2 对防治缺铁性贫血有重要作用。临床上，用光照疗法治疗新生儿黄疸时，在消退皮肤胆红素的同时，核黄素也遭到破坏，引起新生儿维生素 B_2 缺乏症。

维生素 B_2 广泛存在于动植物组织中，在动物性食物，尤其是肝、肾、心、蛋黄、乳类中含量丰富；在植物性食物，尤其是绿叶蔬菜及豆类中含量较多，而粮谷类中含量较低。

考点：维生素 B_2 的缺乏症

（三）维生素 PP（维生素 B_3）

1. 理化性质 维生素 PP 又称抗糙皮病维生素或抗癞皮病维生素，包括烟酸和烟酰胺，是一种白色晶体，溶于水，性质稳定，在酸、碱、光、氧环境中加热也不易被破坏，通常食物加工烹调损失极少。

2. 生理功能与缺乏症 维生素 PP 在体内以辅酶的形式参与脱氢酶的组成，维生素 PP 的活性形式是烟酰胺腺嘌呤二核苷酸（NAD^+）和烟酰胺腺嘌呤二核苷酸磷酸（$NADP^+$），是生物氧化还原反应中重要的递氢体，并参与糖类、脂类、蛋白质代谢和能量代谢。烟酸是葡萄糖耐量因子的重要成分，具有增强胰岛素效能的作用。大剂量烟酸还有降血脂作用。

烟酸缺乏可引起癞皮病，其典型症状为皮炎（dermatitis）、腹泻（diarrhoea）和痴呆（dementia），即“3D 症状”。其中皮肤症状最具特征性，主要表现为裸露皮肤及易摩擦部位出现对称晒斑样损伤；胃肠症状可有食欲缺乏、恶心、呕吐、腹痛、腹泻等；神经症状可表现为失眠、衰弱、乏力、抑郁、淡漠，甚至痴呆。烟酸广泛存在于动植物食物中，肝、肾、瘦肉、鱼等动物性食物，谷类、豆类中含量丰富，一般不会缺乏，但长期以玉米为主食者易缺乏维生素 PP。抗结核药物异烟肼的结构与维生素 PP 十分相似，两者有拮抗作用，因此长期服用异烟肼可引起维生素 PP 的缺乏。另外，由于烟酸能抑制脂肪动员，使肝中极低密度脂蛋白（VLDL）的合成下降，从而降低血浆甘油三酯。所以，临床上烟酸作为药物可以用于治疗高脂血症。但是大量服用烟酸或烟酰胺（每日 1～6g）会引发血管扩张、脸颊潮红、痤疮及胃肠不适等症状。长期日服用量超过 500mg 可引起肝损伤。

链接 玉米中烟酸含量不低，且高于大米，但为何以玉米为主食易发生癞皮病？

以玉米为主食的人群易发生癞皮病，其原因是：①玉米中色氨酸含量低；②玉米中所含的烟酸是结合型的，不能被人体吸收利用。色氨酸可以转化成烟酸，被人的身体吸收和利用。

用碳酸氢钠（小苏打）处理玉米可将结合型烟酸水解为易被机体利用的游离型烟酸，是预防癞皮病的有效方法。

（四）维生素 B_6

1. 理化性质 维生素 B_6 包括吡哆醇、吡哆醛和吡哆胺，三者可以相互转化。维生素 B_6 为无色晶体，对光、高温、碱性敏感，在酸性环境中比较稳定，但易被碱破坏，中性环境中易被光破坏，高温下可迅速被破坏。维生素 B_6 在动植物中分布很广泛，麦胚芽、米糠、大豆、酵母、蛋黄、动物肝脏、动物肾脏、肉、鱼以及绿叶蔬菜中含量很丰富。人体肠道细菌虽可合成维生素 B_6，但只有少量被吸收、利用。

2. 生理功能与缺乏症 维生素 B_6 的活性形式是磷酸吡哆醛和磷酸吡哆胺，是氨基酸氨基转移酶的辅酶，它们通过相互转化，发挥其转移氨基的作用。

磷酸吡哆醛是谷氨酸脱羧酶的辅酶，可增进大脑抑制性神经递质 γ-氨基丁酸的生成，临床上常用维生素 B_6 治疗小儿惊厥、妊娠呕吐和精神焦虑等。磷酸吡哆醛是血红素合成的限速酶 δ-氨基-γ-酮戊酸（ALA）合酶的辅酶，维生素 B_6 缺乏时血红素的合成受阻，造成低色素小细胞性贫血和血清铁增高。磷酸吡哆醛还是同型半胱氨酸分解代谢的辅酶，参与同型半胱氨酸转化为甲硫氨酸的反应，缺乏维生素 B_6 可产生高同型半胱氨酸血症。近些年发现高同型半胱氨酸血症是心脑血管疾病、血栓生成和高血压的危险因子。

人类未发现维生素 B_6 缺乏的典型病例。过量服用维生素 B_6 可引起中毒，临床表现为周围神经病。

抗结核药异烟肼可以和吡哆醛结合生成腙从尿中排出，易引起维生素 B_6 缺乏症。因此，在长期服用抗结核药异烟肼时，应注意补充维生素 B_6。

（五）泛酸（维生素 B_5）

1. 理化性质 泛酸又称遍多酸，由二甲基羟丁酸和 β-丙氨酸组成，因广泛存在于动植物组织中而得名。是浅黄色黏稠状物，能溶于水。对酸碱和热都不稳定。

2. 生理功能与缺乏症 泛酸是构成辅酶 A（CoA）和酰基载体蛋白（ACP）的组成成分。CoA 及 ACP 是体内 70 多种酶的辅酶，广泛参与糖、脂类、蛋白质代谢及肝的生物转化作用。

因泛酸分布广泛，肠道细菌也可以合成，所以很少出现缺乏症。

考点： 长期服用异烟肼时，要补充哪些维生素

（六）生物素（维生素 B_7）

1. 理化性质 生物素又称维生素 H、维生素 B_7、辅酶 R 等。自然界存在的生物素至少有两种，为 α-生物素和 β-生物素。

2. 生理功能与缺乏症 生物素是体内多种羧化酶的辅基，参与体内 CO_2 的固定过程，与糖、脂肪、蛋白质和核酸的代谢密切相关，还参与细胞信号转导和基因表达，影响细胞周期、转录和 DNA 损伤的修复。

生物素在动植物界分布广泛，如动物肝脏、动物肾脏、蛋黄、酵母、蔬菜、谷类中含量丰富。肠道细菌也能合成生物素，故很少出现缺乏症。新鲜鸡蛋清中有一种抗生物素蛋白，它能够和生物素结合使生物素不能被人体吸收，只有在蛋清加热后这种蛋白才能遭到破坏而失去作用，所以鸡蛋不宜生吃。长期使用抗生素也可能造成生物素的缺乏，主要症状表现为疲乏、恶心、呕吐、食欲不振、皮炎及脱屑性红皮病等。

考点： 缺乏生物素有哪些症状

（七）叶酸（维生素 B_9）

1. 理化性质 叶酸又称维生素 M、维生素 B_9，因最初从菠菜叶中分离提取出来而得名，动物肝脏、酵母、水果中含量也丰富，叶酸为鲜黄色粉末状结晶，溶于水，不溶于乙醇、乙醚及其他有机溶剂。叶酸钠盐易溶于水，在水溶液中易被分解破坏，在酸性溶液中对热不稳定，而在中性和碱性环境很稳定，即使加热到 100℃也不会被破坏。

2. 生理功能与缺乏症 叶酸在体内的活性形式为四氢叶酸（THFA 或 FH_4），它是体内许多重要生化反应中一碳单位的运载体，参与许多重要化合物的合成和代谢，如 DNA 和 RNA 合成、氨基酸之间的转化以及血红蛋白、磷脂、胆碱、肌酸的合成等。

叶酸在食物中含量丰富，肠道细菌也能合成，一般不会发生缺乏症。叶酸缺乏时，骨髓幼红细胞 DNA 合成减少，细胞分裂速度降低，细胞体积增大，可引起巨幼红细胞性贫血。近年来研究发现，孕妇在怀孕早期缺乏叶酸是引起胎儿神经管畸形的主要原因，儿童叶酸缺乏可影响生长发育。此外，叶酸缺乏还可影响同型半胱氨酸甲基化生成甲硫氨酸，引起高同型半胱氨酸血症；引起 DNA 甲基化程度降低，增加某些癌症（结直肠癌）的危险性。因此，富含叶酸的食物可降低这类癌症的风险。

叶酸广泛存在于动植物食物中，其良好食物来源为动物的肝肾、绿叶蔬菜、土豆、豆类、麦胚等。

考点： 为什么孕妇在怀孕早期需要补充一定量的叶酸

（八）维生素 B_{12}

1. 理化性质 维生素 B_{12} 含有金属元素钴，又称为钴胺素，是唯一含有金属元素的维生素。

维生素 B_{12} 在人体内结合的基团不同，可有多种存在形式。甲钴胺素、5′-脱氧腺苷钴胺素是维生素 B_{12} 的活性形式，也是在人体血液中存在的主要形式。

2. 生理功能与缺乏症 甲钴胺素是 N^5-CH_3-FH_4 转甲基酶（甲硫氨酸合成酶）的辅酶，该酶催化同型半胱氨酸甲基化生成甲硫氨酸，参与甲基的转移。维生素 B_{12} 缺乏时，N^5-CH_3-FH_4 的甲基不能转移出去，一方面可以引起甲硫氨酸合成减少，造成高同型半胱氨酸血症，加大动脉硬化、血栓的生成和高血压的危险性；另一方面可以影响 FH_4 的再生，组织中游离的 FH_4 含量减少，一碳单位的代谢受阻，造成核酸合成障碍，产生巨幼红细胞性贫血。5′-脱氧腺苷钴胺素是 *L*-甲基丙二酰 CoA 变位酶的辅酶，该酶催化 *L*-甲基丙二酰 CoA 转变为琥珀酰 CoA。维生素 B_{12} 缺乏时，体内 *L* 甲基丙二酰 CoA 大量堆积。因为 *L*-甲基丙二酰 CoA 的结构与脂肪酸合成得到的中间产物丙二酰 CoA 相似，从而影响脂肪酸的正常合成。脂肪酸合成的异常影响神经髓鞘的转换，造成髓鞘质变性退化，引发进行性脱髓鞘。因此在临床上，维生素 B_{12} 具有营养神经的作用。

动物肝脏、肾脏、瘦肉、鱼及蛋类食物中的维生素 B_{12} 含量比较高，人体肠道细菌也能合成，因此正常膳食者很少发生维生素 B_{12} 缺乏症。但胃和胰腺功能障碍时，可以引起维生素 B_{12} 的缺乏。

（九）维生素C

1. 理化性质 维生素 C 是一种具有预防维生素 C 缺乏病（坏血病）功能的有机酸，故又称为抗坏血酸。溶于水，有酸味，性质不稳定，易被氧化破坏，遇碱性物质、氧化酶及铜、铁等重金属离子更易被氧化破坏。在酸性环境中对热稳定，所以烹调蔬菜时加少量醋可以避免维生素 C 被破坏。

2. 生理功能与缺乏症

（1）维生素 C 直接参与体内氧化还原反应，维生素 C 是一种很强的抗氧化剂，可保护其他物质免受氧化损害。在人体内氧化还原反应过程中发挥重要作用。

1）维生素 C 可以保护巯基，使巯基酶中的—SH 保持还原状态。维生素 C 在谷胱甘肽还原酶的作用下，可以将氧化型谷胱甘肽（G—S—S—G）还原成还原型（G—SH）。它能够清除细胞膜的脂质过氧化物，从而起到保护细胞膜的作用。

2）促进铁的吸收：维生素 C 可促进肠道三价铁还原为二价铁，有利于铁的吸收，是治疗贫血的重要辅助药物。

3）维生素 C 可以使红细胞中的高铁血红蛋白（MHb）还原为血红蛋白（Hb），使它恢复运氧能力。

（2）维生素 C 参与羟化反应，可以促进组织中胶原的合成，维生素 C 缺乏时影响胶原合成，使创伤愈合迟缓，毛细血管脆性增加，引起不同程度的出血。维生素 C 缺乏病即坏血病，主要临床表现是牙龈肿胀出血、鼻出血、皮下出血、月经过多、便血、关节疼痛等，还可以引起骨质疏松和伤口愈合迟缓。维生素 C 还是催化胆固醇转变为 7*α*-羟胆固醇反应的 7*α*-羟化酶的辅酶，可使胆固醇在肝内转变为胆汁酸，从而降低血浆胆固醇水平。另外，肾上腺皮质激素合成过程中，维生素 C 也参与某些反应。

（3）解毒：维生素 C 对铅、汞、砷等化学毒物有解毒作用，给予大剂量的维生素 C 可缓解其毒性，促进其排出体外。

（4）防癌：维生素 C 的抗氧化作用可以抵御自由基对细胞的伤害，防止细胞的变异；阻断亚硝酸盐形成强致癌物亚硝胺。

维生素 C 毒性很低，但长期大量服用维生素 C 会使尿中草酸盐排泄增多，增加患尿路结石的危险性。

维生素 C 的主要食物来源为新鲜蔬菜如柿子椒、番茄、菜花等，水果如柑橘、柠檬、青枣、猕猴桃等。野生刺梨、沙棘、酸枣等维生素 C 含量也很高。植物种子不含维生素 C，但豆类在发芽时可生成维生素 C。

考点：维生素 C 的生理功能

链接

维生素C与坏血病

两百多年以前，很多去航海的人都知道只有一半的生还机会，其原因既不是遭遇海盗，也不是死于风暴，而是可能会患上坏血病。为了寻找坏血病的治疗方法，当时有一个英国医生将一些患坏血病的海员进行分组，每一组的食物中分别加了醋、盐酸、海水、柑橘或柠檬。结果那些吃新鲜水果的人很快就被治愈了。

我国明朝时期郑和七次下西洋取得成功，船上水手无一人因患坏血病而死，就是由于携带了大量的黄豆上船，黄豆可以发豆芽，而豆芽中维生素C含量相当丰富，这样就解决了维生素C缺乏的问题，很好地完成了航海任务。

各种维生素的生理功能及缺乏症见表3-2。

表3-2 维生素的生理功能及缺乏症

名称	主要生理功能	缺乏症
维生素A	构成视紫红质，维持上皮细胞的完整与健全，促进生长发育	夜盲症 干眼病
维生素D	促进钙、磷的吸收，有利骨的钙化	佝偻病
维生素E	抗氧化剂；与动物的生长发育有关；有促进血红素合成的作用	
维生素K	促进凝血因子的合成	凝血障碍
维生素B_1	是α-酮酸氧化脱羧酶的辅酶，参与体内α-酮酸氧化脱羧；TPP也是磷酸戊糖途径中转酮酶，参与转糖醛基反应，可抑制胆碱酯酶活性，减少乙酰胆碱水解	脚气病
维生素B_2	在生物氧化中起递氢作用	舌炎、口角炎
维生素PP	构成不需氧脱氢酶辅酶成分（NAD^+、$NADP^+$）	癞皮病
维生素B_6	构成氨基转移酶、氨基酸脱羧酶、δ-氨基-γ-酮戊酸合成酶的辅酶	
泛酸	构成CoA和ACP成分，是酰基转移酶的辅酶，可转移酰基	
生物素	构成羧化酶的辅酶，参与物质代谢的羧化反应	
叶酸	一碳单位的运载体，促进红细胞成熟	巨幼红细胞性贫血
维生素B_{12}	甲钴胺素是N^5-甲基四氢叶酸转甲基酶的辅酶，参与甲基的转移 5′-脱氧腺苷钴胺素是L-甲基丙二酰CoA变位酶的辅酶，催化琥珀酰CoA的生成	巨幼红细胞性贫血
维生素C	参与体内的羟化和氧化还原反应，具有增强机体免疫力的作用	坏血病

（刘保东）

自测题

一、名词解释

1. 酶 2. 酶活性 3. 酶失活 4. 活性中心 5. 酶原与酶原的激活 6. 同工酶 7. 酶的竞争性抑制作用 8. 非竞争性抑制作用 9. 维生素 10. 脂溶性维生素 11. 水溶性维生素 12. 维生素A原

二、单项选择题

1. 心肌梗死时，血清中下列哪项酶的活性升高（　　）
   A. LDH_1 B. LDH_2 C. LDH_3
   D. LDH_4 E. LDH_5
2. 有机磷农药中毒时，下列哪一种酶受到抑制（　　）
   A. 己糖激酶 B. 碳酸酐酶
   C. 胆碱酯酶 D. 乳酸脱氢酶
   E. 含巯基的酶
3. 磺胺类药物抑菌机制不正确的是（　　）
   A. 药物可导致FH_4合成障碍
   B. 抑制细菌核酸合成
   C. 磺胺类药物与对氨基苯甲酸具有类似结构
   D. 磺胺类药物属于酶的竞争性抑制
   E. 增加二氢叶酸合成酶活性
4. 怀疑患者得了急性胰腺炎时，应测血中哪种酶（　　）
   A. 谷丙转氨酶 B. 乳酸脱氢酶
   C. 淀粉酶 D. 胆碱酯酶

E. 碳酸酐酶

5. 急性心肌梗死用尿激酶治疗，其作用在于（　　）

A. 促进心肌代谢　　B. 溶解冠状血栓

C. 减轻心脏负担　　D. 增强心肌收缩

E. 疏通心肌微循环

6. 儿童缺乏维生素 D 时，可导致（　　）

A. 佝偻病　　B. 骨质软化病

C. 坏血病　　D. 恶性贫血

E. 癞皮病

7. 维生素 B_2 以哪种形式参与氧化还原反应（　　）

A. CoA　　B. NAD^+或 $NADP^+$

C. TPP　　D. FH_4

E. FMN 或 FAD

8. 临床上常用哪种维生素辅助治疗婴儿惊厥和妊娠呕吐（　　）

A. 维生素 B_{12}　　B. 维生素 B_2

C. 维生素 B_6　　D. 维生素 D

E. 维生素 E

9. 缺乏哪种维生素时，可引起脚气病（　　）

A. 维生素 B_1　　B. 维生素 B_2

C. 维生素 PP　　D. 叶酸

E. 维生素 K

10. 坏血病是缺乏哪种维生素引起的（　　）

A. 核黄素　　B. 硫胺素

C. 维生素 C　　D. 维生素 PP

E. 硫辛酸

三、多项选择题

1. 酶的活性中心必需基团有（　　）

A. 催化基团　　B. 底物分子

C. 结合基团　　D. 多肽链

E. 辅助因子

2. 关于同工酶叙述正确的是（　　）

A. 酶分子结构不同

B. 免疫学性质相同

C. 理化性质不同

D. 同工酶存在于同一机体不同组织中

E. 催化的化学反应相同

3. 下列属于裂解酶的是（　　）

A. 碳酸酐酶　　B. 氨基转移酶

C. 磷酸丙糖异构酶　　D. 柠檬酸合成酶

E. 醛缩酶

4. 缺乏哪种维生素可造成巨幼红细胞性贫血（　　）

A. 维生素 A　　B. 叶酸

C. 维生素 D　　D. 维生素 B_{12}

E. 维生素 C

5. 长期服用抗结核药异烟肼时需要补充哪些维生素（　　）

A. 维生素 A　　B. 泛酸

C. 维生素 PP　　D. 维生素 B_6

E. 维生素 E

四、填空题

1. 酶促反应有_______、_______、_______、_______等催化特点。

2. 结合酶由_______和_______两部分组成，前者决定酶催化作用的_______和_______，后者在酶促反应中起_______、_______或者_______作用，辅助因子根据和酶蛋白结合的牢固程度又可以分为_______、_______。

3. 影响酶促反应速度的因素有_______、_______、_______、_______、_______、_______。

4. 根据国际系统分类法，所有的酶按所催化的化学反应可分为六类：_______、_______、_______、_______、_______、_______。

5. 脂溶性维生素包括_______、_______、_______、_______。

6. 水溶性维生素包括_______和_______。

7. 维生素 A 的主要生理功能有_______、_______、_______、_______、_______。

五、简答题

1. 说明磺胺类药物对细菌的抑制作用的具体原理。

2. 列表比较维生素的来源、生理功能、缺乏症。

第4章 生物氧化

课堂互动

冬季为煤气中毒的高发季节，尤其冬季在密闭的浴室、厨房中使用天然气炉或煤气灶时更易发生煤气中毒，煤气中毒时会产生头晕目眩、恶心呕吐甚至昏迷的症状。

思考：煤气中毒症状产生的原因是什么？该如何来应对这个问题？

第1节 生物氧化概述

一、生物氧化的概念

生物体内的糖、脂肪、蛋白质等有机物通过氧化代谢的方式为生物体供能，这也是生物体获取能量的主要方式，这些营养物质在生物体内彻底氧化生成二氧化碳和水，同时释放出大量能量的过程称为生物氧化。由于该过程伴有氧气的摄取和二氧化碳的释放，而体内各组织细胞对于氧气的利用和二氧化碳的释放的结果实际上就是肺部吸入氧气和呼出二氧化碳的作用，故生物氧化又称细胞呼吸或组织呼吸。

考点：生物氧化的定义

二、生物氧化的特点

体内生物氧化与体外氧化的化学本质完全相同，包括生成的二氧化碳和水、耗氧量及释放的能量都相等，但生物氧化自身还具有以下特点。①反应条件温和：有水参加的条件下，反应温度为37℃左右、pH为7.4左右。②在酶的催化下能量逐步释放：一部分通过热能形式维持体温，另一部分则以高能化合物（如ATP）的形式储存和利用。③经过呼吸链将代谢物脱下的氢与氧结合成水。④有机酸通过脱羧反应生成二氧化碳。

考点：生物氧化的特点

三、生物氧化中二氧化碳的生成

生物氧化过程中糖、脂肪、蛋白质等物质会分解产生许多不同的有机酸，在酶的作用下某些有机酸可脱去羧基生成二氧化碳。根据脱去羧基的位置不同，可将脱羧反应分为α-脱羧和β-脱羧两种；又根据脱羧反应是否伴随氧化反应，分为单纯脱羧和氧化脱羧（表4-1）。

表4-1 有机酸的脱羧

脱羧方式	相关反应
α-氧化脱羧	$\underset{\alpha\text{-氨基酸}}{R{-}\overset{NH_2}{\overset{\vert}{C}H}{-}COOH} \xrightarrow{\text{氨基酸脱羧酶}} \underset{\text{胺}}{R{-}CH_2{-}NH_2} + CO_2$

续表

脱羧方式	相关反应
α-单纯脱羧	$CH_3COCOOH+HSCoA+NAD^+ \xrightarrow{丙酮酸脱氢酶系} CH_3CO\sim SCoA+NADH+H^++CO_2$ α-丙酮酸　　乙酰辅酶A
β-单纯脱羧	$HOOCCH_2COCOOH \xrightleftharpoons{草酰乙酸脱羧酶} H_3CCOCOOH+CO_2$ β-草酰乙酸　　丙酮酸
β-氧化脱羧	$HOOCCH_2CH(OH)COOH + NADP^+ \xrightleftharpoons{苹果酸脱氢酶} H_3CCOCOOH+NADPH+H^++CO_2$ β-苹果酸　　丙酮酸

考点：CO_2的生成方式

第2节　线粒体氧化体系

一、呼吸链概念

体内物质进行彻底氧化的重要场所是线粒体。线粒体内膜上存在的一系列酶或者辅助因子等传递体，能将代谢物脱下的氢传递，最终与氧结合生成水，此过程与细胞摄取氧气的过程密切相关，故又称为呼吸链。

考点：呼吸链概念

二、呼吸链的基本组成成分

呼吸链是由以下五类物质组成，包括以NAD^+或$NADP^+$为辅酶的不需氧脱氢酶、以FMN或FAD为辅基的黄素蛋白、泛醌、铁硫蛋白（Fe-S）、细胞色素（Cyt）。

（一）烟酰胺脱氢酶

烟酰胺腺嘌呤二核苷酸（NAD^+）和烟酰胺腺嘌呤二核苷酸磷酸（$NADP^+$）是不需氧脱氢酶的辅酶。主要功能是递氢，此类辅酶是递氢体，连接代谢物与呼吸链的重要环节。

$$NAD(P)^+ \underset{-2H}{\overset{+2H}{\rightleftharpoons}} NAD(P)H + H^+$$

（二）黄素蛋白

黄素蛋白又称黄素酶，其辅基包括黄素单核苷酸（FMN）和黄素腺嘌呤二核苷酸（FAD），两者分子中均含有核黄素（即维生素B_2），该部分能可逆地加氢和脱氢，是递氢体。

$$FMN \underset{-2H}{\overset{+2H}{\rightleftharpoons}} FMNH_2$$

$$FAD \underset{-2H}{\overset{+2H}{\rightleftharpoons}} FADH_2$$

（三）泛醌

泛醌又名辅酶Q（CoQ），是一种广泛存在于生物界的脂溶性醌类化合物，其分子中含有的苯醌结构能可逆地加氢和脱氢，是递氢体。辅酶Q接受2个氢原子后，将氢分解成两个质子和两个电子，把电子传递给下一个传递体，而将质子留在线粒体基质中。

$$CoQ \underset{-2H}{\overset{+2H}{\rightleftharpoons}} CoQH_2 + 2e$$

（四）铁硫蛋白

铁硫蛋白（Fe-S）的铁能可逆地获得和失去电子而实现电子传递，每次只能传递一个电子，是电子传递体。在呼吸链中，铁硫蛋白常与黄素蛋白或细胞色素b结合成复合体存在。

$$Fe^{3+} \underset{-e}{\overset{+e}{\rightleftharpoons}} Fe^{2+}$$

（五）细胞色素

细胞色素（Cyt）广泛分布于需氧生物线粒体内膜上，是一大类以铁卟啉为辅基的结合蛋白质。在呼吸链中，细胞色素依靠铁卟啉中的铁可逆地接受电子和提供电子，属于递电子体。呼吸链上的细胞色素有 b、c_1、c、a、a_3 等，呼吸链中传递电子的顺序是 Cytb→$Cytc_1$→Cytc→$Cytaa_3$，其中细胞色素 a、a_3 很难分开，组成复合体称为细胞色素 aa_3。它接受电子后直接将电子传递给氧，将氧激活为氧离子（O^{2-}），故细胞色素 aa_3 称为细胞色素氧化酶。

$$CytFe^{3+} \underset{-e}{\overset{+e}{\rightleftharpoons}} CytFe^{2+}$$

考点： 呼吸链的基本组成成分

三、体内重要的呼吸链种类

线粒体内有两条重要的呼吸链，分别是 NADH 氧化呼吸链和琥珀酸氧化呼吸链（$FADH_2$ 氧化呼吸链）。两条呼吸链的组成不同，产生的 ATP 数量也不同。

（一）NADH 氧化呼吸链

NADH 氧化呼吸链是线粒体内的主要呼吸链，从 NADH+H^+开始到还原 O_2 生成 H_2O，由 NAD^+、FMN、Fe-S、CoQ、Cyt（b、c_1、c、aa_3）组成，该链也是产能最多的一条呼吸链，体内多数代谢物如丙酮酸、乳酸及苹果酸等脱下的氢都通过 NADH 氧化呼吸链氧化。

NADH 氧化呼吸链传递氢、递电子顺序如下：

代谢物→NADH→FMN→CoQ→Cytb→$Cytc_1$→Cytc→$Cytaa_3$→O_2

（二）琥珀酸氧化呼吸链（$FADH_2$ 氧化呼吸链）

琥珀酸氧化呼吸链也是体内的较为重要的呼吸链，底物脱下 2H 直接或间接转给 FAD 生成 $FADH_2$，再经泛醌还原 O_2 生成 H_2O，由 FAD、Fe-S、CoQ、Cyt（b、c_1、c、aa_3）组成，体内有少数代谢物如琥珀酸、脂酰 CoA、*α*-磷酸等脱下的氢均通过 $FADH_2$ 氧化呼吸链被氧化，故又称为 $FADH_2$ 氧化呼吸链。

$FADH_2$ 氧化呼吸链传递氢、递电子顺序如下：

琥珀酸→FAD→CoQ→Cytb→$Cytc_1$→Cytc→$Cytaa_3$→O_2

两条呼吸链的递氢、递电子顺序汇总如下：

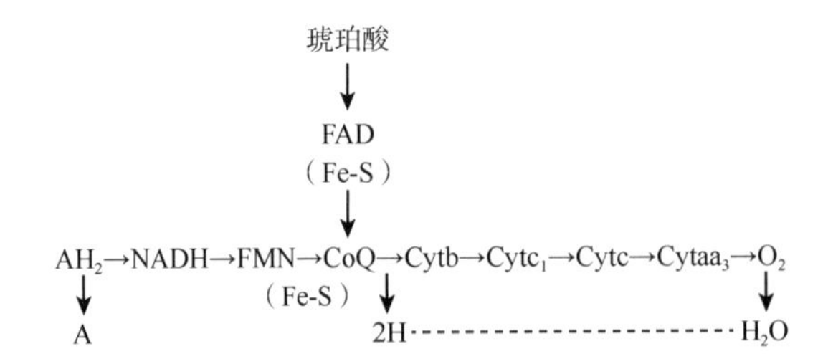

考点： 体内重要的呼吸链种类

第 3 节　ATP 生成与能量的利用和转移

一、高能化合物

营养物质氧化分解所释放的能量主要储存在高能磷酸化合物中，ATP 是体内最常见、最重要的高能化合物，是各种生理活动所需能量的直接来源。含高能键的化合物称为高能化合物。高能键是指水解时可释放大于 21kJ/mol 能量的化学键，通常用“～”符号表示。

二、ATP生成方式

ADP磷酸化生成ATP，体内生成ATP的方式有两种，即底物水平磷酸化和氧化磷酸化。

（一）底物水平磷酸化

含高能磷酸键的物质在代谢的过程中，其内部的高能磷酸键断裂后，释放高能磷酸基团，同时伴有ADP磷酸化生成ATP的过程，称为底物水平磷酸化。例如：

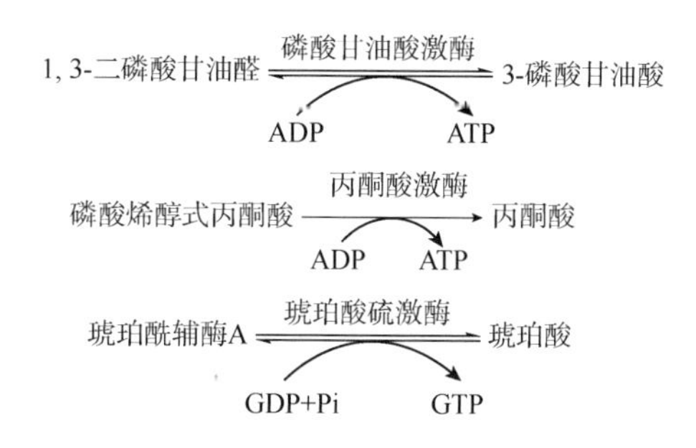

（二）氧化磷酸化

氧化磷酸化是指代谢物脱下的氢在呼吸链进行氧化的过程中释放能量，使ADP磷酸化生成ATP的过程。底物水平磷酸化生成的ATP很少，很难满足机体需要。体内生成ATP的主要方式是氧化磷酸化。

在氧化磷酸化过程中，代谢物经NADH氧化呼吸链时脱下的氢有三个部位能使ADP磷酸化生成3分子ATP，经$FADH_2$氧化呼吸链时可生成2分子ATP。因氧化过程中又消耗，目前认为每2个H经NADH氧化呼吸链传递仅生成2.5分子ATP，经$FADH_2$氧化呼吸链传递时仅生成1.5分子ATP。

氧化磷酸化的偶联部位如下：

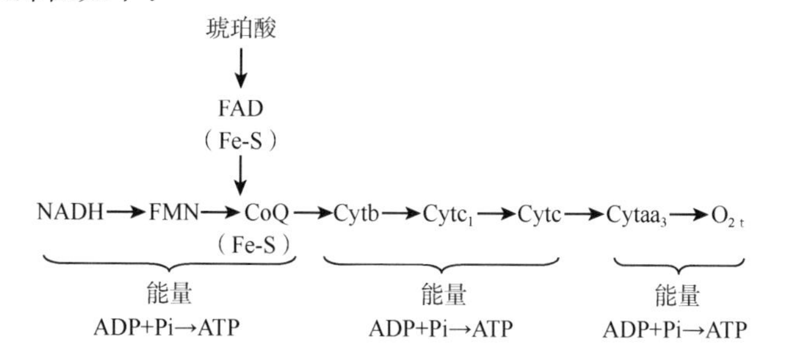

链接

氰化物的中毒机制

进入机体后的氰化物能分解出具有毒性的氰离子，组织细胞内多种酶的活性均可被氰离子抑制，其中，细胞色素氧化酶（aa_3）对氰化物最为敏感。氰离子能迅速与氧化型细胞色素氧化酶中的三价铁结合，阻止其还原成二价铁，使传递电子的氧化过程中断，组织细胞不能利用血液中的氧而造成内窒息。中枢神经系统对缺氧最敏感，故大脑首先受损，导致中枢性呼吸衰竭而死亡。此外，氰化物在消化道中释放出的氢氧离子具有腐蚀作用。吸入高浓度氰化氢或吞服大量氰化物者，可在2～3分钟内呼吸停止，呈“电击样”死亡。

考点：氧化磷酸化的概念

三、影响氧化磷酸化的因素

（一）ADP浓度的影响

ADP和Pi是生成ATP的主要原料，因线粒体内含有足量的Pi，故ADP成为调节氧化磷酸化的重要因素。ADP和ATP的相对比值是调节氧化磷酸化的重要因素，ADP和ATP二者存在“此消彼长”的关系。当ADP升高或ATP降低时，氧化磷酸化加速；反之，当ADP降低或ATP升高时，氧化磷酸化减慢。适时调节ADP浓度可以适应机体能量的生理需要。

（二）甲状腺激素的影响

甲状腺激素对氧化磷酸化没有直接影响，但可以通过激活细胞膜上的 Na^+-K^+-ATP 酶，使 ATP 加速分解为 ADP 和 Pi，促使氧化磷酸化速度增快。

（三）抑制剂的作用

氧化磷酸化作为机体产能的重要方式，若受到抑制可以直接影响生命活动。氧化磷酸化的抑制剂包括解偶联剂、呼吸链的抑制剂及 ATP 合成酶抑制剂三种。

1. 解偶联剂 使氧化与磷酸化的偶联过程脱节是解偶联剂的作用机制，所以氧化过程照常进行，氧化过程中释放的能量全部以热能形式散发，并不贮存于 ATP 分子中。常见的解偶联剂有 2, 4-二硝基苯酚（DNP）、水杨酸等，DNP 可破坏内膜两侧的电化学梯度，导致氧化磷酸化解偶联，不能生成 ATP。例如，患感冒等疾病时，患者体温升高，就是细菌或病毒释放解偶联物质，导致机体产能增多所致。

2. 呼吸链抑制剂 此类抑制剂可分别抑制呼吸链的不同产能部位，进而影响氧化磷酸化和 ATP 的生成。常见的有粉蝶霉素 A、鱼藤酮、异戊巴比妥、抗霉素 A、CO 等，抑制剂导致呼吸链中断，机体不能进行氧化磷酸化，造成组织缺氧，严重时可引起机体迅速死亡。

常见呼吸链的抑制剂及其抑制呼吸链的部位如下：

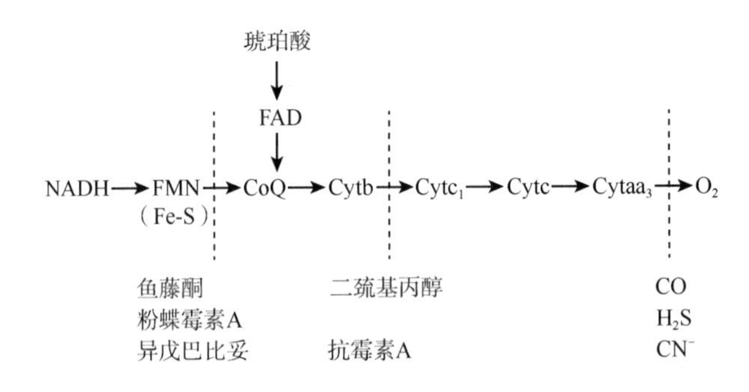

链接

一氧化碳的中毒机制及治疗措施

一氧化碳进入人体后与机体内的血红蛋白结合，一氧化碳与血红蛋白的亲和力比氧与血红蛋白的亲和力高 200～300 倍，故一氧化碳极易与血红蛋白结合，使其丧失携带氧的功能和作用，造成组织窒息。对全身的组织细胞均有毒性作用，尤其对大脑皮质的影响最为严重。另一方面，一氧化碳可抑制线粒体呼吸链中 $Cytaa_3$-O_2 之间的电子传递。从而抑制氧化磷酸化过程，使细胞内能量产生减少或停顿。当发现一氧化碳中毒时，其急救处理措施主要是吸入大量新鲜空气并进行人工呼吸。治疗一氧化碳中毒最有效的方法是采用医院里的高压氧舱。将患者放入高压氧舱内，经 30～60 分钟血内碳氧血红蛋白可降至 0，再积极进行后续治疗。

3. ATP 合成酶抑制剂 可抑制 ADP 磷酸化生成 ATP 及电子传递的过程，二环己基碳二亚胺和寡霉素可抑制电子传递及磷酸化过程。

考点：氧化磷酸化的影响因素

四、ATP 利用及能量转移

1. 能量的转移 在生理条件下，通过 ATP 和 ADP 的迅速相互转化来实现能量的转移，这种方式是体内能量转移最基本的形式。生物氧化过程释放的能量使 ADP 磷酸化生成 ATP，当机体进行生理活动时，ATP 分解为 ADP 和 Pi，释放出能量供机体利用。

$$ADP + Pi \underset{2H}{\overset{2H}{\rightleftharpoons}} ATP$$

某些合成代谢过程需要由其他三磷酸核苷供能，如糖原合成由 UTP 直接供能；磷脂合成由 CTP 直接供能，蛋白质合成由 GTP 直接供能。但是这些高能磷酸化合物的生成和补充有赖于 ATP，如下所示：

$$UDP+ATP \longrightarrow UTP+ADP$$
$$CDP+ATP \longrightarrow CTP+ADP$$
$$GDP+ATP \longrightarrow GTP+ADP$$

2. 能量的储存和利用 ATP稳定性差且不易储存，当ATP合成超量时，在肌肉和脑组织中，ATP可将其高能磷酸键（～P）转移给肌酸，以磷酸肌酸（C～P）的形式储存，此反应由肌酸激酶（CK）催化（图4-1）。当机体能量供应不足时，磷酸肌酸将储存的能量释放，磷酸肌酸所含的高能磷酸键虽性质稳定，但不能直接被利用，当肌肉和脑组织中ATP不足时，磷酸肌酸可将其高能磷酸键转移给ADP生成ATP，为生理活动提供能量，满足生命活动需要，因此，磷酸肌酸为能量主要的储存方式，被称为人体的“蓄电池”。

$$ATP+肌酸 \xrightleftharpoons{CK} 磷酸肌酸+ADP$$

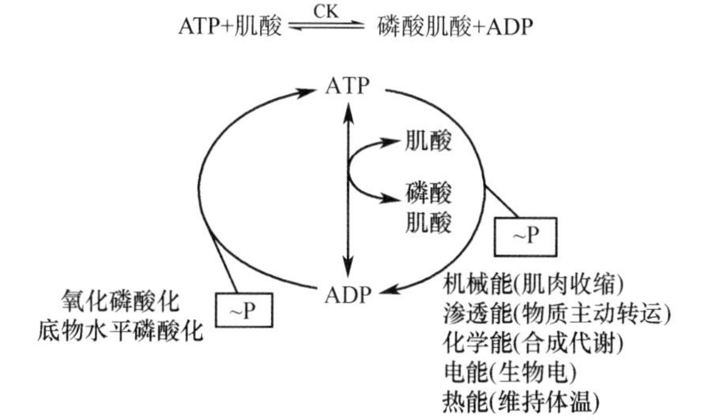

图4-1 ATP的生成与能量的储存和利用

链接

非线粒体氧化体系

除线粒体氧化体系外，还存在一些不伴有磷酸化、不产生ATP的氧化体系即非线粒体氧化体系，主要与体内代谢物、药物和毒物的生物转化有关。非线粒体氧化体系包括微粒体中的生物氧化酶及过氧化物酶体中的生物氧化酶两种，前者根据底物分子中加入氧原子数目不同又分为加单氧酶和加双氧酶；后者包括过氧化氢酶系及过氧化物酶，作用是合成和分解过氧化氢。

考点： 氧化磷酸化的影响因素

（王 杰）

自测题

一、名词解释

1. 生物氧化 2. 呼吸链 3. 氧化磷酸化

二、单项选择题

1. 不能接受氢的物质是（ ）
   A. NAD B. CoQ C. Cyt
   D. FMN E. FAD
2. NADH氧化呼吸链的排列顺序为（ ）
   A. NAD^+-FMN-CoQ-Cyt
   B. NAD^+-FMN-Cyt-CoQ
   C. NAD^+-FAD-Cyt-CoQ
   D. FAD-NAD-CoQ-Cyt
   E. NAD^+-FAD-FMN-Cyt
3. 各种细胞色素在呼吸链中的排列顺序是（ ）
   A. $c \rightarrow c_1 \rightarrow b \rightarrow aa_3 \rightarrow O_2$
   B. $c \rightarrow b_1 \rightarrow c_1 \rightarrow aa_3 \rightarrow O_2$
   C. $b \rightarrow c_1 \rightarrow c \rightarrow aa_3 \rightarrow O_2$
   D. $b \rightarrow c \rightarrow c_1 \rightarrow aa_3 \rightarrow O_2$
   E. $c_1 \rightarrow c \rightarrow b \rightarrow aa_3 \rightarrow O_2$
4. ATP的主要生成方式是（ ）
   A. 肌酸磷酸化 B. 氧化磷酸化
   C. 糖的磷酸化 D. 底物水平磷酸化
   E. 有机酸脱羧
5. 能量贮存的形式是（ ）
   A. 肌酸 B. 葡萄糖
   C. ATP D. GTP
   E. C～P

三、多项选择题

1. 参与呼吸链组成的有（　　）
   A. NAD^+　　B.FMN　　C.CoQ
   D.Fe-S　　E.Cyt
2. 关于生物氧化特点叙述正确的是（　　）
   A. 反应条件温和
   B. 能量逐步释放
   C. 以脱氢或脱电子的方式进行
   D. 有助于机体供氧
   E. 通过有机酸脱羧反应生成 CO_2
3. 可使氧化磷酸化速度加快的因素包括哪些（　　）
   A. ATP 降低　　B. 甲状腺激素增高
   C. ADP 升高　　D. 粉蝶霉素 A
   E. DNP

四、填空题

1. ATP 的生成有________和________两种方式。
2. 每传递一对电子，NADH 氧化呼吸链可生成________分子 ATP 分子，$FADH_2$ 氧化呼吸链则生成________分子 ATP。
3. ATP 在体内的储存形式是________。

第5章 糖代谢

糖是自然界中广泛存在的一类有机化合物，其化学本质为多羟基醛或多羟基酮及其衍生物。几乎所有的生物体内都含有糖，其中植物中含糖量最多。所有的糖分子都含有C、H、O三种元素，且大多数糖分子中氢原子和氧原子的比例为2∶1，与水中氢、氧原子的比例相同，因此糖又称为“碳水化合物”。通常将含醛基的糖称为醛糖（如葡萄糖、半乳糖），含酮基的糖称为酮糖（如果糖、木酮糖）。

根据糖的分子构成特点，可把糖分为单糖、寡糖、多糖和结合糖四类。单糖指不能再水解的糖，常见的单糖有葡萄糖、果糖、半乳糖、核糖等，其中葡萄糖是最重要的单糖，它是机体内糖的主要运输和利用形式。寡糖指能水解生成2～10个单糖的糖，常见的寡糖有麦芽糖（由2分子葡萄糖组成）、蔗糖（由1分子葡萄糖和1分子果糖组成）和乳糖（由1分子葡萄糖和1分子半乳糖组成）等。多糖指能水解生成大于10个单糖的糖，基本组成单位都是葡萄糖，根据来源不同主要分为植物多糖和动物多糖，常见的多糖有淀粉、纤维素、糖原等。结合糖主要以糖蛋白、蛋白多糖、糖脂等形式在体内发挥重要生理功能。糖类食品并不一定都有甜味，蔗糖、果糖、麦芽糖和葡萄糖等有甜味，而淀粉、糖原和纤维素等多糖几乎没有甜味。

人体内的糖主要是糖原和葡萄糖。其中糖原是糖的储存形式，包括肝糖原和肌糖原等，葡萄糖是糖的运输和利用形式，是糖代谢中的核心物质。多糖和寡糖只有分解成小分子后才能被吸收利用，生产中将这一过程称为糖化。食物中的糖以淀粉含量最多（大米中淀粉含量可达70%～80%），大部分在小肠被消化成葡萄糖、果糖等单糖后被吸收，然后通过血液循环运送到全身各组织器官，供细胞利用或合成糖原储存，是体内糖的主要来源。本章重点讨论葡萄糖在机体内的代谢。

糖的生理功能主要包括：①氧化供能，这是糖最主要的生理功能。1mol葡萄糖彻底氧化分解可释放2840kJ的能量，人体所需能量的50%～70%来自糖，对于某些器官（如大脑），葡萄糖几乎是其唯一的能量来源。②作为组织细胞的结构材料，参与重要生理活动。糖与蛋白质结合形成糖蛋白，糖与脂类结合形成糖脂，糖蛋白和糖脂不仅是生物膜的重要组成成分，而且其寡糖链可作为信号分子参与细胞识别、黏附及多种特异性表面抗原鉴定等。③参与构成生物活性物质。糖与蛋白质结合成的糖蛋白是免疫球蛋白、酶、激素等活性物质的组成成分，这些物质都具有重要生理功能。④糖代谢可为体内提供丰富的含碳化合物。糖代谢在体内与蛋白质代谢、脂类代谢相互联系，为氨基酸、核酸和脂肪酸等其他含碳化合物提供碳源。

体内的糖主要来源于食物，约占摄入食物总量的一半以上。一个人一生需进食约10000kg糖，足见糖在生命活动中的重要性。食物中的糖类主要包括淀粉、糖原、麦芽糖、乳糖、蔗糖等，经消化分解后主要以葡萄糖的形式，在小肠黏膜吸收进入血液，经门静脉入肝脏，然后随血液循环到达全身各组织供细胞利用。其中一部分葡萄糖主要在肝脏中进行代谢，可以氧化分解为肝脏提供能量，又可以合成肝糖原而储存备用，还可以转变成脂肪、氨基酸等物质。当空腹时肝糖原又可分解为葡萄糖再进入血液补充血糖。另一部分血糖随血液运至肝外组织，在各组织细胞中被氧化利用和合成其他物质的同时，还可转变成糖原而储存，其中以肌糖原最多，肌糖原不能直接分解为葡萄糖。当剧烈运动或缺氧时，肌肉组织中的肌糖原分解代谢会产生大量乳酸，后者经血液循环运输到肝脏，通过肝脏糖异生作用又转变成葡萄糖或糖原。葡萄糖是体内糖的运输形式，糖的氧化分解是糖供给机体能量的主要代谢途径，糖原是体内糖的主要储存形式。糖在体内的代谢概况如图 5-1 所示。

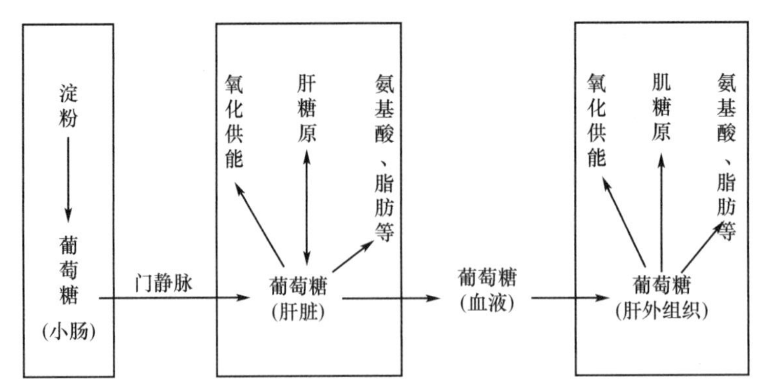

图 5-1　糖在体内的代谢概况

考点： 糖的运输及储存形式；糖的最主要的生理功能；糖代谢的概况

第 1 节　糖的分解代谢

课堂互动

运动会上，小明参加完 1000 米赛跑后第二天出现浑身酸痛现象，很多和他一起参加运动项目的同学也有此现象。

思考： 1. 小明和他的同学为什么会出现肌肉酸痛现象？

2. 该如何来应对这个问题？

糖的分解代谢是指生物体将糖（主要是葡萄糖）分解生成小分子物质的过程，是糖在体内氧化供能的重要途径。根据其反应条件、反应过程及终产物的不同，糖在体内的分解代谢途径主要有三条：①在缺氧或无氧条件下进行的糖的无氧分解，终产物为乳酸和少量 ATP；②在有氧条件下进行的糖的有氧氧化，终产物为水、二氧化碳和大量的 ATP；③以生成 5-磷酸核糖和 $NADPH+H^+$ 为中间产物的磷酸戊糖途径。

一、糖的无氧分解

（一）糖的无氧分解定义

糖的无氧分解是指葡萄糖或糖原在无氧或缺氧条件下，分解生成乳酸并释放出少量 ATP 的过程。由于这一过程与酵母菌使糖生醇发酵的过程相似，故又称糖酵解。糖酵解在全身各组织细胞的胞液中均可进行，尤以在红细胞和肌肉组织中活跃。

$$\text{葡萄糖} \longrightarrow 2\times\text{丙酮酸} \longrightarrow \begin{cases} 2\times\text{乳酸} & \text{糖酵解(体内)} \\ 2\times\text{乙醛} \longrightarrow 2\times\text{乙醇} & \text{生醇发酵(体外)} \end{cases}$$

考点： 糖无氧分解的定义

（二）糖无氧分解的反应过程

催化糖无氧分解反应的酶均存在于细胞液中，因此糖无氧分解的全过程都在细胞液中进行。糖无氧分解的整个过程可分为两大阶段，即第一阶段葡萄糖（或糖原）分解生成丙酮酸（糖酵解途径），第二阶段丙酮酸还原生成乳酸。具体过程如下。

1. 糖酵解途径　包括活化、裂解和产能三个过程。

（1）6-磷酸葡萄糖的生成：在己糖激酶或葡萄糖激酶的催化下，葡萄糖与 ATP 释放的磷酸基团结合，磷酸化生成 6-磷酸葡萄糖（G-6-P）。该反应不可逆，是糖酵解的第一个限速步骤，需要 Mg^{2+}

作激活剂，消耗 ATP，使葡萄糖得到活化，有利于参与进一步代谢。

$$\text{葡萄糖} \xrightarrow[\text{ATP}\ \ \text{ADP}]{\text{己糖激酶}\quad Mg^{2+}} \text{6-磷酸葡萄糖}$$

己糖激酶是糖酵解途径的第一个关键酶。所谓关键酶是指在代谢途径中，催化不可逆反应步骤、起着控制代谢通路的阀门作用的酶，其活性受到激素和变构剂的调节。己糖激酶可作用于多种己糖，如葡萄糖、果糖、甘露糖等。已知此酶有 4 种同工酶，Ⅰ、Ⅱ、Ⅲ型主要存在于肝外组织，对葡萄糖有较强亲和力。Ⅳ型已糖激酶即葡萄糖激酶，在肝组织中专一催化葡萄糖的磷酸化反应。

如果糖酵解从糖原开始，磷酸化酶会从糖原的非还原端开始催化葡萄糖单位磷酸化，生成 1-磷酸葡萄糖（G-1-P），G-1-P 在磷酸葡萄糖变位酶催化下生成 G-6-P，此过程不需要消耗 ATP。

（2）6-磷酸葡萄糖异构生成 6-磷酸果糖（F-6-P）：此反应为磷酸己糖异构酶催化的醛糖与酮糖间的异构反应，是可逆反应。

$$\text{6 - 磷酸葡萄糖} \xrightleftharpoons{\text{磷酸己糖异构酶}} \text{6 - 磷酸果糖}$$

（3）6-磷酸果糖生成 1, 6-二磷酸果糖（F-1, 6-BP）：这是第二次磷酸化反应，由磷酸果糖激酶-1（PFK-1）催化，需要消耗 ATP 和 Mg^{2+}参与激活，此反应不可逆，是糖酵解的第二个限速步骤。因其在糖酵解反应中催化效率最低，故其是糖酵解途径中最重要的限速酶，糖酵解的速度直接受其催化活性的强弱影响。

至此，经过两次磷酸化反应，葡萄糖磷酸化生成了 1, 6-二磷酸果糖，共消耗 2 分子 ATP。若从糖原开始，仅消耗 1 分子 ATP。

（4）1, 6-二磷酸果糖裂解为 2 分子磷酸丙糖：在醛缩酶催化作用下，含有 6 个碳原子的 1, 6-二磷酸果糖裂解为 3-磷酸甘油醛和磷酸二羟丙酮（2 分子含有 3 个碳原子的磷酸丙糖），二者为同分异构体，在异构酶作用下可相互转变。当 3-磷酸甘油醛在糖酵解途径中氧化分解消耗时，磷酸二羟丙酮可迅速转变为 3-磷酸甘油醛，继续在糖酵解途径中参与代谢，故相当于 1 分子 1, 6-二磷酸果糖裂解生成了 2 分子的 3-磷酸甘油醛。磷酸二羟丙酮还可转变成 α-磷酸甘油，是联系葡萄糖代谢和脂肪代谢的重要枢纽物质。

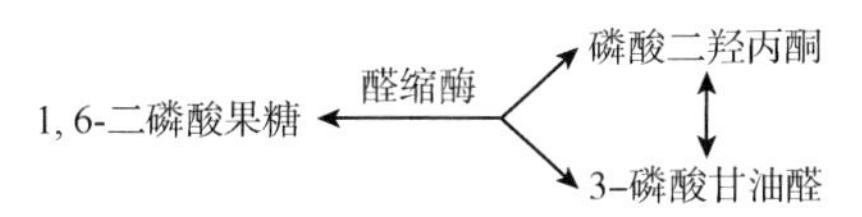

上述的 4 步反应为糖酵解的耗能阶段，1 分子葡萄糖经两次磷酸化反应消耗了 2 分子 ATP，产生了 2 分子的 3-磷酸甘油醛，而接下来的反应才开始产生能量。

（5）3-磷酸甘油醛氧化生成 1, 3-二磷酸甘油酸：在 3-磷酸甘油醛脱氢酶的催化下，3-磷酸甘油醛脱氢氧化生成含有高能磷酸键的 1, 3-二磷酸甘油酸，反应中脱下的氢由递氢体 NAD^+接受，还原为 $NADH+H^+$。这是糖酵解途径中唯一的一次氧化脱氢反应。

$$\text{3-磷酸甘油醛} \xrightleftharpoons[\text{Pi+NAD}^+\ \ \text{NADH+H}^+]{\text{3-磷酸甘油醛脱氢酶}} \text{1, 3-二磷酸甘油酸}$$

（6）1, 3-二磷酸甘油酸生成 3-磷酸甘油酸：在磷酸甘油酸激酶催化下，1, 3-二磷酸甘油酸释放一个高能磷酸基团生成 3-磷酸甘油酸。在此步反应中 ADP 直接获取高能磷酸基团生成 ATP。这种生成 ATP 的方式叫底物水平磷酸化。这是糖酵解途径中第一次生成 ATP 的反应。磷酸甘油酸激酶催化的这一步反应是可逆反应，其逆反应则需消耗 1 分子 ATP。

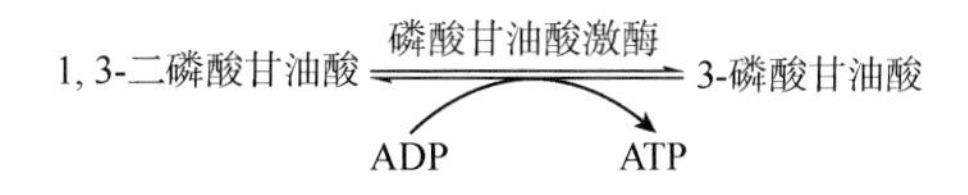

（7）3-磷酸甘油酸异构为2-磷酸甘油酸：在磷酸甘油酸变位酶的作用下，3-磷酸甘油酸 C_3 位上的磷酸基转移到 C_2 位上，生成2-磷酸甘油酸。这步反应是可逆的，反应需要 Mg^{2+} 参与激活。

$$3\text{-磷酸甘油酸} \xrightleftharpoons{\text{磷酸甘油酸变位酶}} 2\text{-磷酸甘油酸}$$

（8）2-磷酸甘油酸生成磷酸烯醇式丙酮酸：在烯醇化酶作用下，2-磷酸甘油酸脱水形成含有1个高能磷酸键的磷酸烯醇式丙酮酸（PEP）。尽管这个反应的标准自由能改变比较小，但反应时引起分子内部的能量重新分布，形成了一个高能磷酸键，为下一步反应做了准备。

$$2\text{-磷酸甘油酸} \xrightleftharpoons{\text{烯醇化酶}} \text{磷酸烯醇式丙酮酸}$$

（9）磷酸烯醇式丙酮酸转变为丙酮酸：磷酸烯醇式丙酮酸在丙酮酸激酶催化下转变为丙酮酸，同时释放高能磷酸基团给ADP用以生成ATP，此不可逆反应是糖酵解途径中第二次以底物水平磷酸化生成ATP的反应。反应过程需 K^+、Mg^{2+} 参与激活，丙酮酸激酶是糖酵解途径中最后一个限速酶，具有变构酶性质。

$$\text{磷酸烯醇式丙酮酸} \xrightarrow[\text{ADP} \to \text{ATP},\ K^+\ Mg^{2+}]{\text{丙酮酸激酶}} \text{丙酮酸}$$

此阶段是糖酵解途径产能过程，2分子磷酸丙糖经两次底物水平磷酸化转变成2分子丙酮酸，共生成4分子ATP。

2. 丙酮酸还原为乳酸　在无氧条件下，丙酮酸经乳酸脱氢酶作用，利用 $NADH+H^+$ 提供的2H被还原为乳酸。

$$\text{丙酮酸} \xrightleftharpoons[NADH+H^+ \to NAD^+]{\text{乳酸脱氢酶}} \text{乳酸}$$

反应中供氢体 $NADH+H^+$ 中的2H来自3-磷酸甘油醛氧化为1, 3-二磷酸甘油酸脱下的氢。在缺氧情况下，这一对氢用于还原丙酮酸生成乳酸，$NADH+H^+$ 重新转变为 NAD^+，保证糖酵解途径在无氧条件下继续进行。

糖酵解反应的全过程见图5-2，糖无氧分解过程总结见表5-1。

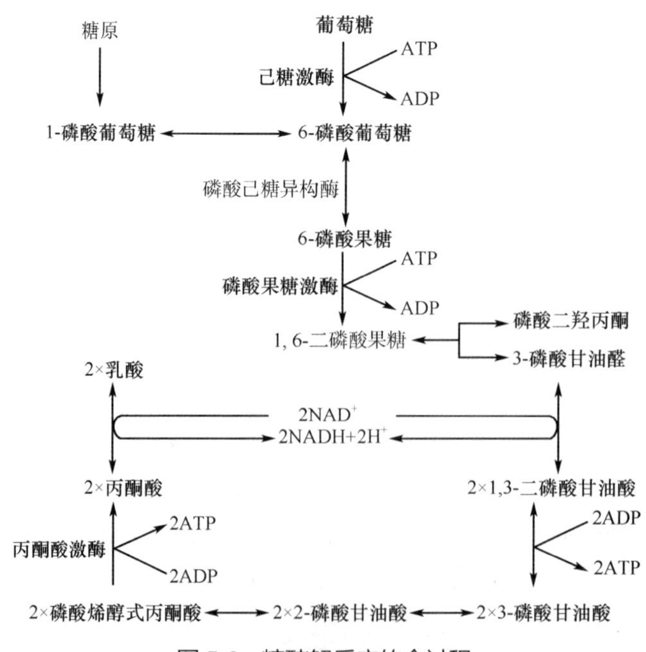

图5-2　糖酵解反应的全过程

表 5-1 糖无氧分解过程总结表

反应过程	酶	生成ATP分子数
葡萄糖+ATP ⟶ 6-磷酸葡萄糖+ADP	己糖激酶	−1
6-磷酸葡萄糖 ⇌ 6-磷酸果糖	磷酸己糖异构酶	
6-磷酸果糖+ATP ⟶ 1，6-二磷酸果糖+ADP	磷酸果糖激酶	−1
1，6-二磷酸果糖 ⇌ 磷酸二羟丙酮+3-磷酸甘油醛	醛缩酶	
磷酸二羟丙酮 ⇌ 3-磷酸甘油醛	丙糖磷酸异构酶	
3-磷酸甘油醛+NAD^++Pi ⇌ 1，3-二磷酸甘油酸+ NADH+H^+	3-磷酸甘油醛脱氢酶	
1，3-二磷酸甘油酸+ADP ⇌ 3-磷酸甘油酸+ATP	磷酸甘油酸激酶	2×1
3-磷酸甘油酸 ⇌ 2-磷酸甘油酸	磷酸甘油酸变位酶	
2-磷酸甘油酸 ⇌ 磷酸烯醇式丙酮酸+H_2O	烯醇化酶	
磷酸烯醇式丙酮酸+ADP ⇌ 丙酮酸+ATP	丙酮酸激酶	2×1
丙酮酸+ NADH+H^+ ⇌ 乳酸+NAD^+	乳酸脱氢酶	

（三）糖无氧分解反应的特点

1. 糖无氧分解反应的全过程在细胞液中进行，无氧参与，乳酸是终产物。糖的无氧分解虽然存在氧化还原反应，但没有氧的参与，反应生成的NADH+H^+以丙酮酸作为受氢体，使之还原为乳酸。

2. 糖无氧分解是生物界普遍存在的供能途径，但在反应中释放能量较少。1 分子葡萄糖可氧化生成 2 分子丙酮酸，经过两次底物水平磷酸化，生成 4 分子 ATP，减去葡萄糖活化时消耗的 2 分子 ATP，可净生成 2 分子 ATP。若从糖原开始，糖原中的 1 个葡萄糖单位，经无氧分解净产生 3 分子 ATP。所以在有氧的情况下，糖的无氧分解不是主要供能方式。

3. 糖无氧分解反应的全过程中，己糖激酶（葡萄糖激酶）、磷酸果糖激酶、丙酮酸激酶 3 种酶催化的反应不可逆，是糖无氧分解途径的关键酶。这三者是各种因素调节糖无氧分解速度的调节点，其活性高低可直接影响糖无氧分解的速度和方向，其中以磷酸果糖激酶的催化活性最低，为糖酵解途径最重要的限速酶。

4. 红细胞中的糖无氧分解存在 2, 3-二磷酸甘油酸支路。在红细胞中，1, 3-二磷酸甘油酸除可直接脱磷酸生成 3-磷酸甘油酸外，还可通过磷酸甘油酸变位酶的催化，生成 2, 3-二磷酸甘油酸，进而在 2, 3-二磷酸甘油酸磷酸酶催化下生成 3-磷酸甘油酸。此代谢通路称为 2, 3-二磷酸甘油酸支路。

考点：糖无氧分解的特点、关键酶

（四）糖无氧分解的生理意义

1. 糖无氧分解是机体在缺氧情况下迅速获得能量的重要方式 这对骨骼肌收缩更为重要。肌肉组织内 ATP 含量仅为 5～7μmol/g，当肌肉收缩时，几秒钟即可耗竭肌肉组织内的 ATP，其主要通过糖无氧分解迅速获取能量。呼吸循环功能障碍、严重贫血、大量失血等情况易引起机体病理性缺氧，此时机体也主要通过糖酵解提供能量。若缺氧时间过长，糖酵解过度，可造成乳酸堆积，引起继发性代谢性酸中毒。

2. 糖无氧分解是成熟红细胞的主要获能方式 成熟红细胞由于没有线粒体，不能进行糖的有氧氧化，因此必须依赖糖无氧分解获取能量。

3. 糖无氧分解是某些特殊组织的重要供能途径 如视网膜、睾丸、白细胞、肿瘤细胞等代谢比较活跃的组织细胞，即使在有氧条件下仍利用糖无氧分解来获取能量。例如，人从平原地区进入高原地区初期，由于缺氧组织细胞也一般通过增强糖无氧分解来获得能量。

考点：糖无氧分解的生理意义

（五）糖无氧分解的调节

糖无氧分解途径中有三个不可逆反应，分别由己糖激酶（葡萄糖激酶）、磷酸果糖激酶、丙酮酸激酶这三个关键酶来催化，激素和变构效应剂可通过调控这三个酶的活性来调节糖酵解。胰岛素可用于诱导糖无氧分解中这三个关键酶的合成，提高其催化活性，加速糖无氧分解反应。由于磷酸果糖激酶在三个关键酶中活性最低，因此是糖无氧分解途径中最重要的调节位点。磷酸果糖激酶具有变构酶的性质，当 ATP 减少，AMP 和 ADP 增多时，磷酸果糖激酶活性升高，糖无氧分解速度加快，ATP 生成量增多。反之，则磷酸果糖激酶活性降低，糖无氧分解速度减慢。

链接

乳酸脱氢酶

在动物和少数高等植物细胞液中含有乳酸脱氢酶，人和动物剧烈运动时，由于肌肉组织相对缺氧而进行糖的无氧分解，乳酸脱氢酶催化丙酮酸产生大量的乳酸，引起肌肉酸痛。这时乳酸堆积在肌肉中刺激末梢神经，通过脊髓的视床传导到大脑皮质的后中心回转，这便是疲劳感，便是发出“再运动就不行了”的指令之源。如果动物缺氧时间太长，体内将累积大量乳酸，从而造成代谢中毒，严重时还会导致死亡。

二、糖的有氧氧化

葡萄糖通过无氧分解产生的丙酮酸，在有氧条件下，将进入三羧酸循环完全氧化生成 H_2O 和 CO_2，并释放出大量能量。绝大多数组织细胞是通过糖的有氧氧化途径获得能量的。此代谢过程在细胞液和线粒体内进行。

（一）糖有氧氧化的定义

在有氧条件下，葡萄糖或糖原彻底氧化分解生成 CO_2 和 H_2O，并释放大量 ATP 的过程，称为糖的有氧氧化。它是体内葡萄糖氧化分解获取能量的主要方式。机体绝大多数组织细胞通过有氧氧化途径获得能量。

考点：糖有氧氧化的定义和反应部位

（二）有氧氧化的反应过程

糖的有氧氧化大致分为三个阶段：①葡萄糖或糖原在细胞液中经糖酵解途径生成丙酮酸；②丙酮酸进入线粒体进一步氧化脱羧生成乙酰 CoA；③乙酰 CoA 进入三羧酸循环，并偶联进行氧化磷酸化，彻底氧化分解为 CO_2 和 H_2O 并释放大量 ATP。糖的有氧氧化可概括如图 5-3 所示。

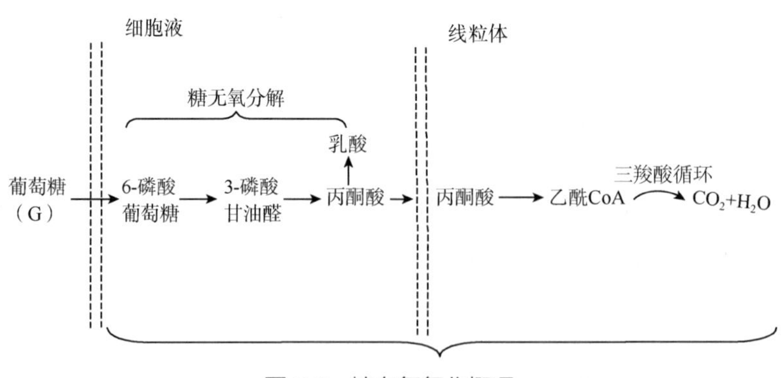

图 5-3　糖有氧氧化概况

1. **丙酮酸的生成**　此阶段的反应步骤基本遵循糖酵解途径。主要区别在于有氧条件下，3-磷酸甘油醛脱下的氢生成的 $NADH+H^+$，不用于还原丙酮酸，而是直接进入氧化呼吸链通过氧化磷酸化与氧结合生成水并产生 2×2.5 个 ATP。

2. **丙酮酸进入线粒体氧化脱羧生成乙酰 CoA**　在有氧条件下，细胞液中生成的丙酮酸经过线粒体内膜上的特异载体转运进入线粒体内，在丙酮酸脱氢酶系催化下进行氧化脱羧，并与 CoA 结合成含有高能键的乙酰 CoA。此为不可逆反应，反应生成的乙酰 CoA 分子中含有高能硫酯键，性质很活泼，可参与体内的许多代谢反应。具体反应如下：

$$\text{丙酮酸}+\text{HSCoA} \xrightarrow[\text{NAD}^+ \ \ \text{NADH+H}^+]{\text{丙酮酸脱氢酶复合物}} \text{乙酰CoA}+CO_2$$

丙酮酸脱氢酶复合物属于多酶复合体，由三种酶蛋白和五种辅酶组成（表 5-2）。丙酮酸脱氢酶复合物的五种辅酶均含有 B 族维生素，因此，当这些 B 族维生素缺乏时，会直接导致糖代谢障碍。如维生素 B_1 缺乏，引起丙酮酸脱氢酶活性降低，丙酮酸氧化脱羧受阻，丙酮酸及乳酸在组织中堆积，能量生成不足，常导致脚气病。

表 5-2 丙酮酸脱氢酶复合物的组成

酶	辅酶	所含维生素
丙酮酸脱氢酶	TPP	维生素 B_1
硫辛酰胺还原转乙酰基酶	硫辛酸 辅酶 A	硫辛酸 泛酸
二氢硫辛酰胺脱氢酶	FAD NAD^+	维生素 B_2 维生素 PP

链 接

丙酮酸脱氢酶复合物缺乏症

丙酮酸脱氢酶复合物由丙酮酸脱氢酶、硫辛酰胺还原转乙酰基酶、二氢硫辛酰胺脱氢酶三个酶及 NAD^+、FAD、辅酶 A、焦磷酸硫胺素、硫辛酸五个辅助因子组成，该酶复合物中各种亚基都可能发生先天性缺陷，这些缺陷都可使丙酮酸不能继续氧化产生 ATP，使脑组织不能有效地利用葡萄糖供能，进而影响儿童大脑的发育和功能，严重者可导致死亡。丙酮酸不能进一步氧化，致使患儿血液中乳酸、丙酮酸和丙氨酸的浓度显著升高，出现慢性乳酸酸中毒。

3. 乙酰 CoA 进入三羧酸循环彻底氧化分解 三羧酸循环是由乙酰 CoA 和草酰乙酸缩合成含有 3 个羧基的柠檬酸开始，经过 4 次脱氢和 2 次脱羧反应后，再生成草酰乙酸的过程，故称为三羧酸循环或柠檬酸循环。由于最早于 1937 年由 Krebs 提出，故又称 Krebs 循环。

三羧酸循环的反应过程包括 8 步反应。

（1）柠檬酸的生成：乙酰 CoA 和草酰乙酸在柠檬酸合酶催化下缩合成柠檬酸。此反应不可逆，由乙酰 CoA 中的高能硫酯键水解供应所需能量。柠檬酸合酶是三羧酸循环的第一个限速酶。

$$\text{乙酰CoA}+\text{草酰乙酸}+H_2O \xrightarrow{\text{柠檬酸合酶}} \text{柠檬酸}+\text{HSCoA}$$

（2）柠檬酸异构生成异柠檬酸：柠檬酸在顺乌头酸酶催化下经脱水反应生成顺乌头酸，随即再加水生成异柠檬酸。

$$\text{柠檬酸} \underset{\text{顺乌头酸酶}}{\overset{-H_2O}{\rightleftharpoons}} \text{顺乌头酸} \xrightarrow{+H_2O} \text{异柠檬酸}$$

（3）异柠檬酸氧化脱羧生成 α-酮戊二酸：在异柠檬酸脱氢酶催化下，异柠檬酸脱去 2H 和羧基，NAD^+接受氢生成 $NADH+H^+$，此反应是三羧酸循环中第一次脱羧生成 CO_2，异柠檬酸脱氢酶是三羧酸循环中的第二个限速酶。

$$\text{异柠檬酸} \xrightarrow[\text{NAD}^+ \ \ \text{NADH+H}^+]{\text{异柠檬酸脱氢酶}} \alpha\text{-酮戊二酸}+CO_2$$

（4）α-酮戊二酸氧化脱羧生成琥珀酰 CoA：在 α-酮戊二酸脱氢酶复合体催化下 α-酮戊二酸经过脱氢和脱羧生成琥珀酰 CoA。此反应不可逆，α-酮戊二酸脱氢酶复合体是三羧酸循环的第三个限速酶。该酶和丙酮酸脱氢酶复合物作用极为相似，这是三羧酸循环中第二次脱羧生成 CO_2 的反应。

$$\alpha\text{-酮戊二酸}+\text{HSCoA} \xrightarrow[\text{NAD}^+ \ \ \text{NADH+H}^+]{\alpha\text{-酮戊二酸脱氢酶复合体}} \text{琥珀酰CoA}+CO_2$$

（5）琥珀酰 CoA 生成琥珀酸：琥珀酰 CoA 含有高能硫酯键，在琥珀酸 CoA 合成酶（也称琥珀酸硫激酶）催化下，将其能量转移给 GDP 生成 GTP，生成的 GTP 再将高能键转移给 ADP 生成 ATP。这是三羧酸循环中唯一经底物水平磷酸化生成的能量。

$$\text{琥珀酰CoA} \xrightleftharpoons{\text{琥珀酸CoA合成酶}} \text{琥珀酸+HSCoA}$$

$$\text{GDP+Pi} \curvearrowright \text{GTP}$$

（6）琥珀酸生成延胡索酸：琥珀酸在琥珀酸脱氢酶的催化下脱氢生成延胡索酸，脱下的氢由 FAD 接受生成 $FADH_2$。

$$\text{琥珀酸} \xrightleftharpoons{\text{琥珀酸脱氢酶}} \text{延胡索酸}$$

$$\text{FAD} \curvearrowright FADH_2$$

（7）延胡索酸生成苹果酸：在延胡索酸酶催化下，延胡索酸加水生成苹果酸。

$$\text{延胡索酸} + H_2O \xrightleftharpoons{\text{延胡索酸酶}} \text{延胡索酸} + H_2O$$

（8）苹果酸生成草酰乙酸：在苹果酸脱氢酶催化下，苹果酸脱氢生成草酰乙酸，受氢体 NAD^+ 接受 2H 生成 $NADH+H^+$。

$$\text{苹果酸} \xrightleftharpoons{\text{苹果酸脱氢酶}} \text{草酰乙酸}$$

$$NAD^+ \curvearrowright NADH+H^+$$

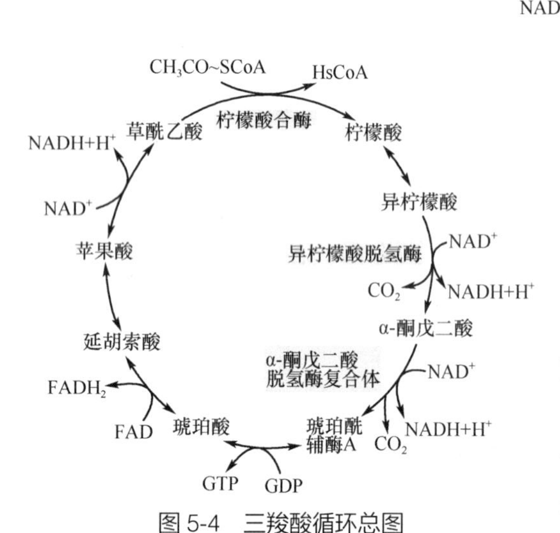

图 5-4　三羧酸循环总图

三羧酸循环过程如图 5-4 所示。

（三）三羧酸循环的特点

1. 三羧酸循环有两次脱羧　三羧酸循环在线粒体中进行，每次循环消耗 1 分子乙酰 CoA，两次脱羧生成 2 分子 CO_2，四次脱氢共生成 3 分子 $NADH+H^+$ 和 1 分子 $FADH_2$。

2. 三羧酸循环为机体提供充足能量　1 分子 $NADH+H^+$进入氧化呼吸链可生成 2.5 分子 ATP，1 分子 $FADH_2$ 进入琥珀酸氧化呼吸链可生成 1.5 分子 ATP，一次底物水平磷酸化生成 1 分子的 ATP，每次循环共生成 10 分子 ATP。

3. 三羧酸循环是单向反应　柠檬酸合酶、异柠檬酸脱氢酶、*α*-酮戊二酸脱氢酶复合体是三羧酸循环的限速酶，催化的是单向不可逆反应，因此三羧酸循环是不能逆转的。

4. 三羧酸循环需要不断补充中间产物　三羧酸循环的中间产物常可参与其他代谢途径，如草酰乙酸可转变为天冬氨酸而参与蛋白质合成，琥珀酰辅酶 A 可用于血红素合成，*α*-酮戊二酸可转变为谷氨酸等。因此需要不断补充循环中的中间产物。

草酰乙酸是三羧酸循环的重要起始物质，是乙酰基进入三羧酸循环的重要载体，因而由丙酮酸生成草酰乙酸重要回补反应对于三羧酸循环顺利进行具有重要意义。

$$\text{丙酮酸}+CO_2+H_2O \xrightarrow[\text{生物素}]{\text{丙酮酸羧化酶}} \text{草酰乙酸}$$

$$\text{ATP} \curvearrowright \text{ADP+Pi}$$

糖有氧氧化总反应式如下：

$$C_6H_{12}O_6 + 6O_2 \longrightarrow 6CO_2+6H_2O+32\text{ 或 }30ATP$$

考点：三羧酸循环的反应特点

（四）糖有氧氧化的生理意义

1. 糖的有氧氧化是机体获得能量的主要方式 糖的有氧氧化是大脑等耗能与耗氧较多的器官和机体大多数组织获得能量的主要途径。1分子葡萄糖经有氧氧化净生成32（或30）分子ATP，而经糖酵解仅净生成2分子ATP，总结如表5-3所示。

表5-3 葡萄糖有氧氧化时ATP的生成与消耗

反应	ATP的生成数
葡萄糖 ⟶ 6-磷酸葡萄糖	-1
6-磷酸果糖 ⟶ 1, 6-二磷酸果糖	-1
3-磷酸甘油醛 ⟶ 1, 3-二磷酸甘油酸	2.5×2或1.5×2※
1, 3-二磷酸甘油酸 ⟶ 3-磷酸甘油酸	1×2
磷酸烯醇式丙酮酸 ⟶ 丙酮酸	1×2
丙酮酸 ⟶ 乙酰CoA	2.5×2
异柠檬酸 ⟶ α-酮戊二酸	2.5×2
α-酮戊二酸 ⟶ 琥珀酰CoA	2.5×2
琥珀酰CoA ⟶ 琥珀酸	1×2
琥珀酸 ⟶ 延胡索酸	1.5×2
苹果酸 ⟶ 草酰乙酸	2.5×2
合计	32或30

※根据$NADH+H^+$进入线粒体的方式不同，如α-磷酸甘油穿梭系统经电子传递链只产生1.5×2ATP

2. 三羧酸循环是糖、脂肪、蛋白质彻底氧化分解的共同途径 糖、脂肪、蛋白质经代谢之后均可生成乙酰CoA或三羧酸循环的中间产物（如草酰乙酸、α-酮戊二酸等），经三羧酸循环彻底氧化生成CO_2、H_2O，并生成大量ATP。

3. 三羧酸循环是三大营养物质联系的枢纽 三羧酸循环不是一个封闭的循环，而是一个开放的，与体内其他代谢途径相互联系、相互交汇的循环。糖代谢的中间产物（丙酮酸、α-酮戊二酸、草酰乙酸等）可通过转氨基，分别生成相应的氨基酸；氨基酸经过脱氨基作用后可生成相应的α-酮酸进入三羧酸循环彻底氧化；脂肪分解产生的甘油和脂肪酸，可分别转变成磷酸二羟丙酮和乙酰CoA，进一步进入三羧酸循环氧化供能。因此三羧酸循环是联系糖、脂肪、氨基酸等代谢的枢纽。

糖有氧氧化与无氧氧化的比较见表5-4。

表5-4 糖有氧氧化与无氧氧化的比较

比较项目	有氧氧化	无氧氧化
反应条件	有氧	无氧
反应部位	细胞液和线粒体	细胞液
反应过程	长	短
终产物	CO_2和H_2O	乳酸
产能方式	氧化磷酸化为主	底物水平磷酸化
ATP生成	多	少
生理意义	氧化供能，是绝大多数组织细胞的主要获能方式	缺氧、应急时迅速分解供能；某些组织细胞的主要获能方式

（五）糖有氧氧化与糖酵解的相互调节

巴斯德效应是指在有氧的条件下糖有氧氧化能抑制糖酵解。这个效应是巴斯德在研究酵母菌葡萄糖发酵时发现的：在无氧的条件下，糖酵解产生 ATP 的速度和数量远远大于有氧氧化，是产生 ATP 的主要方式，但在有氧的条件下，酵母菌的糖酵解作用受到抑制。这种现象同样出现在肌肉中：当肌肉组织在供氧充足的情况下，有氧氧化会抑制糖酵解，能产生大量能量供肌肉组织活动所需，但在缺氧时，则以糖酵解为主。

在一些代谢旺盛的正常组织和肿瘤细胞中，即使在有氧的条件下，仍然以糖酵解为产生 ATP 的主要方式，这种现象称为反巴斯德效应。在具有反巴斯德效应的组织细胞中，其糖酵解酶系（己糖激酶、6-磷酸果糖激酶、丙酮酸激酶）活性较强，而线粒体中产生 ATP 的酶系活性较低，氧化磷酸化能力减弱，以糖酵解酶系产生能量为主。

考点：糖有氧氧化的生理意义

三、磷酸戊糖途径

在糖分解代谢过程中，葡萄糖生成 6-磷酸葡萄糖后可进入另一条重要途径生成 5-磷酸核糖和 NADPH+H^+，此反应途径被称为磷酸戊糖途径。该途径主要在肝、脂肪组织、哺乳期的乳腺、肾上腺皮质、性腺、骨髓和红细胞等代谢旺盛组织的细胞液中进行，其主要意义并不是产生 ATP。

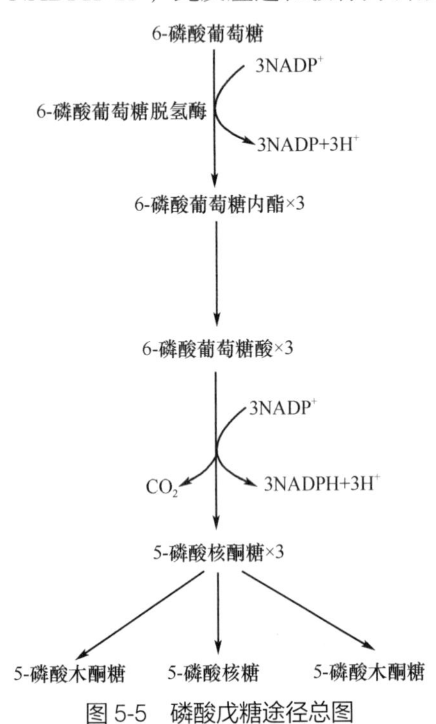

图 5-5 磷酸戊糖途径总图

（一）反应过程

磷酸戊糖途径全过程可分为两个阶段：第一阶段是 6-磷酸葡萄糖的氧化阶段，生成磷酸戊糖、NADPH+H^+和 CO_2。第二阶段为基团转移反应阶段，生成 5-磷酸核糖。磷酸戊糖途径总图如图 5-5 所示。

1. 氧化反应阶段 6-磷酸葡萄糖经过多次脱氢氧化、异构反应后生成 5-磷酸核酮糖，同时生成 2 分子 NADPH+H^+和 1 分子 CO_2。反应过程中的 6-磷酸葡萄糖脱氢酶是磷酸戊糖途径的限速酶。

2. 基团转移反应阶段 此阶段对 5-磷酸核酮糖进行连续的基团转移反应，生成 6-磷酸果糖和 3-磷酸甘油醛。它们可转变为 6-磷酸葡萄糖继续进行磷酸戊糖途径，也可进入糖的有氧氧化或糖酵解途径继续氧化分解。因此磷酸戊糖途径又称磷酸戊糖旁路。

磷酸戊糖途径总反应式如下：

$$3\times 6\text{-磷酸葡萄糖}+3H_2O+6NADP^+ \longrightarrow 2\times 6\text{-磷酸果糖}+1\times 3\text{-磷酸甘油醛}+3CO_2+6NADPH+6H^+$$

考点：磷酸戊糖途径的产物和关键酶

（二）磷酸戊糖途径的生理意义

磷酸戊糖途径的生理意义不在于供能，它的主要生理功能是提供机体生物合成所需的一些原料。

1. 提供合成核酸的原料 5-磷酸核糖 磷酸戊糖途径是葡萄糖在体内生成 5-磷酸核糖的唯一途径。5-磷酸核糖是合成核苷酸及其衍生物的重要原料。凡损伤后修复和再生能力强的组织，该途径都比较活跃。

2. 为体内多种代谢反应提供 NADPH+H^+ NADPH+H^+与 NADH+H^+不同，它携带的氢不是通过呼吸链氧化磷酸化生成 ATP，而是参与许多代谢反应，发挥不同的作用。

（1）NADPH+H^+作为供氢体参与体内重要物质的合成反应，如脂肪酸、胆固醇和类固醇激素等的合成，所以脂类合成旺盛的组织如肝脏、脂肪组织、肾上腺皮质等部位磷酸戊糖途径比较活跃。

（2）NADPH+H^+是谷胱甘肽还原酶的辅酶：对维持还原型谷胱甘肽（GSH）的正常含量有很重要的作用。还原型谷胱甘肽是体内重要的抗氧化剂，能保护一些含巯基的蛋白质和酶类免受氧化剂的破坏，进而维持细胞膜的完整性和酶活性。在红细胞中 GSH 能去除红细胞中的 H_2O_2，以维护红细胞膜的完整性。H_2O_2 在红细胞中的积聚，会加快血红蛋白氧化生成高铁血红蛋白的过程，降低红细胞的寿命；H_2O_2 对脂类的氧化会导致红细胞膜的破坏，造成溶血。遗传性 6-磷酸葡萄糖脱氢酶缺乏的患者，由于其磷酸戊糖途径不能正常进行，故造成 $NADPH+H^+$减少，不能使氧化型谷胱甘肽（GSSG）还原成 GSH，造成 GSH 含量低下，则红细胞膜容易破裂而发生溶血性贫血。这类患者常在食用蚕豆后发病，故又称为蚕豆病。

（3）$NADPH+H^+$参与非营养物质在肝脏的生物转化过程：$NADPH+H^+$是肝细胞内质网中加单氧酶系的供氢体，对激素、药物、毒物的生物转化具有重要作用。

考点：磷酸戊糖途径的生理意义

链接

蚕 豆 病

蚕豆病是遗传性 6-磷酸葡萄糖脱氢酶（G-6-PD）缺乏症的常见类型，多见于儿童。6-磷酸葡萄糖脱氢酶是红细胞糖代谢磷酸戊糖途径中的关键酶，该酶缺乏致磷酸戊糖途径代谢障碍，$NADPH+H^+$生成减少，不能维持 GSH 的还原性，导致红细胞内 GSH 含量下降，红细胞膜受损，通透性增加以及变形性降低等，遇诱因如进食蚕豆，少数患者甚至接触蚕豆花粉后，红细胞即可被破坏而表现为急性溶血性贫血和溶血性黄疸。病情严重程度与进食蚕豆量无关，但发病有明显的季节性，多发生在每年的 3～5 月间，即蚕豆的成熟季节，故称为蚕豆病。

第 2 节　糖原的合成与分解

糖原是由若干葡萄糖组成的具有许多分支结构的大分子多糖，是体内糖的储存形式。糖原在肝脏和肌肉中含量最多，也最为重要。存在于肝细胞中的糖原称为肝糖原，占肝重的 5%～7%，总量 70～100g。存在于肌细胞中的糖原称为肌糖原，占肌肉重量的 0.5%～1.0%，总量 250～400g。肌糖原主要为肌肉组织提供代谢所需能量，肝糖原则可以维持空腹状态下血糖浓度的相对恒定，保证紧急情况下脑、红细胞等重要组织的能量供应。糖原分子中的葡萄糖主要通过 α-1, 4-糖苷键相连构成直链，以 α-1, 6-糖苷键形成分支。

一、糖原的合成

（一）糖原合成的概念

由单糖（主要是葡萄糖）合成糖原的过程称为糖原合成。机体各组织细胞均能进行糖原合成，但以肝脏和肌肉为主，全过程均在细胞液中进行。餐后血糖浓度增高时，糖原合成加强。

（二）反应过程

糖原合成的反应过程如下：游离的葡萄糖不能直接作为原料合成糖原，它必须先磷酸化为 6-磷酸葡萄糖，再转变为 1-磷酸葡萄糖，后者与 UTP 作用形成尿苷二磷酸葡萄糖（UDPG）及焦磷酸。因 UDPG 是糖原合成的底物、葡萄糖残基的供体，故称为活性葡萄糖。UDPG 在糖原合酶催化下将葡萄糖残基转移到糖原蛋白中糖原的直链分子非还原端残基上，以 α-1, 4-糖苷键相连延长糖链。

1. 6-磷酸葡萄糖的生成　在己糖激酶（葡萄糖激酶）催化下，消耗 ATP，葡萄糖磷酸化生成 6-磷酸葡萄糖，此反应不可逆，与糖酵解的第一步反应相同。

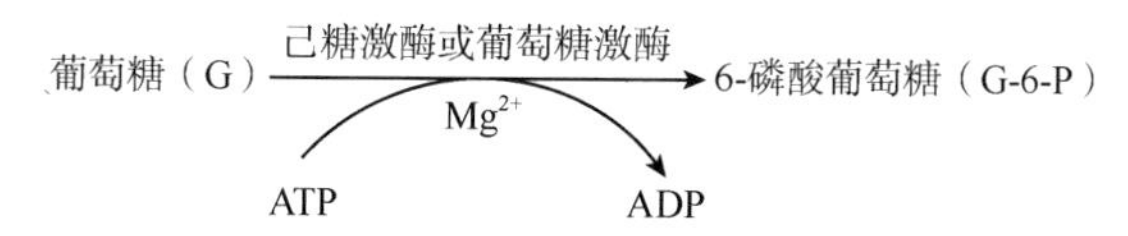

2. 1-磷酸葡萄糖的生成　该反应由磷酸葡萄糖变位酶催化。

$$6\text{-磷酸葡萄糖(G-6-P)} \xrightarrow{\text{磷酸葡萄糖变位酶}} 1\text{-磷酸葡萄糖(G-1-P)}$$

3. 尿苷二磷酸葡萄糖的生成 在尿苷二磷酸葡萄糖焦磷酸化酶作用下，1-磷酸葡萄糖与UTP结合生成尿苷二磷酸葡萄糖和焦磷酸。

$$\underset{(\text{G-1-P})}{\text{1-磷酸葡萄糖}} + \underset{(\text{UTP})}{\text{尿苷三磷酸}} \xrightarrow{\text{UDPG 焦磷酸化酶}} \underset{(\text{UDPG})}{\text{尿苷二磷酸葡萄糖}} + \text{焦磷酸} \quad (\searrow \text{PPi})$$

4. 糖原的合成 游离状态的葡萄糖不能作为UDPG中葡萄糖基的受体，因此在糖原合成过程中必须有糖原引物存在。糖原引物是指原有的细胞内较小的糖原分子。在糖原合成酶的催化下，UDPG与糖原引物反应，将UDPG上的葡萄糖基转移到引物上，以α-1, 4-糖苷键相连。糖原合成酶是糖原合成的关键酶。

$$\text{尿苷二磷酸葡萄糖(UDPG)} + \text{糖原引物}(G_n) \xrightarrow{\text{糖原合成酶}} \text{UDP} + \text{糖原}(G_{n+1})$$

5. 分支链的形成 糖原合酶只能延长糖链，不能形成分支。当糖原合酶从α-1, 4-糖苷键延伸直链超过11个葡萄糖基时，分支酶可将一段约7个葡萄糖基转移到邻近糖链上，通过α-1, 6-糖苷键相连接，形成新的分支，分支以α-1, 4-糖苷键继续延长糖链。多分支有利于糖原分解时被磷酸化酶多位点作用，也可增加水溶性，利于储存。

（三）糖原合成的特点

1. 糖原合成在细胞液中进行，糖原合成需要糖原引物。

2. 糖原合成酶是糖原合成过程的关键酶，其活性受许多因素的调节。糖原合酶只能催化α-1, 4-糖苷键的形成，形成的产物只能是直链的形式。

3. UDPG是活性葡萄糖基的供体，其生成过程中消耗ATP和UTP，而糖原引物是葡萄糖基的接受体。在糖原引物上每增加1个新的葡萄糖单位，需要消耗2个高能磷酸键。反应中所需的UTP由UDP和ATP之间通过高能磷酸键转移生成。

4. 糖原合成过程中由分支酶形成分支。

考点：糖原合成的定义，关键酶和特点

二、糖原的分解

（一）糖原分解的定义

肝糖原分解为葡萄糖以补充血糖的过程，称为糖原分解。肝糖原分解是血糖的重要来源，对于一些主要依赖葡萄糖作为能源的组织细胞来说（比如脑细胞、红细胞等）尤为重要。肌糖原不能分解为葡萄糖，可直接进行糖酵解或有氧氧化供给能量。

（二）糖原分解反应步骤

糖原的分解代谢可分为三个阶段，是一个不耗能的过程。

1. 1-磷酸葡萄糖的生成 在糖原分子的非还原端，磷酸化酶催化α-1, 4-糖苷键水解，生成1-磷酸葡萄糖。

$$\text{糖原}(G_{n+1}) + \text{Pi} \xrightarrow{\text{磷酸化酶}} \text{糖原}(G_n) + \text{1-磷酸葡萄糖}$$

磷酸化酶只能水解α-1, 4-糖苷键而对α-1, 6-糖苷键无作用，这时就需要脱支酶的参与才能将糖原完全分解，脱支酶具有转移葡萄糖残基和水解α-1, 6-糖苷键的特性，可将仅剩余4个葡萄糖基的糖原分支链上其中3个葡萄糖基转移到邻近的糖链直链上，进一步水解α-1, 6-糖苷键，糖原分解的整个过程需要磷酸化酶和脱支酶的协同和反复作用完成。磷酸化酶是糖原分解的关键酶。

2. 6-磷酸葡萄糖的生成 在变位酶作用下1-磷酸葡萄糖转变为6-磷酸葡萄糖。

$$\text{1-磷酸葡萄糖} \xrightleftharpoons{\text{磷酸葡萄糖变位酶}} \text{6-磷酸葡萄糖}$$

3. 6-磷酸葡萄糖生成葡萄糖 在6-磷酸葡萄糖酶作用下，6-磷酸葡萄糖生成葡萄糖。

$$\text{6-磷酸葡萄糖} + H_2O \xrightarrow{\text{6-磷酸葡萄糖酶}} \text{葡萄糖} + \text{Pi}$$

6-磷酸葡萄糖酶存在于肝和肾组织，肌肉中无此酶。因此肌肉中的肌糖原由于缺乏此酶，肌糖

原不能分解为葡萄糖，只能进行糖酵解或有氧氧化，而肝中的糖原能直接分解为葡萄糖，补充血糖浓度。

糖原的分解不耗能，也不彻底，即糖原分子只是由大变小，并不能彻底分解。

糖原合成与分解过程见图 5-6。

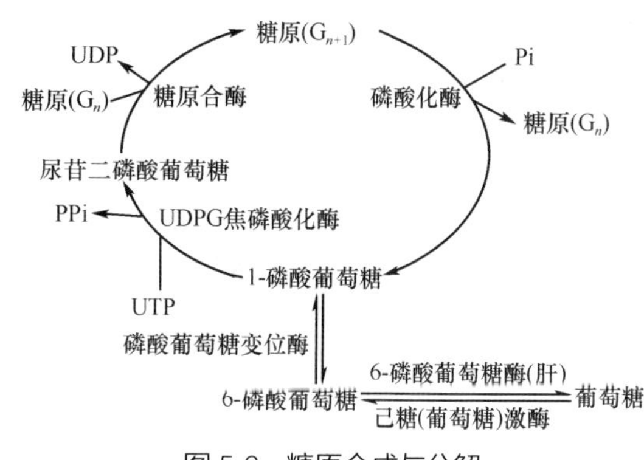

图 5-6 糖原合成与分解

考点：糖原分解的定义，部位和关键酶

三、糖原合成与分解的生理意义

糖原合成与分解对维持血糖浓度的相对恒定，具有重要的生理意义。葡萄糖是体内最重要的能源物质，而糖原是机体储存葡萄糖最直接简便的方式。当进食后血糖浓度升高，肝与肌肉等组织摄取葡萄糖进行糖原合成，使血糖浓度不致过高，又可储存能量；当空腹或饥饿时，肝糖原分解成葡萄糖补充血糖，维持正常血糖浓度。

6-磷酸葡萄糖是糖不同代谢途径的交汇点，在不同的组织、不同的生理条件状况下，进入不同的糖代谢途径（图 5-7）。

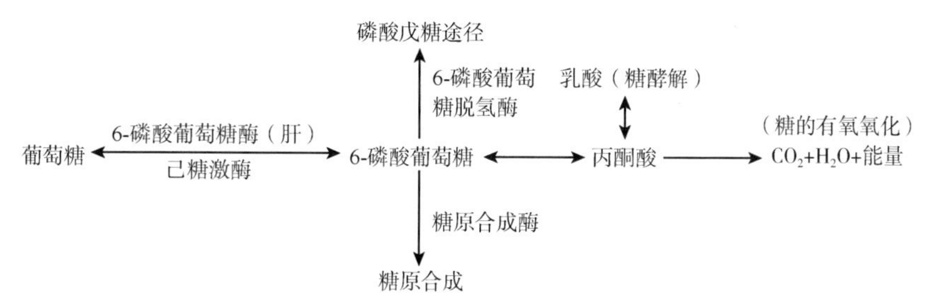

图 5-7 糖酵解、有氧氧化、磷酸戊糖途径以及糖原合成与分解的相互联系

考点：糖原合成与分解的生理意义

第3节 糖 异 生

肌糖原不能分解提供血糖，肝糖原储备又有限，如果没有补充，10 多个小时肝糖原即会被耗尽，血糖浓度将受到影响。然而，即使禁食 24 小时，血糖浓度仍可保持在正常范围，长期饥饿时也仅仅是略微下降。这除了各组织细胞减少对葡萄糖的利用外，主要依赖糖异生作用。

一、糖异生概念

由非糖物质转变为葡萄糖或糖原的过程，称为糖异生。甘油、乳酸、丙酮酸和生糖氨基酸等非糖物质是糖异生的主要原料。肝脏是进行糖异生的主要器官，其次是肾脏。在长期饥饿或酸中毒时，肾的糖异生作用大大加强，可占糖异生总量的 40%～45%。糖异生主要发生在肝和肾的细胞液和线粒体。

考点：糖异生的概念

二、糖异生途径

糖异生途径基本上是糖酵解途径的逆反应。糖酵解途径中由己糖激酶（包括葡萄糖激酶）、磷酸果糖激酶及丙酮酸激酶催化的三步反应是不可逆反应。糖异生通过 4 个关键酶（丙酮酸羧化酶、磷酸烯醇式丙酮酸羧激酶、1, 6-二磷酸果糖酶和 6-磷酸葡萄糖酶），借助于“丙酮酸羧化支路”即可绕过糖酵解的这三个不可逆反应，使得糖异生过程能顺利沿着糖酵解途径逆行，直至生成葡萄糖或糖原。具体过程如下：

1. 丙酮酸生成磷酸烯醇式丙酮酸 首先丙酮酸在丙酮酸羧化酶的催化下生成草酰乙酸，草酰乙酸进一步在磷酸烯醇式丙酮酸羧激酶催化下，脱羧基并从 GTP 获得磷酸生成磷酸烯醇式丙酮酸，此过程又称为丙酮酸羧化支路。

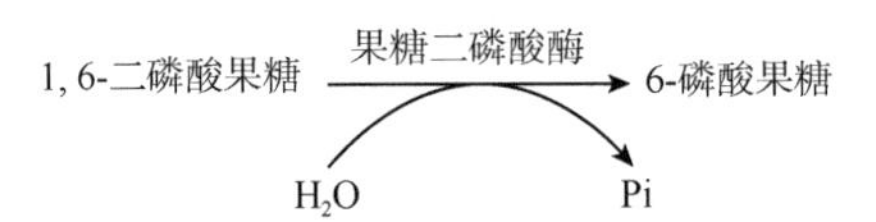

催化第一步反应的酶是丙酮酸羧化酶，其辅酶是生物素，由 ATP 供能固定 CO_2 至丙酮酸上生成草酰乙酸。由于丙酮酸羧化酶仅存在于线粒体内，故细胞质中的丙酮酸必须进入线粒体，才能羧化成草酰乙酸。

参与第二步反应的酶是磷酸烯醇式丙酮酸羧激酶，由 GTP 供能催化草酰乙酸脱羧生成磷酸烯醇式丙酮酸。由于此酶主要存在于细胞质中，故生成的草酰乙酸还须经过一系列反应转运出线粒体。克服此“能障”消耗 2 分子 ATP，整个反应不可逆。

2. 1, 6-二磷酸果糖转变为 6-磷酸果糖 1, 6-二磷酸果糖在果糖二磷酸酶催化下生成 6-磷酸果糖。

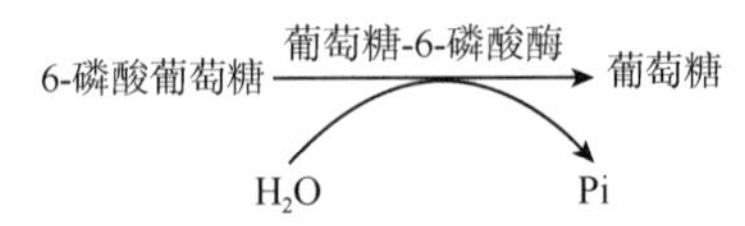

3. 6-磷酸葡萄糖水解生成葡萄糖 在葡萄糖-6-磷酸酶作用下，6-磷酸葡萄糖水解为葡萄糖。该反应与肝糖原分解的第三步反应相同。

6-磷酸葡萄糖 $\xrightarrow{\text{葡萄糖-6-磷酸酶}}$ 葡萄糖（H_2O → Pi）

上述过程中，丙酮酸羧化酶、磷酸烯醇式丙酮酸羧激酶、果糖二磷酸酶和葡萄糖-6-磷酸酶是糖异生途径的关键酶。其他非糖物质（如乳酸）可脱氢生成丙酮酸，再通过糖异生途径生成糖；甘油先磷酸化为 α-磷酸甘油，再脱氢生成磷酸二羟丙酮，从而进入糖异生途径；生糖氨基酸能转变为三羧酸循环的中间产物，再通过糖异生途径转变为糖。糖异生途径见图 5-8。

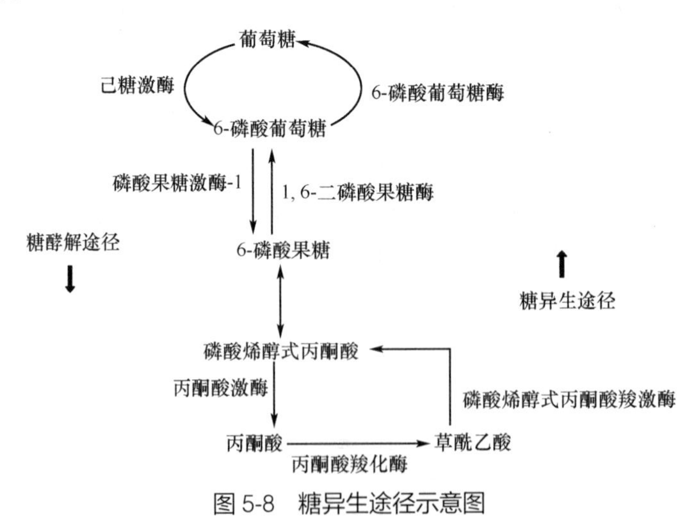

图 5-8 糖异生途径示意图

三、糖异生的生理意义

1. 空腹或饥饿状态下维持血糖浓度的相对恒定 这是糖异生在体内最主要的生理意义。空腹或饥饿时，肝糖原分解补充的葡萄糖非常有限，超过12小时后机体则完全依靠糖异生作用来维持血糖浓度恒定；机体中的氨基酸和甘油可经糖异生途径转变为葡萄糖，维持血糖水平，保证脑、红细胞等重要器官或细胞能量供应。

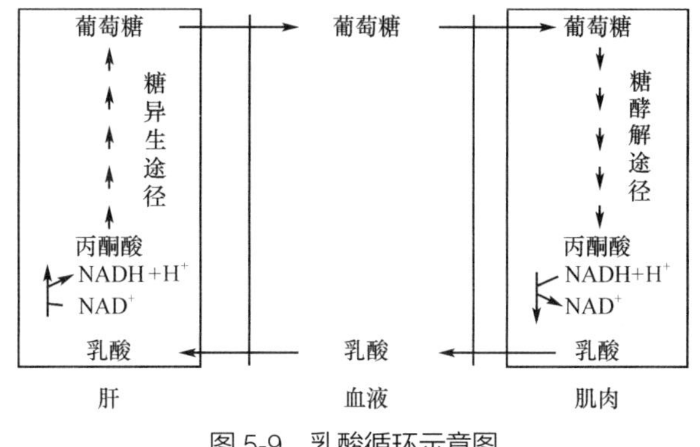

图5-9 乳酸循环示意图

2. **有利于乳酸的循环利用** 乳酸是糖异生的重要原料，当在缺氧或剧烈运动时，肌肉通过糖酵解获取能量的同时产生大量乳酸，乳酸可经血液运输到肝，经过肝的糖异生作用合成肝糖原或葡萄糖，葡萄糖进入血液又可被肌肉摄取利用，这个过程称为乳酸循环（图5-9）。该循环将不能直接分解为葡萄糖的肌糖原间接变为血糖，对于回收乳酸分子中的能量、更新肌糖原、防止乳酸酸中毒均有重要作用。

3. **协助氨基酸代谢** 机体组织蛋白中所含的生糖氨基酸，在饥饿时可以分别转化为丙酮酸、*α*-酮戊二酸和草酰乙酸等参与糖异生作用，提高了血中葡萄糖浓度，有力地促进体内氨基酸的代谢。

4. **调节酸碱平衡** 长期饥饿时，酮体代谢旺盛，可造成代谢性酸中毒，血液pH降低，H^+诱导肾小管上皮细胞中的磷酸烯醇式丙酮酸羧激酶的合成增加，从而促使肾脏糖异生增强。由于三羧酸循环中间代谢产物进行糖异生反应，从而造成*α*-酮戊二酸含量降低，促使谷氨酸和谷氨酰胺脱氨生成*α*-酮戊二酸以补充三羧酸循环。而产生的氨则分泌进入肾小管，与原尿中H^+结合NH_4^+，随尿排出体外。这样不仅降低了原尿中H^+的浓度，而且加速了肾脏排H^+、保Na^+的作用，有利于维持酸碱平衡，对防止酸中毒有重要作用。

考点： 糖异生的生理意义

第4节 血糖及其调节

一、血糖的来源和去路

血糖是指血液中的葡萄糖，血糖是葡萄糖在体内的运输形式。血糖含量会随机体进食、运动等状态的变化而有所波动。正常情况下，在神经系统、肝脏和肾脏等器官的协同作用下，血糖浓度维持在一个相对恒定的水平，有利于机体各组织细胞摄取葡萄糖而获得能量，尤其是对储存糖原能力低下的脑组织和红细胞生理功能的维持有着极其重要的作用。正常人的空腹血糖浓度相对恒定，一般维持在3.89～6.11mmol/L，进食后血糖浓度会升高，但2小时后即可恢复正常。空腹和轻度饥饿时，血糖在短暂降低后依然能恢复正常。许多疾病如内分泌失调、肝肾疾病、神经功能紊乱、酶的遗传性缺陷，以及某些维生素的缺乏和药物等都能引起糖代谢异常或障碍。血糖是反映体内糖代谢状况的一项重要指标。

考点： 血糖的概念；正常空腹血糖浓度值

（一）血糖的来源

1. **食物中的糖类消化吸收** 食物中的糖类在胃肠中经过酶消化分解为葡萄糖，通过肠黏膜细胞吸收入血，这是血糖的最主要来源。

2. **肝糖原分解** 空腹或轻度饥饿时，血糖浓度降低，肝糖原分解为葡萄糖补充血糖，维持机体正常水平。

3. **糖异生途径** 长期饥饿时，有限的肝糖原消耗殆尽，不能维持正常血糖浓度，大量非糖物质（主要是乳酸、甘油和生糖氨基酸等）通过糖异生途径被迅速转变为葡萄糖，从而维持血糖的正常水平。

4. **其他单糖的转化** 肝脏可以将饮食中摄取的其他已糖（如果糖、半乳糖等）转变为葡萄糖。

（二）血糖的去路

1. 氧化分解 血糖被组织细胞摄取氧化分解并释放能量，维持机体生命活动，这是血糖最主要的去路。

2. 合成糖原储存备用 当血糖充足时会在肝脏和肌肉等组织中以糖原形式储存备用。

3. 转变为其他物质 血糖可在体内转变为脂肪、非必需氨基酸，还可以转变为其他糖及其衍生物，如核糖、葡萄糖醛酸等。

4. 随尿排出 当血糖浓度大于 8.89mmol/L 时，超过肾小管对糖的最大重吸收能力，糖会从尿中排出，出现糖尿现象，此时的血糖浓度称为肾糖阈值。尿排糖是血糖的非正常去路。

血糖的来源和去路见图 5-10。

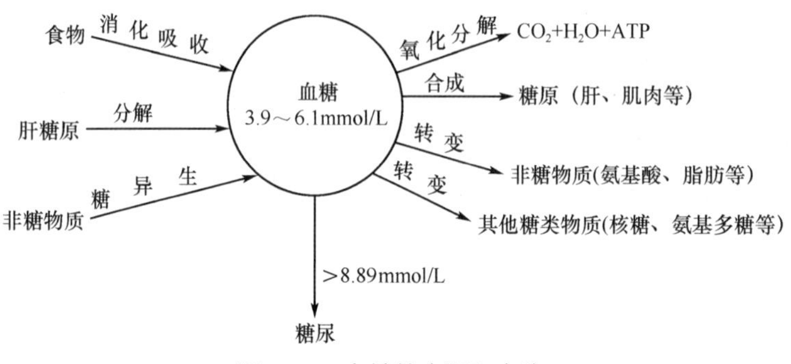

图 5-10 血糖的来源和去路

考点：血糖的来源和去路

二、血糖浓度的调节

正常情况下血糖浓度相对恒定，这对保证人体各组织器官利用葡萄糖非常重要，特别是脑组织，几乎完全依靠葡萄糖供能进行神经活动，血糖供应不足会使神经功能受损，因此，维持血糖浓度的相对恒定是极为重要的。

正常人体通过组织器官、激素和神经系统的协同作用和精细调节，使血糖来源和去路保持动态平衡，从而使血糖浓度维持在相对恒定范围。

1. 器官水平的调节 肝脏内糖代谢的途径很多，其中有不少反应是肝脏特有的，因此肝脏是体内调节血糖浓度的主要器官。肝脏可以通过肝糖原的合成和分解、糖异生途径来维持血糖浓度。餐后，当血糖浓度增高时，肝糖原合成增加，使血糖浓度不会过高；当人体处于空腹状态时，肝糖原分解增强，及时补充血糖浓度；禁食情况下，肝脏的糖异生作用加强，有效地维持血糖浓度。当长期饥饿时，肾脏也能通过糖异生作用调节血糖的浓度。

2. 激素水平的调节 调节血糖浓度的激素主要分为两类。一类是降低血糖的激素，如胰岛素，目前认为胰岛素是唯一可降低血糖浓度的激素；另一类是升高血糖的激素，如肾上腺素、胰高血糖素、糖皮质激素和生长激素等。两类不同作用的激素主要通过激活或抑制糖代谢途径中关键酶的活性，调节血糖浓度，使其维持在正常的水平。在这一过程中，它们相互对立、相互协调，具体作用机制见表 5-5。

3. 神经系统调节 神经系统对血糖的调节属于整体调节，通过下丘脑和自主神经系统调节激素的分泌量，进而影响各代谢途径中酶的活性以调节血糖浓度。当情绪激动时，交感神经兴奋，使肾上腺素分泌增加，促进肝糖原分解、肌糖原酵解和糖异生作用，引起血糖升高；当处于平静状态时，迷走神经兴奋，使胰岛素分泌增加，引起血糖水平降低。通常情况下，机体维持血糖浓度恒定需要多种调节因素的共同作用。

考点：血糖浓度的调节

表 5-5 激素对血糖浓度的影响

降低血糖的激素	升高血糖的激素
胰岛素	肾上腺素
1. 促进肌肉、脂肪等组织细胞摄取葡萄糖	1. 促进肝糖原分解
2. 促进葡萄糖在肝脏和肌肉中合成糖原	2. 促进肌糖原酵解
3. 促进葡萄糖的氧化分解	3. 促进糖异生作用
4. 促进糖转变为脂肪	胰高血糖素
5. 抑制糖异生作用	1. 促进肝糖原分解
6. 抑制肝糖原分解	2. 促进脂肪动员
7. 抑制脂肪动员	3. 促进糖异生作用
	糖皮质激素
	1. 促进糖异生作用
	2. 抑制肝外组织摄取利用葡萄糖

三、糖代谢异常

许多疾病如肝肾疾病、内分泌失调、神经功能紊乱、酶的遗传缺陷、维生素的缺乏和药物等都会影响糖代谢，引起糖代谢异常和障碍。糖代谢异常或障碍常以血糖浓度改变为特征，但血糖浓度的一时性改变不属于糖代谢异常范围。糖代谢异常主要有以下两种类型。

（一）高血糖与糖尿病

临床上将空腹血糖浓度高于 7.0mmol/L 称为高血糖。如果血糖浓度高于肾糖阈（8.89mmol/L）时，超过肾小管对糖的最大重吸收能力，则尿中就会出现葡萄糖，此现象称为糖尿。通常导致高血糖和糖尿的原因可归纳为生理性和病理性两大类。

1. 生理性高血糖 当大量摄取或静脉滴注葡萄糖过快时，血糖浓度迅速增高，可引起饮食性高血糖；当情绪激动时，交感神经兴奋，肾上腺素分泌增加，促进肝糖原分解为葡萄糖释放入血，使血糖升高，出现情感性高血糖。生理性高血糖为暂时性的高血糖，甚至出现糖尿，无临床症状和意义。

2. 病理性高血糖 升高血糖的激素分泌过多或胰岛素分泌不足及功能障碍均可导致高血糖，以至出现糖尿。病理性高血糖及糖尿表现为持续性的高血糖和糖尿，特别是空腹血糖和糖耐量曲线高于正常范围，临床上多见于糖尿病。此外，慢性肾炎、肾病综合征等导致肾小管对糖的重吸收能力下降，即肾糖阈下降，也可出现糖尿，但此时血糖正常。

（二）低血糖

空腹血糖浓度低于 2.8mmol/L 称为低血糖。脑组织几乎没有糖原储存，主要依赖葡萄糖供给能量，因此对低血糖极为敏感，即使轻度低血糖，机体由于缺乏能量也会出现头晕、心悸、出冷汗、手颤、倦怠无力和饥饿感等虚脱症状，称低血糖症。当血糖浓度持续低于 2.48mmol/L 时，脑细胞的能量极度匮乏，影响脑的正常功能，严重者出现昏迷甚至死亡。出现低血糖症状时，给予口服葡萄糖或饮用糖水、果汁、牛奶等便可好转。低血糖昏迷者，如不及时静脉注射葡萄糖液，则有可能危及生命。

导致低血糖的常见原因有以下几点：①长期饥饿或营养不良，血糖的主要来源被断绝，造成低血糖；②胰岛 B 细胞增生或胰岛肿瘤，致使胰岛素分泌过多，引起低血糖；③严重肝脏疾患（如肝癌或肝功能衰竭等）使肝糖原分解及糖异生能力减弱，导致低血糖；④内分泌功能障碍（如垂体功能或肾上腺功能低下）使升高血糖浓度的激素分泌减少造成低血糖；⑤空腹饮酒导致低血糖。

（三）糖原贮积症

糖原贮积症是一类由于先天性缺乏与糖原代谢有关的酶类所致的糖代谢紊乱性疾病，属于遗传性代谢病。患者体内某些组织器官堆积大量糖原，造成组织器官功能受到损害。根据所缺陷的酶在糖原代谢中的作用不同、受累器官不同、糖原结构不同等，该病对健康或生命的影响程度也不尽相同。例如，溶酶体的α-葡萄糖苷酶缺乏，会影响α-1, 4-糖苷键和α-1, 6-糖苷键的水解，使组织广泛受损，常因心肌受损而导致突然死亡。

链接

糖原贮积症的临床表现

糖原贮积症常表现为肝大、反复发作低血糖；随着年龄的增长，出现明显的低血糖症状，甚至并发酮症酸中毒。患者常无智力发育障碍，但生长发育迟缓、体型矮小、肥胖，腹部膨隆，肝显著增大，质地坚硬。发病多在新生儿和婴幼儿时期，临床症状多在1岁内出现。多数患者不能存活至成年。

（四）糖尿病及常用药物

糖尿病是一种慢性、复杂的代谢性疾病，系胰岛素分泌相对或绝对不足，或胰岛素利用缺陷所引起的代谢紊乱综合征，以高血糖为主要特点。根据其病因目前可分为1型糖尿病、2型糖尿病、其他特殊类型糖尿病和妊娠期糖尿病。1型糖尿病多发于儿童和年轻人，只占糖尿病患者总人数的5%～10%，主要原因是患者胰岛B细胞被破坏，导致胰岛素分泌减少所致；2型糖尿病与肥胖关系密切，占糖尿病患者总人数的90%以上。患者存在胰岛素抵抗和胰岛素分泌缺陷。糖尿病的典型症状为“三多一少”，即多饮、多尿、多食、体重减轻。但许多轻症或2型糖尿病患者早期常无明显症状，只是在普查、健康检查或检查其他疾病时偶然发现，不少患者甚至以各种急性或慢性并发症而就诊。

治疗糖尿病的药物，有口服降糖药和注射用胰岛素，它们对不同类型的糖尿病患者有其各自相应的适应证。

1. 口服降血糖药　目前有四大类：双胍类、α-葡萄糖苷酶抑制剂、磺脲类及噻唑烷二酮（胰岛素增敏剂）。

（1）双胍类：主要是增加组织对葡萄糖的利用，抑制糖原分解和糖异生，从而起到降低血糖的作用，包括二甲双胍和苯乙双胍，但可引起食欲减退、恶心、呕吐、腹泻等症状。由于双胍类药物可促进糖无氧分解，在肝肾功能不全、心力衰竭等缺氧情况下，易诱发乳酸酸中毒。

（2）α-葡萄糖苷酶抑制剂：是目前广泛应用的降糖药，有阿卡波糖、伏格列波糖等，主要通过抑制小肠黏膜上皮细胞表面的α-葡萄糖苷酶（如淀粉酶、麦芽糖酶、蔗糖酶等）使糖在小肠内的消化和吸收减缓，双糖不能分解为单糖，阻止了吸收，从而起到降血糖作用。

（3）磺脲类：主要是促进胰岛B细胞释放胰岛素，以发挥降血糖的作用。最早使用的这类药物包括甲苯磺丁脲、氯磺丙脲等，为第一代磺脲类，它们在体内发挥作用的时间短，现在很少应用；第二代有格列本脲、格列吡嗪、格列齐特、格列美脲、格列喹酮等，其降血糖作用虽然强，但容易诱发低血糖。

（4）噻唑烷二酮（也称格列酮类药物）：主要作用是增强靶细胞对胰岛素的敏感性，减轻胰岛素抵抗，故被视为胰岛素增敏剂。此类药物有曲格列酮、罗格列酮和帕格列酮。

2. 胰岛素　胰岛素的种类非常繁多，常见的分类方法主要有两种。

（1）按照来源可分为动物胰岛素、人胰岛素和胰岛素类似物。

1）动物胰岛素：是从动物（主要是猪或牛）胰腺中提取并纯化的胰岛素，在胰岛素治疗的早期发挥过重要的作用，然而，由于生物种属的不同，动物胰岛素与人体内自然产生的人胰岛素在氨基酸结构上存在着差异，部分患者可产生胰岛素抗体。

2）人胰岛素：是用重组DNA技术或半人工合成法生产的胰岛素，其结构与人胰岛素的结构完全相同，因而解决了免疫原性的问题。

3）胰岛素类似物：是一种与人胰岛素非常相似的新型生物合成胰岛素。例如，赖脯胰岛素，就是使用重组DNA技术，将人胰岛素β链上天然氨基酸顺序28位与29位倒位，成为B28赖氨酸，B29脯氨酸。再例如，门冬胰岛素，是将人胰岛素β链28位的脯氨酸由天冬氨酸替代。类似物与人胰岛素比较，有诸多益处，如吸收迅速、起效快、作用强等。

（2）按照起效作用快慢和维持作用时间长短：分为短效（速效）、中效、长效三类。速效的有普通胰岛素和半慢胰岛素锌混悬液；中效的有低精蛋白锌胰岛素和慢胰岛素锌混悬液；长效的有精蛋白锌胰岛注射液和特慢胰岛素锌混悬液。

链接

糖尿病的代谢紊乱

糖尿病患者体内糖、脂类、蛋白质代谢都出现紊乱，主要代谢变化如下：①高血糖症：患者肝糖原分解增加，糖异生加强，导致血糖来源增加，同时去路减少，导致高血糖症。②糖尿、多尿及水盐丢失：血糖浓度超过肾糖阈，出现糖尿现象。尿液中葡萄糖和酮体增加产生渗透性利尿，引起多尿及水盐丢失等。③高脂血症和高胆固醇血症：患者脂肪动员加强，脂肪酸转变成乙酰CoA，生成酮体和胆固醇后进入血液，形成酮血症和酮尿症。酮体中乙酰乙酸和β-羟丁酸为酸性物质，过多可导致酸中毒。严重的糖尿病患者脂肪分解过多，丙酮酸无氧酵解成乳酸作用加强，可能引起乳酸血症。血液高渗透性和酮酸中毒可引起休克甚至死亡。

（五）口服糖耐量试验

正常人体血糖水平维持动态平衡，即使摄入大量葡萄糖，体内血糖水平也不会出现大的波动和持续升高，这种人体对摄入的葡萄糖具有很高的耐受能力的现象称为耐糖现象。对葡萄糖的耐受能力称为葡萄糖耐量，它反映机体调节糖代谢的能力。

临床上常用口服葡萄糖耐量试验鉴定机体对葡萄糖的利用能力，常用的检查方法是先测定患者空腹血糖浓度，然后一次服用75g葡萄糖，而后隔0.5h、1h、2h和3h分别采血测血糖值。以时间为横坐标，血糖浓度为纵坐标作图，得到的曲线叫作糖耐量曲线（图5-11）。

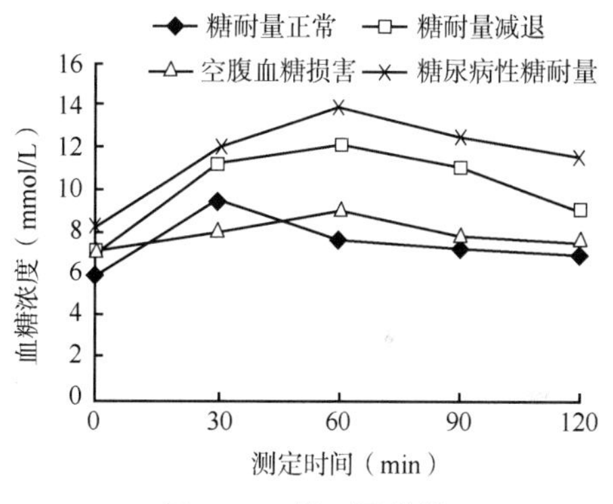

图5-11 糖耐量曲线

在临床上可根据糖耐量曲线诊断与糖代谢有关的疾病，结合尿糖检查可估计患者的肾糖阈。此外还可结合血清胰岛素水平检测，估计糖尿病病情和判断类型。

第5节 糖类药物简介

糖类化合物是一切生物体维持生命活动所需能量的主要来源，是生物体合成其他化合物的基本原料，或充当生物体的结构原料。随着分子生物学的发展，糖的生物学功能已被逐步揭示和认识，全世界对糖类药物的研制与开发空前活跃，许多药物已经投放市场。

一、糖类药物概念及特点

目前糖类药物没有统一的概念，主要有三种观点：①狭义概念认为，凡是含有糖结构的药物均属于糖类药物，如糖肽、糖脂、糖蛋白、糖苷类和含糖抗生素等；②广义概念认为，以糖类为基础的药物属于糖类药物，如寡糖、多糖、糖衍生物等；③由于糖类化合物在体内与许多蛋白、受体以及酶等作用，从而影响各种生理功能，所以，有人认为，以糖为作用靶点的药物也是糖类药物，如青霉素、糖酶等。根据上述定义，很多临床应用的药物都可归为糖类药物，如糖苷类、含糖的蛋白类药物等，其中蛋白类药物中约90%为糖蛋白。目前糖类药物主要分为四大类：第一类是多糖药物及其衍生物类，如肝素、透明质酸、硫酸软骨素、真菌多糖等；第二类是糖或含糖的小分子药物，如阿卡波糖、中草药活性组分等；第三类是糖蛋白药物，如红细胞生成素、干扰素等；第四类是糖疫苗，如肿瘤疫苗、细菌疫苗等。

糖类药物最重要的特点是它们中的大多数作用于细胞表面。这是由于糖类或糖复合物主要分布在细胞表面，参与细胞与细胞之间及细胞与活性分子之间的相互作用，而且这往往是一系列生理和病理过程的第一步，如果这第一步被阻断了，有关的生理和病理变化也就不能随之发生。由于多数以糖类为基础的药物的作用位点是在细胞表面，而不进入细胞内部，因此，这类药物对于整个细胞进而整个机体的干扰较少。从这一点我们可以看出糖类药物的副作用相对较小。

二、糖类药物作用

糖类药物主要作用于免疫系统、血液系统、消化系统以及神经系统等。某些糖类物质通过补体活化、刺激巨噬细胞吞噬作用以及活化各种细胞因子来提高机体免疫系统功能，起到抗炎、抗辐射和抗肿瘤作用。因此，糖类药物既可以作为治疗疾病的药物，也可以作为保健类药物。

（一）免疫调节活性

多糖最突出的活性是其对机体免疫功能的调节作用，主要通过以下途径调节免疫功能：①提高巨噬细胞的吞噬能力，诱导白细胞介素-1和肿瘤坏死因子-α的生成，具有这类免疫促进功能的多糖有香菇多糖、细菌脂多糖、海藻多糖等；②促进T细胞增殖，诱导其分泌白细胞介素-2，具有这类免疫促进功能的多糖有猕猴桃多糖、人参多糖、枸杞子多糖、香菇多糖、灵芝多糖、银耳多糖、黄芪多糖等；③促进淋巴因子激活杀伤细胞活性，这类多糖有枸杞子多糖、黄芪多糖等；④提高B细胞活性，增加多种抗体的分泌，加强机体的体液免疫功能，这类多糖有银耳多糖、苜蓿多糖等；⑤通过不同途径激活补体系统，有些多糖是通过替代通路激活补体，有些则是通过经典途径起作用，这类多糖有酵母多糖、当归多糖、茯苓多糖、酸枣仁多糖、细菌脂多糖、香菇多糖等。由于多糖是非特异免疫调节剂，不仅用于治疗免疫系统疾病如癌症和艾滋病等，还能用于治疗多种免疫缺陷疾病。

（二）抗肿瘤活性

自从20世纪50年代发现酵母β-葡聚糖具有抗肿瘤作用以来，人们已从各种真菌中分离出了许多具有抗肿瘤活性的多糖，其研究成果令人振奋。就多糖的抗肿瘤作用而言，可将抗肿瘤多糖分为两大类：第一类是具有细胞毒性的多糖，它能直接杀死肿瘤细胞，这类多糖有银耳多糖、香菇多糖、云芝多糖等；第二类是作为生物免疫反应调节剂，通过增强机体的免疫功能而间接抑制或杀死肿瘤细胞，如能促进自然杀伤细胞活性、诱导巨噬细胞产生肿瘤坏死因子的多糖。

（三）抗病毒活性

近年来，硫酸化多糖在治疗艾滋病方面的良好应用前景引起了人们的广泛重视。目前，许多经硫酸酯化的多糖，如香菇多糖、地衣多糖、木聚糖的硫酸酯，均有一定的抗病毒和抗凝血活性。这些硫酸多糖抑制HIV-1活性的作用机制是干扰HIV-1对宿主细胞的黏附作用，抑制逆转录酶的活性，通过和HIV-1细胞表面糖蛋白gp120结合，阻止gp120和淋巴细胞、单核细胞以及巨噬细胞表面CD4结合等。

（四）其他活性

糖对消化系统有良好的保护作用，能诱导胃组织中表皮生长因子和碱性成纤维细胞生长因子的合成，促进溃疡愈合和修复。果胶铋和硫糖铝等具有抗呕吐和抗溃疡作用。有些多糖如低分子肝素或者低分子褐藻胶衍生物，能和血清淀粉样蛋白结合，阻止胰岛细胞中胰岛素和乙酰肝素蛋白聚糖以及载脂蛋白E等作用，防止β淀粉蛋白沉积，起到保护胰岛细胞作用。某些多糖可与细胞膜上特殊受体结合，通过cAMP将信息传至线粒体提高糖代谢酶活性，刺激胰岛素分泌，加强血糖分解，促进血糖转化为糖原，用于2型糖尿病的防治。现已发现海带多糖、甘蔗多糖、硫酸软骨素、灵芝多糖等多糖具有降血脂活性，因此，多糖在防治高脂血症方面具有十分重要的意义。

三、常见糖类药物

糖类药物主要分为单糖药物、低聚糖药物及多糖类药物。临床常见的单糖药物有葡萄糖（溶媒、利尿剂），果糖（降颅压），氨基葡萄糖（适用于全身各个部位骨关节炎）。常见低聚糖药物有蔗糖、麦芽糖、乳糖。糖类药物研究最多的是多糖类药物，其主要生理活性是增强机体免疫力。研究表明多糖类药物具有抗癌活性，如香菇多糖、云芝多糖、茯苓多糖等。其次还具有降血糖活性、抗辐射、抗衰老、抗凝血（肝素）及抗血脂等作用。

（张文娟）

自 测 题

一、名词解释

1. 糖无氧氧化 2. 糖有氧氧化 3. 糖原分解
4. 糖异生作用 5. 血糖

二、单项选择题

1. 生理情况下，机体所需的能量主要来自于（　　）
A. 糖类　B. 蛋白质
C. 维生素　D. 脂肪
E. 核酸

2. 糖无氧分解的终产物是（　　）
A. 丙酮酸　B. 葡萄糖
C. 果糖　D. 乳酸
E. 柠檬酸

3. 糖酵解的反应部位是（　　）
A. 线粒体　B. 细胞膜
C. 细胞液　D. 内质网
E. 核糖体

4. 糖有氧氧化的最终产物是（　　）
A. 乳酸　B. 丙酮酸
C. 乙酰辅酶 A　D. CO_2、H_2O 和 ATP
E. CO_2、H_2O

5. 肌糖原不能分解为葡萄糖，是因为肌肉中缺乏（　　）
A. 己糖激酶　B. 葡萄糖-6-磷酸酶
C. 6-磷酸葡萄糖脱氢酶　D. 磷酸果糖激酶
E. 磷酸化酶

6. 下列哪一过程会增加体内葡萄糖的水平（　　）
A. 肝糖原分解　B. 释放体内胰岛素
C. 糖无氧分解　D. 糖原合成
E. 肌糖原分解

7. 由氨基酸生成糖的过程称为（　　）
A. 糖原分解作用　B. 糖原生成作用
C. 糖酵解　D. 糖异生作用
E. 以上都不是

8. 空腹血糖的正常浓度是（　　）
A. 3.31～5.61mmol/L　B. 3.89～6.11mmol/L
C. 4.44～6.671mmol/L　D. 5.56～7.611mmol/L
E. 以上都不对

9. 当血糖超过肾糖阈值时，可出现（　　）
A. 生理性血糖升高　B. 病理性血糖升高
C. 生理性血糖降低　D. 尿糖
E. 病理性血糖降低

10. 磷酸戊糖途径的关键酶是（　　）
A. 异柠檬酸脱氢酶　B. 6-磷酸果糖激酶
C. 6-磷酸葡萄糖脱氢酶　D. 氨基转移酶
E. 6-磷酸葡萄糖酶

三、多项选择题

1. 糖的主要生理功能包括（　　）
A. 氧化供能
B. 构成机体细胞成分
C. 是神经组织和细胞膜的主要成分
D. 参与构成生物活性物质
E. 以上都不对

2. 关于糖的有氧氧化叙述正确的是（　　）
A. 糖有氧氧化的产物是 CO_2 和 H_2O
B. 糖有氧氧化是细胞获得能量的主要方式
C. 三羧酸循环是三大营养物质相互转变的途径
D. 有氧氧化在胞质中进行
E. 葡萄糖氧化成 CO_2 和 H_2O 时可生成30或32分子ATP

3. 能经糖异生途径合成葡萄糖的物质是（　　）
A. α-磷酸甘油　B. 生糖氨基酸
C. 乳酸　D. 丙酮酸
E. 乙酰辅酶 A

4. 关于乳酸循环描述正确的是（　　）
A. 有助于防止酸中毒的发生
B. 有助于维持血糖浓度
C. 有助于糖异生作用
D. 有助于机体供氧
E. 有助于乳酸再利用

5. 糖异生途径的关键酶包括（　　）
A. 丙酮酸羧化酶
B. 磷酸烯醇式丙酮酸羧激酶

C. 乳酸脱氢酶

D. 葡萄糖-6-磷酸酶

E. 果糖-1, 6-二磷酸酶

6. 下列哪些激素可以升高血糖（　　）

A. 胰岛素　　B. 胰高血糖素

C. 肾上腺素　　D. 糖皮质激素

E. 生长激素

7. 与糖代谢有关的激素有哪些（　　）

A. 胰岛素　　B. 胰高血糖素

C. 肾上腺素　　D. 糖皮质激素

E. 甲状腺素

8. 三羧酸循环的主要特点是（　　）

A. 三羧酸循环是一个环状酶促反应系统

B. 循环一次包括 1 次底物水平磷酸化

C. 循环一次包括 2 次脱羧反应，4 次脱氢反应

D. 循环一次产生 12 分子 ATP

E. 循环是不可逆的

9. 丙酮酸脱氢酶复合体包括哪几种酶（　　）

A. 丙酮酸脱氢酶

B. 硫辛酰胺还原转乙酰基酶

C. 二氢硫辛酰胺脱氢酶

D. FAD

E. NAD^+

10. 肝脏调节血糖浓度相对恒定的途径有（　　）

A. 肝糖原合成

B. 肝糖原分解

C. 糖异生作用

D. 使脂肪酸转变成葡萄糖

E. 使蛋白质转化成葡萄糖

四、填空题

1. 糖异生的主要器官是________和________，原料为________、________、________和________。

2. 糖无氧分解过程中有 3 个不可逆的酶促反应，参与这三个反应的酶是________、________和________。

3. 三羧酸循环在细胞________中进行；糖无氧分解在细胞________中进行。

4. 每一次三羧酸循环可以产生________分子 ATP，______分子 NADH 和________分子 $FADH_2$。

五、简答题

1. 简述糖无氧分解的生理意义。

2. 简述血糖的来源和去路。

第6章 脂类代谢

脂类是一类难溶于水、易溶于有机溶剂的有机化合物，包括脂肪和类脂两大类。脂肪由1分子甘油和3分子脂肪酸组成，故又称为甘油三酯或三酰甘油。类脂包括磷脂、糖脂、胆固醇和胆固醇酯。

脂类
- 脂肪(甘油三酯)
- 类脂
  - 磷脂
  - 糖脂
  - 胆固醇
  - 胆固醇酯

考点：脂类的组成

第1节 概 述

一、脂类的分布与含量

（一）脂肪的分布与含量

体内的脂肪绝大部分储存在脂肪组织中，分布于皮下、大网膜、肠系膜及肾周围等处，这些组织常称为脂库。成年男性体内脂肪含量占其体重的10%～20%，女性稍高。体内脂肪含量易受营养状况及机体活动等多种因素影响而发生变化，故称脂肪为可变脂。

链接

肥 胖 症

体内脂肪超过标准体重[身高（cm）−105]的20%或BMI（人体体重指数=体重（kg）÷身高（m）^{2}）大于30者称为肥胖症。根据我国的标准，成年人BMI的正常范围是18.5～23.9，小于18.5为低体重，大于23.9为超重，大于27.9为肥胖。

肥胖症主要是糖和脂肪摄入过多，超过机体生命活动的需要，则变为体脂储存在脂肪组织，导致体重增加。肥胖可诱发动脉粥样硬化、高血压、糖尿病等疾病。因此均衡膳食、适当控制进食量、坚持运动非常重要。

（二）类脂的分布与含量

类脂分布于各组织中，以神经组织中含量最多。体内类脂总量约占体重的5%，其含量不受营养状况及机体活动的影响而变化，故又称类脂为固定脂。

二、脂类的主要生理功能

（一）脂肪的生理功能

1. 储能供能 脂肪是体内主要的储能物质。正常人体生理活动所需能量的15%～20%由脂肪提供。1g脂肪被彻底氧化可释放能量约38.9kJ，同重量的糖和蛋白质只产生17kJ能量。在空腹或禁食时，脂肪可迅速动员，成为体内能量的主要来源。

链接

人体的能源物质

人体的供能营养物质主要有三种：糖、脂肪、蛋白质。正常生理状态下，糖是主要供能物质，可以提供人体所需能量的50%～70%，脂肪提供15%～20%，蛋白质提供10%～15%。

在糖供应不足时，如禁食1～3天后，人体生理活动所需能量的85%以上由脂肪供给，蛋白质氧化供能也随之增加。

因此，三种供能物质的主要功能是有差异的。糖的主要功能是氧化供能，脂肪的主要功能是储能供能，蛋白质的主要功能是维持组织细胞的生长、更新、修复和参与体内多种重要的生理活动。

2. **维持体温** 脂肪不易传热，人体皮下脂肪能防止体内热量散失，维持体温恒定。

3. **保护内脏** 脂肪组织结构柔软，能缓冲外界的机械性撞击，使内脏器官免受损伤。

4. **促进脂溶性维生素的吸收** 肠道内的脂肪可以促进脂溶性维生素的吸收。胆管梗阻的患者，不仅有脂类的消化障碍，还常伴有脂溶性维生素的吸收减少。

（二）类脂的生理功能

1. **构成生物膜** 类脂是构成生物膜的重要成分。在构成膜的类脂中，磷脂占总量的70%以上，胆固醇不超过30%，糖脂不超过10%。

2. **参与神经髓鞘的构成** 胆固醇和磷脂参与构成神经髓鞘，维持神经冲动的正常传导。

3. **参与组成血浆脂蛋白** 类脂参与组成血浆脂蛋白，协助脂类在血液中的运输。

4. **提供必需脂肪酸** 类脂中的磷脂分子含有必需脂肪酸，是人体必需脂肪酸的重要来源。必需脂肪酸是指机体生命活动必不可少而自身又不能合成，必须由食物供给的多不饱和脂肪酸，如亚油酸、亚麻酸、花生四烯酸等。

5. **转变为其他物质** 胆固醇在体内可以转变为胆汁酸、维生素D_3、类固醇激素等多种生理活性物质。

第2节 甘油三酯的代谢

课堂互动

骆驼有着“沙漠之舟”的美称，即使不吃不喝也可以在沙漠里长时间行走。

思考： 1. 为什么骆驼能够耐饥耐渴？

2. 骆驼的驼峰里是什么物质，有什么作用？

一、甘油三酯的分解代谢

（一）脂肪动员

1. **概念** 脂肪组织储存的甘油三酯，在脂肪酶的催化下逐步水解为脂肪酸和甘油，并释放入血被其他组织利用，此过程称为脂肪动员。反应过程如下：

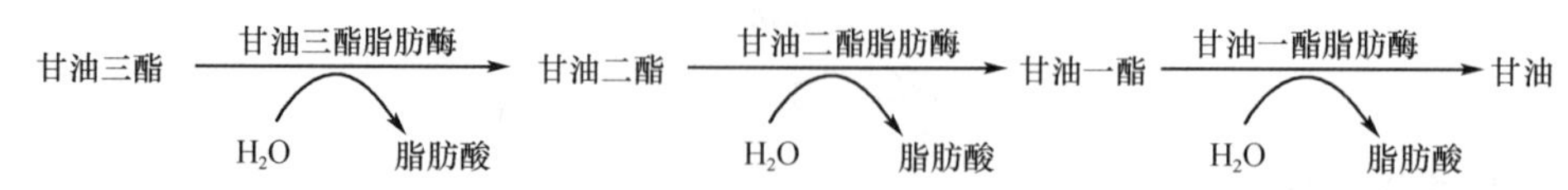

2. **产物** 脂肪动员的最终产物是1分子甘油和3分子脂肪酸。

3. **限速酶** 甘油三酯脂肪酶是脂肪动员的限速酶，其活性受多种激素的调节，又称为激素敏感脂肪酶。肾上腺素、肾上腺皮质激素、甲状腺素、胰高血糖素等可升高激素敏感脂肪酶的活性，称为脂解激素；胰岛素可降低激素敏感脂肪酶的活性，称为抗脂解激素。正常情况下，这两类激素协同作用，使体内脂肪的水解速度适应机体的需要。

人体处于紧张、兴奋、饥饿时，肾上腺素、去甲肾上腺素、胰高血糖素分泌增加，甘油三酯脂肪酶的活性增强，脂肪动员加强，脂肪组织储存的脂肪减少。故人体长期处于紧张、兴奋、饥饿状态时就会消瘦。

考点：脂肪动员的产物、限速酶、抗脂解激素

（二）甘油的代谢

脂肪动员产生的甘油，经血液循环到达肝、肾、小肠黏膜的组织细胞，被甘油激酶催化生成α-磷酸甘油，再脱氢生成磷酸二羟丙酮，进入糖代谢途径，氧化分解生成CO_2和H_2O并释放能量。磷酸二羟丙酮也可以在肝和肾中经糖异生作用转变为葡萄糖或糖原。

（三）脂肪酸的氧化

1. 脂肪酸氧化的概念 在氧供应充足的情况下，脂肪酸彻底氧化分解为CO_2和H_2O并释放大量能量的过程。

2. 脂肪酸的运输 脂肪动员产生的游离脂肪酸释放入血后，与清蛋白结合由血液运输到全身各组织。

3. 脂肪酸的氧化部位和过程 机体除脑组织和成熟红细胞外，大多数组织都能氧化利用脂肪酸，但以肝和肌肉最为活跃。氧化的主要部位在线粒体，分为以下四个阶段。

（1）脂肪酸的活化：脂肪酸生成脂酰 CoA 的过程称为脂肪酸的活化。反应在细胞液中进行，由 ATP 供能。

$$\text{脂肪酸} + \text{CoA} + \text{ATP} \xrightarrow[\text{Mg}^{2+}]{\text{脂酰CoA合成酶}} \text{脂酰CoA} + \text{AMP} + \text{PPi}$$

反应中生成的焦磷酸（PPi）很快被水解，阻止了逆向反应的进行。因此 1 分子脂肪酸活化，实际消耗了 2 个高能磷酸键，若以 1 个 ATP 提供一个高能磷酸键计算，相当于消耗了 2 个 ATP。

（2）脂酰 CoA 的转运：由于催化脂酰 CoA 继续氧化的酶系存在于线粒体内，而脂酰 CoA 不能直接进入线粒体，故需经线粒体内膜上的肉碱将脂酰基携带转运进入线粒体内，然后重新转变成脂酰 CoA，进行氧化分解（图 6-1）。

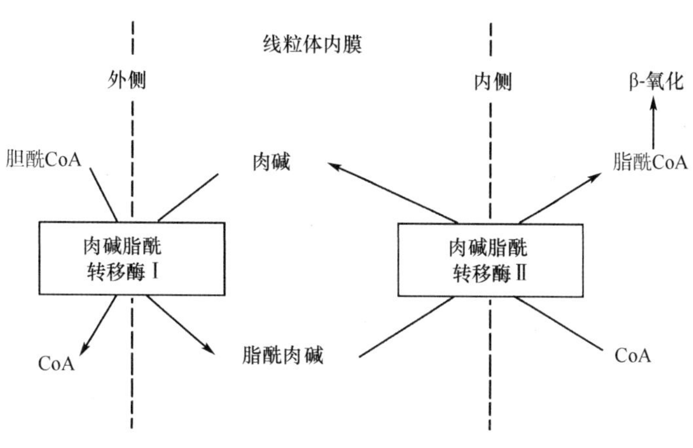

图 6-1 脂酰 CoA 进入线粒体示意图

（3）脂酰 CoA 的β-氧化：脂酰 CoA 进入线粒体基质后进行β-氧化，一次β-氧化包括脱氢、加水、再脱氢和硫解四步反应，生成 1 分子乙酰 CoA 和 1 分子比原来少 2 个碳原子的脂酰 CoA。后者可继续进行β-氧化，如此反复进行，直至脂酰 CoA 完全氧化为乙酰 CoA。β-氧化的终产物是乙酰 CoA。反应过程见图 6-2。

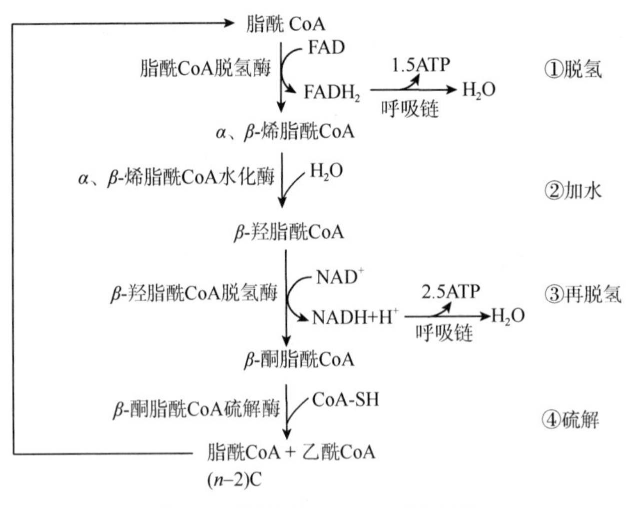

图 6-2 脂酰 CoA 的 β-氧化过程

（4）乙酰 CoA 的彻底氧化：脂肪酸经 β-氧化生成大量的乙酰 CoA，一部分进入三羧酸循环被彻底氧化成 CO_2 和 H_2O，并释放能量。另一部分在线粒体中缩合成酮体。

4. 脂肪酸氧化的能量生成 脂肪酸氧化可产生大量能量。以 1 分子含 16 个碳原子的软脂酸为例计算：可进行 7 次 β-氧化生成 8 分子乙酰 CoA，每次 β-氧化可生成 4 分子 ATP，每 1 分子乙酰 CoA 进入三羧酸循环可生成 10 分子 ATP，共计生成 ATP 数为 $4\times7+10\times8=108$ 分子，再减去脂肪酸活化时消耗的 2 分子 ATP，则净生成 ATP 数为 106 分子。

1 分子甘油三酯分解可产生 3 分子脂肪酸。由此可见，甘油三酯分子内储存了大量能量。

考点： 脂酰 CoA 的 β-氧化的步骤、终产物。计算脂肪酸彻底氧化分解生成的 ATP 数

二、酮体的生成和利用

案例 6-1

患者，男，56 岁，出现口渴、多饮、消瘦症状 3 个月，突发昏迷 2 日。呼吸弱，有烂苹果味。血糖 30mmol/L，血钠 132mmol/L，血钾 4.0mmol/L，尿素氮 9.7mmol/L，CO_2 结合力 18.3mmol/L，尿糖、尿酮体强阳性。初步诊断为糖尿病酮症酸中毒。

讨论分析： 1. 请分析该患者消瘦的原因。

2. 请分析该患者酮症酸中毒的原因。

（一）酮体的生成

1. 概念 酮体是脂肪酸在肝内氧化的正常中间产物，包括乙酰乙酸、β-羟丁酸、丙酮三种物质。其中 β-羟丁酸约占酮体总量的 70%，乙酰乙酸约占 30%，丙酮含量极微。

2. 原料 肝中脂肪酸 β-氧化生成的大量乙酰 CoA，除彻底氧化成 CO_2 和 H_2O 并释放能量外，更重要的代谢去路是作为合成酮体的原料，参与酮体的合成。

3. 基本过程 肝细胞线粒体内富含催化酮体合成的酶系，生成酮体是肝特有的功能。

2 分子乙酰 CoA 缩合生成乙酰乙酰 CoA，乙酰乙酰 CoA 再与 1 分子乙酰 CoA 缩合，生成羟甲基戊二酸单酰 CoA（HMGCoA），并释放出 1 分子 CoASH，催化这一反应的酶为 HMGCoA 合成酶，是合成酮体的限速酶。HMGCoA 在裂解酶催化下，生成 1 分子乙酰乙酸和 1 分子乙酰 CoA；乙酰乙酸在酶催化下还原成 β-羟丁酸，也可自动脱羧生成少量丙酮（图 6-3）。

（二）酮体的利用

肝内缺乏氧化利用酮体的酶，所以肝内生成的酮体需经血液运输到肝外组织氧化利用。乙酰乙酸和 β-羟丁酸在酶的催化下重新转化为乙酰 CoA，进入三羧酸循环彻底氧化供能。丙酮则主要随尿

排出体外，少部分可直接从肺呼出（图 6-4）。

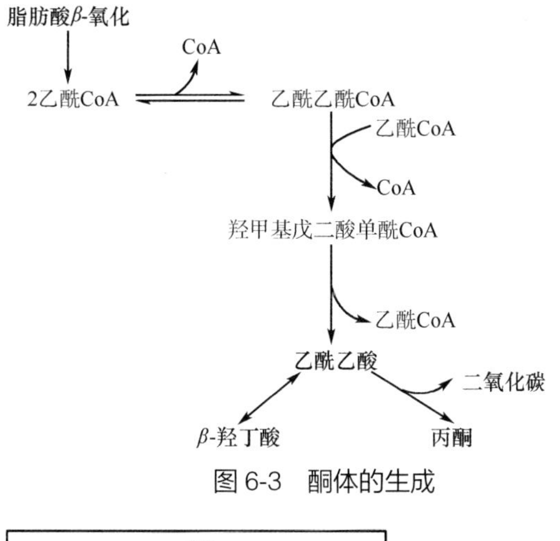

图 6-3　酮体的生成

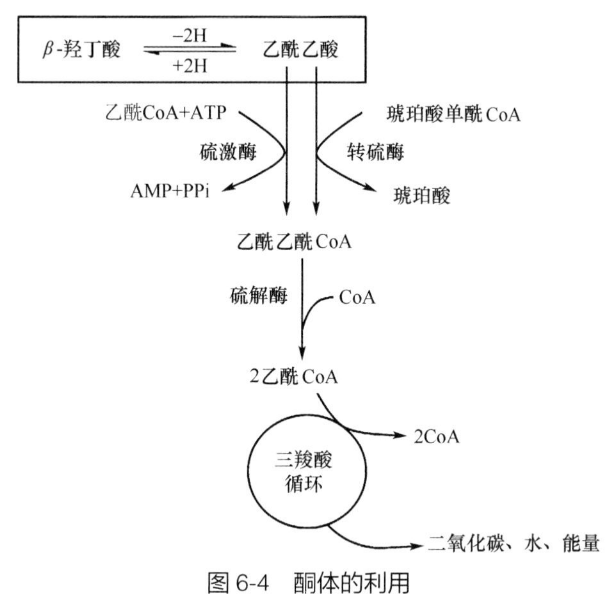

图 6-4　酮体的利用

（三）酮体代谢的特点及生理意义

1. 酮体代谢的特点　肝内生酮肝外利用，即酮体在肝内生成，作为能源物质运输到肝外大脑、心脏、肾、肌肉等部位利用。

2. 生理意义

（1）酮体分子小、水溶性强，容易通过血脑屏障和毛细血管壁，是肝输出脂类能源物质的一种重要形式。

（2）长期饥饿及糖供应不足时，酮体可替代葡萄糖成为脑及肌肉等组织的主要能源物质。

（3）生成过多可引起酮症酸中毒：正常情况下，肝生成的酮体能迅速被肝外组织利用，血中含量仅为 0.03～0.50mmol/L（0.3～5.0mg/dl）。在长时间饥饿、糖尿病、高脂低糖膳食等情况下，体内脂肪动员加强，肝内酮体生成增多，超过了肝外组织的利用能力，可导致血中酮体升高，称为酮血症；丙酮具有挥发性，过多丙酮从患者肺呼出，会嗅到丙酮味（似烂苹果味），称为酮味；当体内酮体含量过高，超过肾重吸收能力时，尿中可出现酮体，称为酮尿；酮体中乙酰乙酸和 β-羟丁酸是酸性物质，在血液中浓度过高，引起酮症酸中毒。

考点：酮体代谢的特点、生理意义

链接

口气知多少

你知道吗，小小的口气可能是身体患病的表现。正确认识口气可以帮助我们及时发现身体出现的大问题。

牙周炎、口腔黏膜糜烂、龋齿患者可呼出恶臭气味；消化不良患者可呼出酸腐气味；肺脓肿、支气管扩张患者会呼出腥臭味；有机磷农药中毒患者会呼出大蒜味；糖尿病酮症酸中毒患者可呼出烂苹果味；严重尿毒症患者可呼出尿臭味；肝性脑病患者会呼出鼠臭味。

三、甘油三酯的合成代谢

人体许多组织都能合成甘油三酯，以肝和脂肪组织合成能力最强。合成原料是 α-磷酸甘油及脂酰 CoA，合成场所是细胞液。

（一）α-磷酸甘油的合成

α-磷酸甘油主要由糖代谢的中间产物磷酸二羟丙酮还原生成，也可来自甘油的磷酸化。

$$\text{磷酸二羟丙酮}+NADH+H^{+} \xrightleftharpoons{\alpha\text{-磷酸甘油脱氢酶}} \alpha\text{-磷酸甘油}+NAD^{+}$$

$$\text{甘油} \xrightarrow[ATP \rightarrow ADP]{\text{甘油激酶}} \alpha\text{-磷酸甘油}$$

（二）脂酰 CoA 的合成

脂酰 CoA 的合成原料是乙酰 CoA，主要来自糖的氧化分解。合成过程中的供氢体 $NADPH+H^{+}$，由磷酸戊糖途径产生。合成过程需 ATP 供能。

$$\text{乙酰CoA}+HCO_3^-+ATP \xrightarrow{\text{乙酰CoA羧化酶、生物素、}Mn^{2+}} \text{丙二酰CoA}+ADP+Pi$$

$$\text{乙酰CoA}+7\text{丙二酰CoA}+14(NADPH+H^{+}) \xrightarrow{\text{脂肪酸合成酶系}} 16\text{碳软脂酸}+14NADP^{+}+7CO_2+8CoA+6H_2O$$

$$\text{脂肪酸}+CoA+ATP \xrightarrow{\text{脂酰CoA合成酶、}Mg^{2+}} \text{脂酰CoA}+AMP+PPi$$

（三）甘油三酯的合成

甘油三酯的合成首先由 1 分子 α-磷酸甘油与 2 分子脂酰 CoA 结合生成磷脂酸，后者水解生成甘油二酯，再与 1 分子脂酰基结合即为甘油三酯。甘油三酯分子中的 3 个脂酰基可以相同，也可以不同。

$$\alpha\text{-磷酸甘油}+2\text{脂酰CoA} \xrightarrow{\text{甘油磷酸酰基转移酶}} \text{磷脂酸}+2CoA$$

$$\text{磷脂酸}+H_2O \xrightarrow{\text{磷脂酸磷脂酶}} \text{甘油二酯}+Pi$$

$$\text{甘油二酯}+\text{脂酰CoA} \longrightarrow \text{甘油三酯}+CoA$$

课堂互动

随着生活水平的提高，生活中肥胖的人越来越多。肥胖影响身体健康，爱美人士也常用节食、吃减肥药等方法来降低体重。

思考：1. 肥胖的根本原因是什么？

2. 如何科学地减肥？

第 3 节　类脂的代谢

一、磷脂的代谢

类脂中含有磷酸的化合物称为磷脂，人体内含量最多的磷脂是甘油磷脂。甘油磷脂是脂类中极性最大的一类化合物，其分子中既含有疏水基团，又含有亲水基团，在水和非极性溶剂中都有很大的溶解度，所以是蛋白质与脂类之间结合的桥梁，是形成血浆脂蛋白、帮助脂类代谢的重要组分，也是构成生物膜的重要物质。

磷脂酰胆碱（卵磷脂）和磷脂酰乙醇胺（脑磷脂）是重要的甘油磷脂，主要存在于脑组织、大豆和蛋黄中。

（一）甘油磷脂的合成

1. 合成部位 机体各组织均可合成甘油磷脂，其中以肝脏最为活跃。肝除合成自身所需的甘油磷脂外，还为脂蛋白的合成提供甘油磷脂。

2. 合成原料 甘油磷脂的合成原料主要有甘油二酯、胆碱、乙醇胺（胆胺）或丝氨酸等。甘油二酯由磷脂酸水解产生；胆碱和乙醇胺可来自食物，也可由丝氨酸代谢而来。合成需 ATP 和 CTP 提供能量。

3. 合成的基本过程 丝氨酸脱羧生成乙醇胺；乙醇胺分步由 ATP、CTP 供能及酶催化生成 CDP-乙醇胺；CDP-乙醇胺与甘油二酯反应生成磷脂酰乙醇胺。磷脂酰乙醇胺可由 *S*-腺苷甲硫氨酸提供甲基而转化为磷脂酰胆碱。磷脂酰胆碱也可独立合成。甘油磷脂合成的基本反应过程如图 6-5 所示。

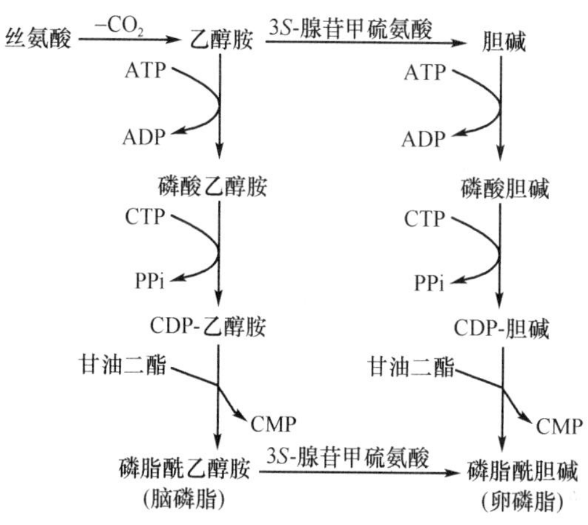

图 6-5 甘油磷脂合成的基本过程

（二）甘油磷脂的分解

甘油磷脂中的不同酯键，可分别被体内的磷脂酶 A_1、磷脂酶 A_2、磷脂酶 B、磷脂酶 C、磷脂酶 D 催化水解，生成脂肪酸、胆碱或乙醇胺、磷酸、甘油等物质。这些物质可氧化分解或被机体再利用。

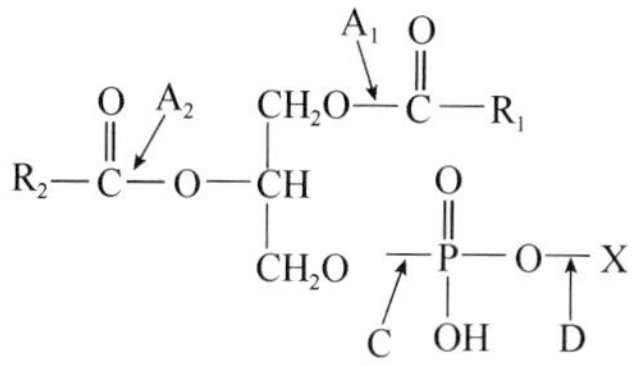

链接

蛇 毒

磷脂酶 A_2 水解磷脂，生成溶血磷脂。溶血磷脂能破坏红细胞膜的结构，引起溶血和细胞坏死，故得名。某些蛇毒中含有磷脂酶 A_2，因此蛇毒进入人体时表现出大量溶血症状。临床上也可以利用蛇毒的溶血作用治疗血栓。

（三）磷脂代谢与脂肪肝

脂肪肝是肝内脂肪过量积存的现象。正常人的肝内脂类含量占细胞重量的 4%～7%，其中一半为脂肪。若肝中脂类含量超过 10%，且以脂肪为主时称为脂肪肝。形成脂肪肝的原因主要有以下几方面。

1. 肝内脂肪来源过多 如长期的高糖高脂饮食，肝中脂肪合成过多。

2. 合成磷脂的原料不足 磷脂是极低密度脂蛋白（VLDL）的组成成分。缺乏胆碱或胆胺等合成磷脂的原料，磷脂合成减少，导致 VLDL 生成障碍，使肝细胞内脂肪运出困难而积存。临床上常用磷脂及其合成原料（丝氨酸、甲硫氨酸、胆碱、乙醇胺等）以及有关辅助因子（叶酸、维生素 B_{12}、ATP 及 CTP 等）来防治脂肪肝。

3. 肝功能受损 肝病、中毒、感染、酗酒等原因均可引起肝功能降低，导致肝分解脂肪酸和合成脂蛋白的能力下降，肝内脂肪去路障碍。

二、胆固醇的代谢

课堂互动

日常生活中很多中老年人常常为高胆固醇血症所忧心和困扰，甚至谈胆固醇而色变。

思考：1. 哪些食物含胆固醇丰富？人体胆固醇的主要来源是食物还是自身合成？

2. 胆固醇在人体内是有害无益的物质吗？

健康成人体内含胆固醇约140g，广泛分布于全身各组织中，其中以神经组织、肾上腺皮质、卵巢中含量最高。

人体内胆固醇少量来自食物，主要来自动物性食物，如动物内脏、脑组织、蛋黄、奶油等。人体自身合成胆固醇是体内胆固醇的主要来源。

（一）胆固醇的合成

正常成年人除脑组织和成熟红细胞外，其他组织都可以合成胆固醇，每天合成的总量约1g。肝是合成胆固醇的主要器官，其合成量占胆固醇合成总量的70%～80%。

胆固醇合成的基本原料是乙酰CoA，糖、脂肪、蛋白质分解产生的乙酰CoA均可进入胆固醇合成途径。合成过程中由ATP提供能量，NADPH+H^+提供氢。胆固醇的合成过程复杂，有近30步反应（图6-6）。

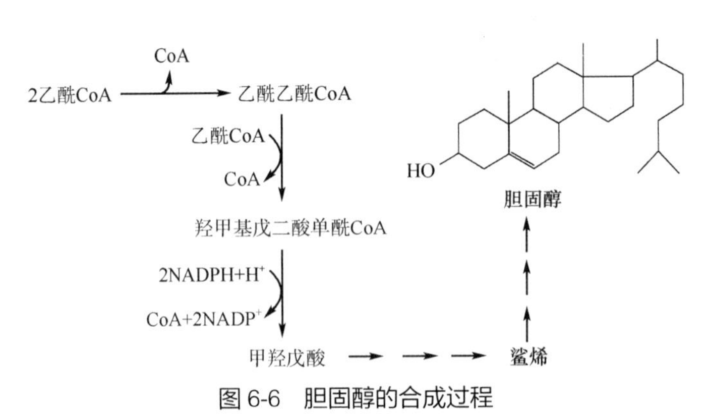

图6-6　胆固醇的合成过程

（二）胆固醇的酯化

细胞内和血浆中的胆固醇都可以酯化为胆固醇酯。

血浆脂蛋白中的胆固醇，在卵磷脂-胆固醇酯酰转移酶（LCAT）催化下，接受卵磷脂分子上的脂酰基（一般多是不饱和脂酰基）生成胆固醇酯。

$$\text{卵磷脂} + \text{胆固醇} \xrightarrow{\text{LCAT}} \text{胆固醇酯} + \text{溶血卵磷脂}$$

正常情况下，血浆胆固醇和胆固醇酯的比例约为1：3。当肝细胞受损时，血液中LCAT含量减少，致使血浆胆固醇酯含量下降。因此，临床通过测定血浆两者比例，可了解肝功能情况。

（三）胆固醇的转化与排泄

胆固醇在体内不能氧化供能，所以不是体内的能源物质，但可转变为具有重要生理功能的类固醇物质。

1. 转变为胆汁酸　胆固醇在体内的主要代谢去路是在肝中转变为胆汁酸，后者以胆汁酸盐的形式随胆汁排入肠道，促进脂类物质的消化吸收。胆汁酸对胆汁中的胆固醇也具有助溶作用。

2. 转变为类固醇激素　在肾上腺皮质和性腺中，胆固醇可转变为肾上腺皮质激素和性激素（在卵巢中可转变为雌激素和孕激素；在睾丸中可转变为雄性激素）。

3. 转变为维生素 D_3　胆固醇在肝、小肠黏膜、皮肤等处可被氧化成7-脱氢胆固醇，随血液循环运输至皮肤并储存。7-脱氢胆固醇在皮下经紫外线照射即转变为维生素D_3。维生素D_3活化后对钙、磷代谢具有调节作用。

4. 胆固醇的排泄 体内胆固醇可随胆汁进入肠道，少量被重吸收，大部分被肠道细菌还原为粪固醇随粪便排出。

考点：胆固醇的转化

第4节 血脂与血浆脂蛋白

一、血 脂

（一）血脂的组成和含量

血浆中各种脂类物质总称为血脂，包括甘油三酯（TG）、磷脂（PL）、胆固醇（Ch）、胆固醇酯（CE）及游离脂肪酸（FFA）。总胆固醇（TC）包括游离胆固醇和胆固醇酯。

血浆中脂类虽仅占全身脂类总量的极少部分，但血脂转运于全身各组织之间，可以反映体内脂类物质的代谢情况。因此测定血脂含量是临床生化检验的常规项目，可用于辅助诊断疾病。正常成人空腹12～14小时血脂组成及正常参考值见表6-1。

表6-1 正常人空腹血脂组成及正常参考值

组成	血浆含量		空腹时主要来源
	mg/dl	mmol/L	
脂类总量	400～700		
甘油三酯	10～150	0.11～1.69	肝
总磷脂	150～250	48.44～80.73	肝
总胆固醇	100～250	2.59～6.47	肝
胆固醇酯	70～200	1.81～5.17	
游离胆固醇	40～70	1.03～1.81	
游离脂肪酸	5～20	0.20～0.80	脂肪组织

考点：血脂的成分

（二）血脂的来源和去路

1. 血脂的来源 ①从食物中摄取经消化吸收进入血液的脂类；②体内肝脏、脂肪及其他组织合成后释放入血的脂类；③脂肪组织中的脂肪在脂肪酶的催化下，水解释放进入血液的脂类。

2. 血脂的去路 ①甘油三酯和脂肪酸氧化分解供给机体能量；②磷脂、胆固醇参与生物膜的组成；③胆固醇转变为类固醇激素等生理活性物质；④甘油三酯进入脂库储存（图6-7）。

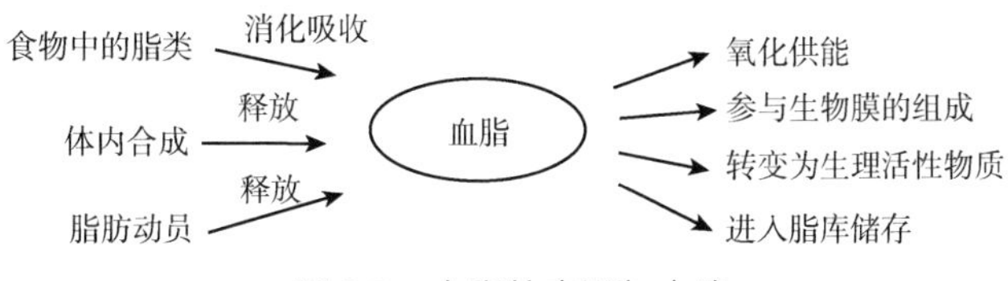

图6-7 血脂的来源与去路

二、血浆脂蛋白

脂类物质难溶于水，在血浆中必须与蛋白质结合才能顺利运输及代谢。其中甘油三酯、磷脂、胆固醇及胆固醇酯与载脂蛋白结合成血浆脂蛋白；而游离脂肪酸则与清蛋白结合成脂清蛋白。因此，脂类物质在血液中运输的主要形式是血浆脂蛋白。

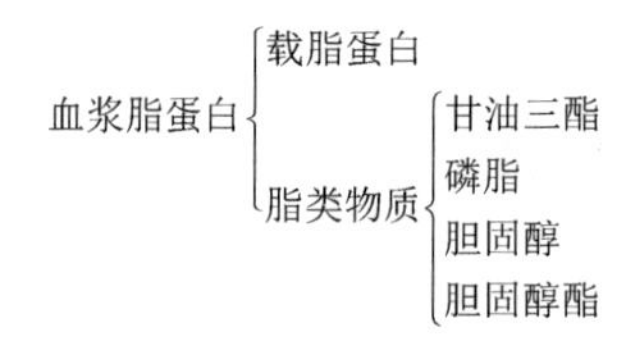

各种脂蛋白都具有相似的基本结构，呈球状。内部是脂肪、胆固醇等分子的疏水基团，表面是蛋白质、磷脂等分子的亲水基团，使得脂蛋白能直接溶于血浆而运输。

（一）血浆脂蛋白的分类

1. 密度分离法（超速离心法） 由于不同脂蛋白中所含各脂类物质和蛋白质的比例有差异，故密度高低有所不同。含甘油三酯多的脂蛋白密度低，含甘油三酯少的脂蛋白密度高。取血浆置于一定密度的盐溶液中，采用约 50 000r/min 的超速离心，其所含的脂蛋白按密度由低到高可分离为：乳糜微粒（CM）、极低密度脂蛋白（VLDL）、低密度脂蛋白（LDL）、高密度脂蛋白（HDL）。

2. 电泳分离法 由于不同脂蛋白中载脂蛋白的种类和含量不同，其表面所带电荷多少及颗粒大小也不同，因此，在电场中电泳时迁移速度就有所差别。血浆脂蛋白从负极向正极迁移分离，按迁移速度由慢到快分为：乳糜微粒、β-脂蛋白、前 β-脂蛋白、α-脂蛋白（图 6-8）。

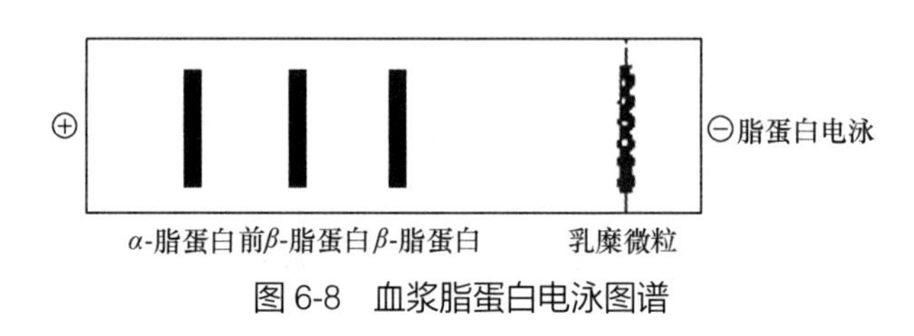

图 6-8 血浆脂蛋白电泳图谱

两种分离法所得血浆脂蛋白的对应关系如图 6-9 所示。

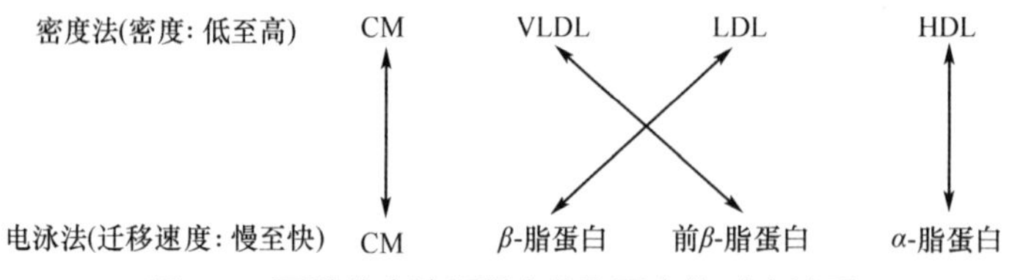

图 6-9 两种分离法所得血浆脂蛋白的对应关系

（二）血浆脂蛋白的功能

1. 乳糜微粒（CM） CM 是由小肠黏膜细胞吸收食物中的外源性脂类物质与载脂蛋白一起形成，形成后经淋巴管进入血液循环。CM 是含甘油三酯最高的一类血浆脂蛋白，当其随血液流经肌肉和脂肪等组织毛细血管处时，其中的甘油三酯可被血管内皮细胞表面的脂蛋白脂肪酶水解，颗粒逐渐变小，最后残余颗粒被肝细胞摄取。正常情况下，饭后血浆中 CM 含量高，空腹时几乎没有。所以，CM 的主要功能是转运外源性甘油三酯。

2. 极低密度脂蛋白（VLDL） VLDL 是由肝细胞合成的，主要功能是将肝脏合成的内源性甘油三酯转运到肝外组织。VLDL 中甘油三酯含量较高，当其随血液流经肌肉和脂肪等组织毛细血管处时，其中的甘油三酯可很快被脂蛋白脂肪酶水解，因此，正常人空腹时血浆中此类脂蛋白很少。VLDL 合成障碍时，甘油三酯不能正常转运出肝脏，在肝脏堆积过多可造成脂肪肝。

3. 低密度脂蛋白（LDL） LDL 是由 VLDL 转变而来。当 VLDL 随血液循环到毛细血管处时，其中甘油三酯可被脂蛋白脂肪酶反复催化水解，颗粒逐渐变小，组成发生改变，最后转变为富含胆固醇的 LDL。此种脂蛋白是正常人空腹时血浆中含量最高的脂蛋白，约占血浆脂蛋白总量的 2/3。

LDL 的主要功能是将肝合成的内源性胆固醇转运到肝外组织。血浆 LDL 含量增高，可使过多的胆固醇沉积在动脉血管内皮细胞而诱发动脉粥样硬化。

4. 高密度脂蛋白（HDL） HDL 主要由肝合成，小肠也可合成。正常人空腹血浆 HDL 约占血浆脂蛋白总量的1/3。

HDL的主要功能是将肝外组织细胞内的胆固醇逆向转运到肝中进行代谢。通过这种机制，可清除外周组织中的胆固醇，防止胆固醇沉积在动脉管壁和其他组织中。因此，HDL具有抗动脉粥样硬化的作用。

各种血浆脂蛋白的密度、组成特点及主要功能如表6-2所示。

表6-2 血浆脂蛋白的密度、组成特点和主要功能

分类（密度法）	密度（g/cm³）	组成特点（%）				主要生理功能
		蛋白质	甘油三酯	胆固醇	磷脂	
乳糜微粒	＜0.96	1～2	80～95	2～7	6～9	转运外源性甘油三酯
极低密度脂蛋白	0.96～1.01	5～10	50～70	10～15	10～15	转运内源性甘油三酯
低密度脂蛋白	1.01～1.06	20～25	10	45～50	20	转运胆固醇（肝内→肝外）
高密度脂蛋白	1.06～1.21	45～50	5	20～22	30	转运胆固醇（肝外→肝内）

考点：血浆脂蛋白的组成和生理功能

三、高脂血症

经多次测定，血脂中一种成分或几种成分含量高于正常值上限，称为高脂血症，分为高甘油三酯血症和高胆固醇血症。由于血脂主要是以血浆脂蛋白的形式存在，故高脂血症即为高脂蛋白血症。临床上按病因将高脂血症分为原发性和继发性两类：原发性高脂血症主要与遗传因素有关，常因脂蛋白代谢过程中某些酶或某些受体、载脂蛋白先天性缺乏而引起；继发性高脂血症主要由糖尿病、肾病、肝病、甲状腺功能减退症等疾病所致。高脂血症是导致动脉粥样硬化、冠心病、脑血管意外等发生的危险因素。

第5节 脂类药物

一、脂类药物的作用

脂类药物是一些具有重要生化、生理、药理效应的脂类化合物，有较好的预防和治疗疾病的作用。

（一）磷脂类药物的作用

磷脂类药物主要有卵磷脂和脑磷脂，具有增强神经元功能和调节高级神经元活动的作用；又是血浆脂肪的良好乳化剂，有促进胆固醇和脂肪运输的作用。临床上用于治疗神经衰弱和防治动脉粥样硬化等。卵磷脂还可用于肝炎、脂肪肝及其引起的营养不良、消瘦、贫血等。

（二）色素类药物的作用

色素类药物有胆红素、胆绿素、血红素、原卟啉、血卟啉及其衍生物。胆红素为抗氧化剂，有清除氧自由基的功能，用于消炎，也是人工牛黄的重要成分；原卟啉可促进细胞呼吸，改善肝脏代谢功能，临床上用于治疗肝炎；血卟啉及其衍生物为光敏化剂，可在癌细胞中潴留，是激光治疗癌症的辅助剂。

（三）不饱和脂肪酸类药物的作用

不饱和脂肪酸类药物包括前列腺素、亚油酸、亚麻酸、二十碳五烯酸（EPA）、二十二碳六烯酸（DHA）等。前列腺素具有收缩子宫平滑肌、扩张小血管、抑制胃酸分泌、保护胃黏膜等作用。亚油酸、亚麻酸、EPA和DHA均有调节血脂、抑制血小板聚集、扩张血管等作用，可防治高脂血症、动脉粥样硬化和冠心病。

（四）胆酸类药物的作用

胆酸类化合物是人及动物肝脏产生的甾体化合物，对肠道脂肪起乳化作用，促进脂肪消化吸收，同时促进肠道正常菌群繁殖，抑制致病菌生长，保持肠道正常功能。胆汁钠用于治疗胆囊炎、胆汁缺乏症及消化不良等；鹅去氧胆酸及熊去氧胆酸均具有溶胆石的作用，可用于胆石症的治疗；熊去氧胆酸还可用于治疗高血压、急性及慢性肝炎、肝硬化及肝中毒等。

（五）固醇类药物的作用

固醇类药物包括胆固醇、麦角固醇及 *β*-谷固醇。胆固醇是人工牛黄、多种甾体激素及胆酸的原料，是机体细胞膜不可缺少的成分；麦角固醇是机体维生素 D_2 的原料；*β*-谷固醇具有调节血脂、抗炎、解热、抗肿瘤及免疫调节等功能。

（六）人工牛黄的作用

人工牛黄是根据天然牛黄的组成而人工合成的脂类药物，主要成分为胆红素、胆酸、猪胆酸、胆固醇及无机盐等，具有清热、解毒、祛痰及抗惊厥等作用，临床上用于治疗热病谵狂、神昏不语、小儿惊风、咽喉肿胀等，外用治疗疥疮及口疮等。

二、脂类药物的分类

根据脂类药物的化学结构和组成，脂类药物可分为以下六类。

（1）脂肪类：如亚油酸、亚麻酸、花生四烯酸、二十碳五烯酸等。

（2）磷脂类：如卵磷脂、脑磷脂。

（3）糖苷脂类：如神经节苷脂。

（4）萜式脂类：如鲨烯。

（5）固醇及类固醇类：如胆固醇、*β*-谷固醇、胆酸、胆汁酸等。

（6）其他：胆红素、人工牛黄等。

（柳晓燕）

自测题

一、名词解释

1. 可变脂　2. 固定脂　3. 必需脂肪酸　4. 脂肪动员
5. 脂肪酸的氧化　6. 酮体　7. 血脂　8. 高脂血症

二、单项选择题

1. 抑制脂肪动员的激素是（　　）
   A. 肾上腺素　B. 去甲肾上腺素
   C. 胰高血糖素　D. 胰岛素
   E. 生长素
2. 脂肪酸 *β*-氧化的四步反应为（　　）
   A. 脱氢、加水、再脱氢、硫解
   B. 缩合、脱氢、加水、脱氢
   C. 缩合、还原、脱水、还原
   D. 脱氢、加水、脱氢、缩合
   E. 还原、脱水、还原、硫解
3. 脂肪酸 *β*-氧化的终产物是（　　）
   A. 乙酰 CoA　B. 脂酰 CoA
   C. 丙酮酸　D. CO_2+H_2O
   E. 乳酸
4. 1 分子硬脂酸（18C）彻底氧化需经几次 *β*-氧化、几次三羧酸循环、生成多少分子 ATP（　　）
   A. 7，8，122　B. 7，8，120
   C. 8，9，122　D. 8，9，120
   E. 9，9，122
5. 以下哪种情况可导致肝内酮体生成增多（　　）
   A. 剧烈运动　B. 高蛋白饮食
   C. 高糖饮食　D. 肝功能损伤
   E. 严重糖尿病
6. 长期饥饿时脑组织的能量主要来自（　　）
   A. 脂肪酸的氧化　B. 氨基酸的氧化
   C. 葡萄糖的氧化　D. 酮体的氧化
   E. 甘油的氧化
7. 体内脂肪酸和胆固醇合成的供氢体是（　　）
   A. $FADH_2$　B. $FMNH_2$
   C. $NADH+H^+$　D. $NADPH+H^+$
   E. $CoQH_2$
8. 脂肪酸分解产生的乙酰 CoA 的代谢去路是（　　）

A. 氧化供能　　B. 合成脂肪酸
C. 合成酮体　　D. 合成胆固醇
E. 以上都是

9. 某男，肥胖，喜油腻，运动少，有中度脂肪肝。下列说法错误的是（　　）
A. 可使用胆碱、乙醇胺防治脂肪肝
B. 不可使用磷脂防治脂肪肝
C. 可使用叶酸、维生素 B_{12} 防治脂肪肝
D. 应适量运动
E. 应减少动物油脂的摄入

10. 体内合成胆固醇的主要器官是（　　）
A. 小肠　　B. 肾
C. 肝　　D. 脑
E. 肺

11. 体内胆固醇代谢的主要去路是（　　）
A. 转变为胆汁酸　　B. 转变成类固醇激素
C. 转变为维生素 D_3　　D. 转变为酮体
E. 转变为胆固醇酯

12. 空腹血脂通常是指餐后多少小时的血浆脂质含量（　　）
A. 2～4 小时　　B. 6～8 小时
C. 8～10 小时　　D. 12～14 小时
E. 16 小时以上

13. 正常人空腹血浆中没有哪种脂蛋白（　　）
A. CM　　B. VLDL
C. LDL　　D. HDL
E. LDL 和 VLDL

14. 血浆脂蛋白中主要负责转运内源性甘油三酯的是（　　）
A. CM　　B. VLDL
C. LDL　　D. HDL
E. CM 和 VLDL

15. 血浆中哪种脂蛋白水平高的人群，动脉粥样硬化的发生率较低（　　）
A. CM　　B. VLDL
C. LDL　　D. HDL
E. LDL 和 HDL

三、多项选择题

1. 脂肪的生理功能有（　　）
A. 储能供能　　B. 构成生物膜
C. 维持体温　　D. 保护内脏
E. 促进脂溶性维生素的吸收

2. 下列属于营养必需脂肪酸的是（　　）
A. 软脂酸　　B. 硬脂酸
C. 亚油酸　　D. 亚麻酸
E. 花生四烯酸

3. 下面有关酮体的叙述正确的是（　　）
A. 在肝中生成利用
B. 是糖代谢障碍时体内才能够生成的一类物质
C. 是肝输出脂类能源的一种形式
D. 可通过血脑屏障进入脑组织
E. 包括乙酰乙酸、β-羟丁酸和丙酮

4. 形成脂肪肝的原因主要有（　　）
A. 肝内脂肪来源过多　　B. 长期的高糖高脂饮食
C. 合成磷脂的原料不足　　D. 肝功能受损
E. 长期饥饿

5. 血脂的去路主要有（　　）
A. 氧化供能　　B. 参与生物膜的组成
C. 转变为生理活性物质　　D. 合成糖原储存
E. 进入脂库储存

6. 关于 LDL 的叙述正确的是（　　）
A. 在血浆中由 VLDL 转变而来
B. 是正常人空腹血浆中主要的脂蛋白
C. 含量升高时，血中胆固醇水平也升高
D. 含量高于正常，动脉粥样硬化的危险性提高
E. 主要功能是将肝合成的内源性胆固醇转运到肝外组织

7. 肝脏在脂类代谢中的作用有（　　）
A. 合成脂肪　　B. 合成磷脂
C. 合成胆固醇　　D. 合成酮体
E. 合成 VLDL 和 HDL

四、填空题

1. 脂类包括脂肪和类脂。脂肪是由 1 分子________和 3 分子________构成，类脂包括________、________、________、________。

2. 酮体在________中合成，运输至________进行分解利用，包括________、________、________三种物质。在糖供应不足时，酮体可代替葡萄糖成为脑等组织的主要能源。

3. 胆固醇在体内可以转变为________、________、________等多种生理活性物质。

4. 脂类物质在血液中运输的主要形式是________，由________、________、________、________与载脂蛋白结合形成。游离脂肪酸与________结合而运输。

五、简答题

1. 简述饥饿或糖尿病患者出现酮症酸中毒的原因。
2. 简述血浆脂蛋白的基本结构特点和主要生理功能。

第7章 氨基酸代谢

蛋白质是人体必需的六大营养物质之一，其基本组成单位是氨基酸，蛋白质在体内先分解为氨基酸，再进行进一步代谢，所以氨基酸代谢是蛋白质分解代谢的中心内容。

第1节　蛋白质的营养作用

一、蛋白质的生理功能

（一）维持组织细胞的生长、更新和修复

蛋白质是机体组织细胞的主要结构成分，是细胞中除水以外含量最高的物质。机体的生长发育、组织细胞的更新以及受损组织细胞的修复都需要蛋白质的参与。因此，人体每日都必须从食物中摄取一定量的蛋白质，对生长发育时期的儿童、青少年、孕妇提供充足的优质蛋白质尤为重要。

（二）参与重要的生理功能

蛋白质参与体内各种生理活动，如催化代谢反应的酶、参与机体防御功能的抗体都是蛋白质。此外，肌肉收缩、物质运输、代谢调节、血液凝固、遗传与变异等生理功能也是由蛋白质来实现的。

（三）氧化供能

蛋白质在体内分解为氨基酸后，经脱氨基作用生成的 α-酮酸可以直接或间接进入三羧酸循环氧化供能。一般成人每日有10%～15%的能量来自蛋白质，氧化供能是蛋白质的次要生理功能。

考点：蛋白质的生理功能

链接

人体必需的营养物质

营养物质是指能够维持机体正常的生命活动、保证机体生长、发育及繁殖等功能的外源物质。营养物质具有提供能量、构建和修复机体组织以及调节机体生理功能的作用。人体必需的营养物质有六大类：糖类、脂类、蛋白质、水、无机盐和维生素。一些科学家把纤维素称为人体的“第七营养素”，其具有促进胃肠蠕动及通便等作用。

二、蛋白质的需要量

每日摄入多少蛋白质才能满足机体的需要呢？研究机体蛋白质需要量可根据氮平衡的实验来衡量。

（一）氮平衡

氮平衡是指人体每日摄入氮量与排出氮量之间的对比关系。摄入的氮量主要来源于食物中的蛋白质，主要用于体内蛋白质的合成；排出的氮量主要来源于粪便和尿液中的含氮化合物，主要是体内蛋白质分解代谢的产物。所以，氮平衡的测定可反映体内蛋白质合成与分解的代谢状况。氮平衡可分为以下三种类型。

1. 总氮平衡　摄入氮=排出氮，表明体内蛋白质的合成与分解处于动态平衡。总氮平衡见于营养正常的健康成年人。

2. 正氮平衡　摄入氮>排出氮，表明体内蛋白质的合成大于分解，部分摄入的氮用于合成体内新增加的组织蛋白质。正氮平衡见于婴幼儿、儿童、青少年、孕妇、乳母及恢复期患者。

3. 负氮平衡　摄入氮<排出氮，表明体内蛋白质的合成小于分解。负氮平衡常见于饥饿及消耗性疾病患者。

临床对于不能进食、营养不良，严重腹泻及术后患者，为了保证其机体氨基酸的需要量，维持氮平衡，应从静脉进行混合氨基酸的输液。

考点：氮平衡的概念、类型及常见人群

（二）蛋白质的需要量

根据氮平衡实验计算，健康成人（以60kg体重为例）在不进食蛋白质时，每天最低分解蛋白质约 20g。由于与人体蛋白质在组成上的差异，食物蛋白不可能全部被吸收利用，故成人每天最少需要蛋白质30～50g。为了长期维持总氮平衡，我国营养学会推荐成人每日蛋白质需要量为80g。婴幼儿、儿童、青少年、孕妇、乳母及恢复期患者等特殊人群还应适当增加蛋白质的供给量。

三、蛋白质的营养价值

课堂互动

随着生活水平的提高，日常生活中，人们不仅要吃得饱，还要讲究吃得科学。

思考：1. 如果让你做一顿营养丰富的粥，你认为单独煮大米粥、小米粥、玉米粥好，还是将以上几种米一起再加入一定的豆类混合搭配来煮好，为什么？

2. 现在流行素食风，你赞成吗？为什么？

（一）必需氨基酸

组成人体蛋白质的氨基酸有20种，其中有8种人体不能合成，必须从食物中摄取，称为必需氨基酸，包括异亮氨酸、甲硫氨酸、缬氨酸、亮氨酸、色氨酸、苯丙氨酸、苏氨酸和赖氨酸。其他12种氨基酸人体可以合成，不必依赖食物供给，称为非必需氨基酸。

链接

必需氨基酸的记忆口诀

人体必需氨基酸有8种，可采用下面两种谐音法记忆。①“携一两本淡色书来”：“携”缬氨酸，“一”异亮氨酸，“两”亮氨酸，“本”苯丙氨酸，“淡”蛋氨酸（甲硫氨酸），“色”色氨酸，“书”苏氨酸，“来”赖氨酸。②“一家写两三本书来”：“一”异亮氨酸，“家”甲硫氨酸（蛋氨酸），“写”缬氨酸，“两”亮氨酸，“三”色氨酸，“本”苯丙氨酸，“书”苏氨酸，“来”赖氨酸。

考点：必需氨基酸的概念、种类

（二）食物蛋白质营养价值的评价

食物蛋白质营养价值的高低主要取决于其所含必需氨基酸的种类、数量和比例是否与人体所需要的相接近。与人体所需要的越接近，蛋白质的吸收利用率越大，营养价值就越高。一般来说，动物蛋白质所含必需氨基酸的种类、数量和比例与人体所需要的更接近，故动物蛋白质营养价值高于植物蛋白质。

考点：食物蛋白质营养价值评价标准

（三）蛋白质的互补作用

将几种营养价值较低的蛋白质混合食用，必需氨基酸可以互相补充，从而提高蛋白质的营养价值，称为食物蛋白质的互补作用。例如，谷类蛋白质含赖氨酸较少而含色氨酸较多，豆类蛋白质则含赖氨酸较多而含色氨酸较少，两者混合食用，可使这两种必需氨基酸的含量互相补充，在比例上更接近人体的需要，提高两者的营养价值。所以我们平时的膳食种类应多样化，合理化。

考点：蛋白质互补作用的概念

第 2 节　氨基酸的一般代谢

一、氨基酸的代谢概况

食物蛋白质经消化而被吸收的氨基酸，与体内组织蛋白分解产生的氨基酸及体内合成的非必需氨基酸混合在一起，分布于体液中，称为氨基酸代谢库。代谢库中的氨基酸有四条去路：①合成组织蛋白质，这是氨基酸的主要去路；②经脱氨基作用生成氨和相应的 *α*-酮酸，这是氨基酸分解代谢的主要去路；③经脱羧基作用生成胺和 CO_2；④转变为其他含氮化合物。正常情况下代谢库中氨基酸的来源和去路保持动态平衡。氨基酸的代谢概况见图 7-1。

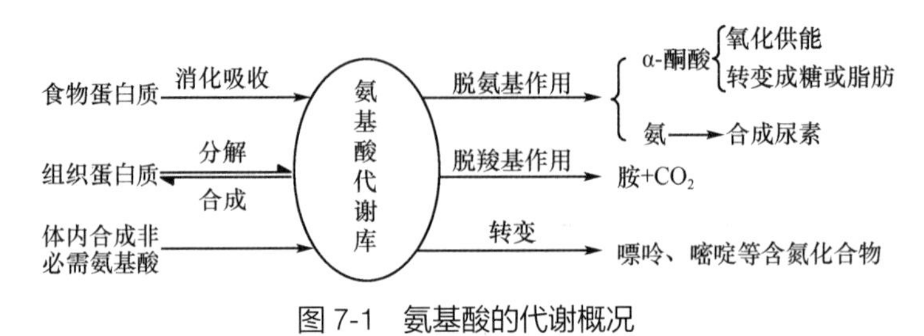

图 7-1　氨基酸的代谢概况

二、氨基酸的脱氨基作用

氨基酸的脱氨基作用在体内大多数组织中均可进行，方式有氧化脱氨基作用、转氨基作用和联合脱氨基作用三种，其中以联合脱氨基作用最为重要。

考点：氨基酸脱氨基作用的方式

（一）氧化脱氨基作用

氧化脱氨基作用是指氨基酸在氨基酸氧化酶的催化下脱氢氧化的同时脱去氨基的过程。体内有多种氨基酸氧化酶，但以 *L*-谷氨酸脱氢酶最为重要。该酶辅酶是 NAD^+或 $NADP^+$，反应是可逆的，逆反应是合成非必需氨基酸的途径之一。

$$\underset{L\text{-谷氨酸}}{\begin{matrix}COOH\\|\\(CH_2)_2\\|\\CHNH_2\\|\\COOH\end{matrix}} \underset{NAD^+ \quad NADH+H^+}{\overset{L\text{-谷氨酸脱氢酶}}{\rightleftharpoons}} \underset{\text{亚谷氨酸}}{\begin{matrix}COOH\\|\\(CH_2)_2\\|\\C{=}NH\\|\\COOH\end{matrix}} \underset{-H_2O}{\overset{+H_2O}{\rightleftharpoons}} \underset{\alpha\text{-酮戊二酸}}{\begin{matrix}COOH\\|\\(CH_2)_2\\|\\C{=}O\\|\\COOH\end{matrix}} \quad +NH_3$$

L-谷氨酸脱氢酶主要分布于肝、肾和脑等组织中，活性高，特异性强，但在骨骼肌和心肌组织中活性较弱。

（二）转氨基作用

在氨基转移酶（也称转氨酶）的催化下，一种 *α*-氨基酸脱去氨基生成相应的 *α*-酮酸，而另一种 *α*-酮酸得到此氨基生成相应的 *α*-氨基酸，此过程称为转氨基作用。其反应通式如下：

$$\underset{\alpha\text{-氨基酸}}{\begin{matrix}R_1\\|\\H-C-NH_2\\|\\COOH\end{matrix}} + \underset{\alpha\text{-酮酸}}{\begin{matrix}R_2\\|\\C{=}O\\|\\COOH\end{matrix}} \overset{\text{氨基转移酶}}{\rightleftharpoons} \underset{\alpha\text{-酮酸}}{\begin{matrix}R_1\\|\\C{=}O\\|\\COOH\end{matrix}} + \underset{\alpha\text{-氨基酸}}{\begin{matrix}R_2\\|\\H-C-NH_2\\|\\COOH\end{matrix}}$$

此反应是可逆的，所以也是体内合成非必需氨基酸的重要途径。转氨基作用是氨基在不同氨基酸之间发生了转移，氨基并没有生成游离氨。

体内氨基转移酶种类多、分布广，其辅酶为维生素 B_6 的磷酸酯——磷酸吡哆醛和磷酸吡哆胺。体内较为重要的氨基转移酶有谷丙转氨酶（ALT）和谷草转氨酶（AST），它们分别催化下列反应：

$$\underset{\text{丙氨酸}}{\mathrm{H{-}C(CH_3)(COOH){-}NH_2}} + \underset{\alpha\text{-酮戊二酸}}{\mathrm{HOOC(CH_2)_2C{=}O(COOH)}} \underset{}{\overset{\mathrm{ALT}}{\rightleftharpoons}} \underset{\text{丙酮酸}}{\mathrm{CH_3C{=}O(COOH)}} + \underset{\text{谷氨酸}}{\mathrm{HOOC(CH_2)_2{-}C(H)(COOH){-}NH_2}}$$

$$\underset{\text{天冬氨酸}}{\mathrm{HOOCCH_2{-}C(H)(COOH){-}NH_2}} + \underset{\alpha\text{-酮戊二酸}}{\mathrm{HOOC(CH_2)_2C{=}O(COOH)}} \overset{\mathrm{AST}}{\rightleftharpoons} \underset{\text{草酰乙酸}}{\mathrm{HOOCCH_2C{=}O(COOH)}} + \underset{\text{谷氨酸}}{\mathrm{HOOC(CH_2)_2{-}C(H)(COOH){-}NH_2}}$$

氨基转移酶在体内分布广泛，但在不同组织中的活性相差很远。ALT 在肝细胞中活性最高，AST 在心肌细胞中活性最高（表 7-1）。

表 7-1　正常成人各组织中 ALT 及 AST 活性（U/g 组织）

组织	ALT	AST	组织	ALT	AST
心	7 100	156 000	胰腺	2 000	28 000
肝	44 000	14 200	脾	1 200	14 000
骨骼肌	4 800	99 000	肺	700	10 000
肾	19 000	91 000	血清	16	20

氨基转移酶属于胞内酶，正常人血清中活性很低。当某些原因使组织细胞损伤或细胞膜的通透性增高时，可有大量的氨基转移酶释放入血，造成血清中氨基转移酶活性明显升高。例如，急性肝炎患者血清 ALT 活性明显升高；心肌梗死患者血清中 AST 明显升高。因此，测定血清氨基转移酶活性的变化，可作为临床诊断疾病和估计预后的指标。

考点：氨基转移酶测定的临床意义

（三）联合脱氨基作用

由两种或两种以上的酶共同作用使氨基酸最终脱去氨基生成 α-酮酸的过程，称为联合脱氨基作用。联合脱氨基作用是体内氨基酸脱氨基作用的主要方式，分为两种类型。

1. 氨基转移酶与 *L*-谷氨酸脱氢酶的联合脱氨基作用　氨基酸与 α-酮戊二酸在氨基转移酶的作用下进行转氨基作用，生成相应的 α-酮酸和谷氨酸；谷氨酸再经 *L*-谷氨酸脱氢酶催化发生氧化脱氨基作用，释放出游离氨并重新生成 α-酮戊二酸（图 7-2）。

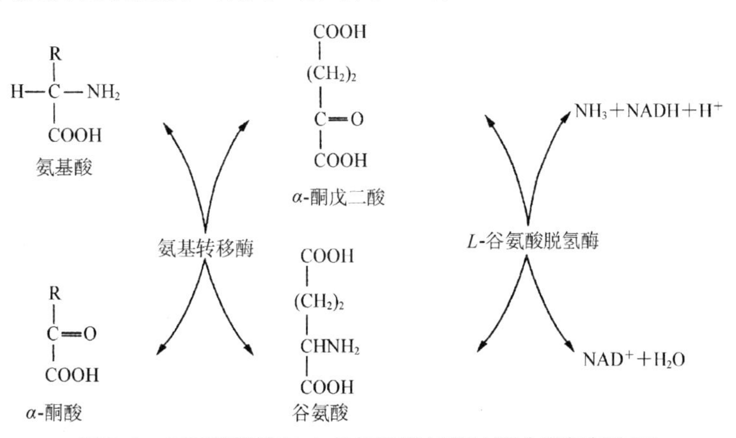

图 7-2　氨基转移酶与 *L*-谷氨酸脱氢酶的联合脱氨基作用

除肌肉组织外，体内大多数组织主要借此方式进行氨基酸的脱氨基作用。此过程为可逆反应，其逆过程也是体内合成非必需氨基酸的主要途径。

2. 嘌呤核苷酸循环 心肌、骨胳肌中 *L*-谷氨酸脱氢酶活性较低，氨基酸的脱氨基作用主要通过嘌呤核苷酸循环完成（图 7-3）。

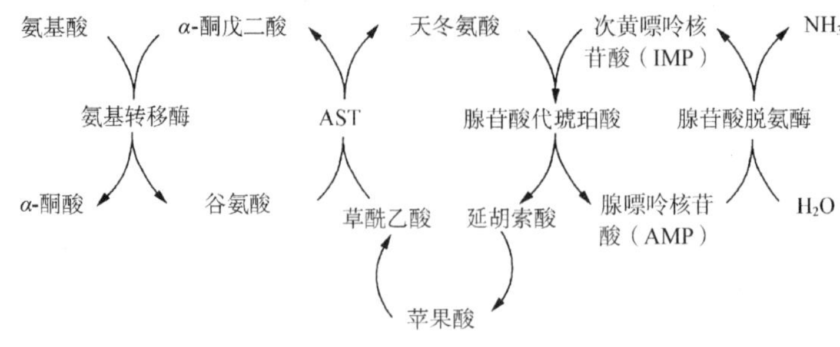

图 7-3 嘌呤核苷酸循环

三、氨 的 代 谢

案例 7-1

患者，男，52 岁，昨晚在亲戚家进食 2 个鸡蛋、约 300 克烤鸭及少量猪肉等，今晨出现昏迷，经观察 7 小时后未清醒送入医院，作头颅 CT 检查无异常，以“昏迷”收住院。据患者家属反映，该患者出现反复发作性昏迷已半年，且每次发病前均有进食高蛋白食物史。肝功能检查，血氨 150μmol/L。B 超检查示血吸虫性肝纤维化。

讨论分析： 1. 请对患者做出初步诊断。

2. 该患者出现临床症状的诱因是什么？

3. 临床上如何治疗？

氨是机体正常代谢的产物，具有一定毒性，特别是对神经组织。如给家兔注射氯化铵，当其血氨浓度达到 2.9mmol/L 时即可致死。正常情况下，体内氨不发生堆积中毒，是由于体内有较强的解除氨毒的代谢机制，使血氨的来源和去路保持动态平衡，血氨浓度维持相对恒定。正常人血浆中氨的水平很低，含量一般不超过 0.06mmol/L。

（一）氨的来源

1. 氨基酸脱氨基作用 体内氨基酸脱氨基作用是氨的主要来源。临床上对高血氨患者要限制蛋白质的补充。

2. 肠道吸收 肠道吸收的氨主要有两个来源：一是来自蛋白质腐败作用，即肠内食物中未被消化的蛋白质或未被吸收的氨基酸在肠道细菌作用下产生的氨；二是血中尿素扩散入肠腔后，经细菌尿素酶水解产生的氨。故用不被肠道吸收的抗生素，可抑制肠道细菌，减少肠道氨的产生。

每天肠道产氨约 4g，吸收部位主要在结肠，NH_3 比 NH_4^+更容易透过肠黏膜细胞而被吸收。NH_3 与 NH_4^+的互变受肠道 pH 的影响。当肠道 pH 下降时，NH_3 与 H^+结合生成 NH_4^+而扩散入肠腔，氨的吸收减少；当肠道 pH 升高时，则偏向于 NH_3 的生成，导致氨的吸收增加。因此，临床上对高血氨的患者采用酸性透析液做结肠透析，而禁止用碱性肥皂水灌肠，就是为了减少氨的吸收。

3. 肾产生 血液中的谷氨酰胺流经肾脏时，可被肾小管上皮细胞中的谷氨酰胺酶催化，水解生成谷氨酸和 NH_3。NH_3 主要被分泌到肾小管管腔中，与 H^+结合成 NH_4^+，以铵盐形式随尿排出体外。可见，酸性尿利于氨的排出；相反碱性尿会阻碍氨的排出，氨则被吸收入血，引起血氨增高。因此，临床对于肝硬化患者禁用碱性利尿药，以防止血氨升高。

4. 其他来源 胺类、嘌呤、嘧啶等含氮化合物的分解也产生少量的氨。

（二）氨的去路

1. 合成尿素 正常情况下，体内氨代谢的主要去路是在肝脏内合成无毒的尿素，经肾脏排出。

（1）合成部位：肝是合成尿素的主要器官。实验证明，肝切除的动物，血及尿中尿素含量减少，而血氨浓度升高；临床上，急性肝坏死患者的血及尿中几乎不含尿素，而血氨浓度升高。

（2）合成途径：1932 年 Krebs 等提出了鸟氨酸循环学说（也称为尿素循环）。

1）氨基甲酰磷酸的合成：NH_3 与 CO_2 首先在肝细胞线粒体内，由氨基甲酰磷酸合成酶催化，合成氨基甲酰磷酸，同时消耗 2 分子 ATP。

2）瓜氨酸的合成：在鸟氨酸氨基甲酰转移酶的催化下，将氨基甲酰基转移到鸟氨酸上生成瓜氨酸。该反应仍在线粒体内进行，生成的瓜氨酸由线粒体转运至细胞液。

3）精氨酸的合成：在细胞液中，瓜氨酸与天冬氨酸在精氨酸代琥珀酸合成酶的催化下，由 ATP 供能，合成精氨酸代琥珀酸，再经精氨酸代琥珀酸裂解酶催化，分解为精氨酸和延胡索酸。

4）尿素的生成：精氨酸在精氨酸酶的催化下，水解生成尿素和鸟氨酸。尿素是中性、无毒、水溶性极强的化合物，经血液至肾排出体外。鸟氨酸再进入线粒体，参与瓜氨酸的合成，如此反复，尿素不断合成。

鸟氨酸循环见图 7-4。

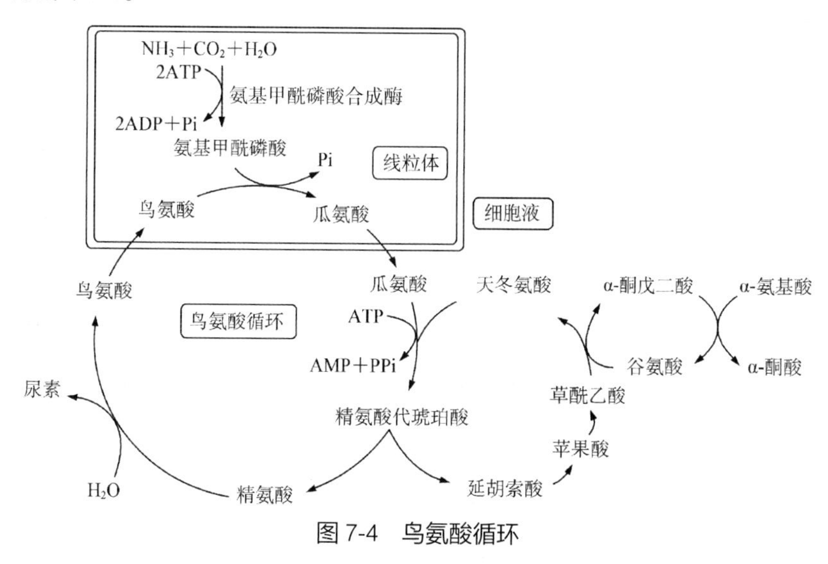

图 7-4　鸟氨酸循环

尿素分子中含两个氮原子，一个来自氨基酸的脱氨基作用生成的 NH_3；另一个由天冬氨酸提供，而天冬氨酸又可由多种氨基酸通过转氨基作用生成。因此尿素分子中的两个氮原子相当于来自两个氨基酸分子脱下的 NH_3。尿素的合成是一个耗能的过程，鸟氨酸循环每进行一次可使 2 分子 NH_3 和 1 分子 CO_2 结合生成 1 分子尿素，同时消耗 3 分子 ATP（4 个高能磷酸键）。

鸟氨酸、瓜氨酸和精氨酸对尿素合成有促进作用，故临床上常给予精氨酸治疗高血氨。

鸟氨酸循环具有重要的生理意义：肝脏通过鸟氨酸循环将有毒的氨转化为无毒的尿素，经肾脏排出体外，这是机体解氨毒的主要方式。

2. 合成谷氨酰胺　在脑、肌肉和肝等组织中，由 ATP 提供能量，经谷氨酰胺合成酶催化，有毒的氨与谷氨酸合成无毒的谷氨酰胺，经血液输送到肝或肾，再经谷氨酰胺酶水解为谷氨酸和氨。氨在肝中可合成尿素，在肾中则以铵盐形式随尿排出体外。所以谷氨酰胺的生成不仅参与蛋白质的生物合成，而且也是体内储氨、运氨以及解氨毒的一种重要方式。临床上对肝性脑病患者可服用或输入谷氨酸盐以降低血氨的浓度。

$$\underset{\text{谷氨酸}}{HOOC-CH_2-CH_2-CH(NH_2)-COOH} \xrightleftharpoons[\text{谷氨酰胺酶}\ (+H_2O,\ -NH_3)]{\text{谷氨酰胺合成酶}\ (+NH_3,\ ATP \rightarrow ADP+Pi)} \underset{\text{谷氨酰胺}}{H_2NOC-CH_2-CH_2-CH(NH_2)-COOH}$$

3. 其他代谢途径 体内的氨可通过联合脱氨基作用的逆反应过程合成某些非必需氨基酸。此外，氨还可以参与嘌呤、嘧啶等含氮化合物的合成。

考点：血氨的来源和去路

（三）高血氨和氨中毒

在正常生理状态下，血氨的来源与去路保持动态平衡，血氨浓度维持较低水平。氨在肝内合成尿素是维持这种平衡的关键。当肝功能严重受损时，尿素合成障碍，血氨浓度升高，导致高血氨。

氨可通过血脑屏障进入脑细胞，与 α-酮戊二酸结合生成谷氨酸，并可进一步与谷氨酸结合生成谷氨酰胺。故脑中氨的增加可消耗过多的 α-酮戊二酸，导致三羧酸循环减弱，ATP 生成减少，引起脑组织因供能不足而出现功能障碍，严重时可发生昏迷，称为肝昏迷，也称肝性脑病。

考点：高血氨的概念、肝性脑病的生化机制

四、α-酮酸的代谢

氨基酸经脱氨基作用生成的 α-酮酸有以下三条代谢途径。

（一）合成非必需氨基酸

α-酮酸经转氨基作用或联合脱氨基作用的逆反应过程，可重新合成相应的非必需氨基酸。

（二）转变为糖或脂类

体内大多数氨基酸脱氨基后生成的 α-酮酸可经糖异生作用转变为糖，这些氨基酸称为生糖氨基酸，如丙氨酸、组氨酸、甲硫氨酸等。能转变为酮体的氨基酸称为生酮氨基酸，如亮氨酸和赖氨酸。既可转变为糖也能转变为酮体的氨基酸称为生糖兼生酮氨基酸，如苯丙氨酸、酪氨酸、色氨酸、苏氨酸、异亮氨酸。

（三）氧化供能

α-酮酸在体内可通过三羧酸循环和氧化磷酸化彻底氧化生成 CO_2 和 H_2O，并释放能量。

第 3 节　个别氨基酸的代谢

一、氨基酸的脱羧基作用

（一）胺的生成

某些氨基酸可在氨基酸脱羧酶的催化作用下脱去羧基，生成相应的胺类化合物。

$$\underset{\text{氨基酸}}{R-\underset{\substack{|\\NH_2}}{CH}-COOH} \xrightarrow[\text{（磷酸吡哆醛）}]{\text{氨基酸脱羧酶}} \underset{\text{胺类}}{R-CH_2NH_2} + CO_2$$

不同的氨基酸需其特异的脱羧酶催化，辅酶是磷酸吡哆醛，生成的胺类各不相同，它们在生理浓度时，常具有重要的生理作用。若这些物质在体内蓄积，可引起神经系统及心血管系统的功能紊乱。体内广泛存在着胺氧化酶，催化胺类物质被氧化清除。

（二）几种重要的胺类物质

1. γ-氨基丁酸（GABA） 谷氨酸在谷氨酸脱羧酶作用下脱羧生成 γ-氨基丁酸。

GABA 是抑制性神经递质，对中枢神经有抑制作用。维生素 B_6 可提高谷氨酸脱羧酶的活性，增加 GABA 在脑部的含量，维生素 B_6 临床上常用于妊娠呕吐和小儿惊厥的治疗。

$$\underset{\text{谷氨酸}}{\begin{array}{c}COOH\\|\\(CH_2)_2\\|\\H-C-NH_2\\|\\COOH\end{array}} \xrightarrow[\text{磷酸吡哆醛}]{\text{谷氨酸脱氢酶}} \underset{\gamma\text{-氨基丁酸}}{\begin{array}{c}COOH\\|\\(CH_2)_2\\|\\CN_2NH_2\end{array}} + CO_2$$

2. 组胺　组氨酸脱羧生成组胺。组胺主要由肥大细胞产生并储存，在乳腺、肺、肝、肌肉及胃黏膜中含量较高。

组胺是一种强烈的血管舒张剂，能增加毛细血管的通透性，使血压下降，严重时可致休克；也可引起支气管痉挛而发生哮喘；肥大细胞破坏，释放大量组胺，可引起过敏反应；组胺还可促进胃黏膜细胞分泌胃蛋白酶及胃酸。临床采取胃液作分析时，常给患者注射组胺。

$$\text{组氨酸} \xrightarrow{\text{组氨酸脱羧酶}} \text{组胺} + CO_2$$

3. 5-羟色胺（5-HT）　色氨酸先羟化再脱羧生成 5-羟色胺。5-羟色胺广泛分布于神经组织、胃肠、血小板、乳腺细胞中，尤其脑组织中含量较高。

脑组织中的 5-羟色胺可作为抑制性神经递质，与睡眠、疼痛和体温调节有关。在外周组织中，5-羟色胺具有收缩血管、升高血压的作用。

$$\text{色氨酸} \xrightarrow{\text{色氨酸羟化酶}} \text{5-羟色氨酸} \xrightarrow{\text{5-羟色氨酸脱羧酶}} \text{5-羟色胺}$$

考点：胺类物质的生理功能

二、一碳单位代谢

（一）一碳单位的概念

某些氨基酸在体内分解代谢的过程中产生的含有一个碳原子的基团，称为一碳单位。如甲基（$—CH_3$）、亚甲基（$—CH_2—$）、次甲基（—CH═）、甲酰基（—CHO）和亚氨甲基（—CH═NH）等，一碳单位不能游离存在。

（二）一碳单位的载体

四氢叶酸（FH_4）是一碳单位的主要载体，由叶酸还原而来。

（三）一碳单位的来源与互变

一碳单位是氨基酸代谢的产物，主要来源于丝氨酸、甘氨酸、组氨酸及色氨酸等。一碳单位生成后随即连接在 FH_4 分子上。来自不同氨基酸的一碳单位与 FH_4 结合，在酶的催化下通过氧化、还原等反应，可以互相转变。

（四）一碳单位代谢的生理意义

一碳单位的主要生理功能是作为合成嘌呤、嘧啶的原料，参与核酸的合成。所以，一碳单位代谢与细胞增殖、组织生长、机体发育等重要生物学过程密切相关。此外，一碳单位通过甲硫氨酸循环参与 S-腺苷甲硫氨酸（SAM）的合成，为体内许多重要生理活性物质的合成提供甲基。

一碳单位代谢障碍可导致 DNA、RNA 及蛋白质生物合成受阻而引起某些疾病，如巨幼红细胞性贫血。磺胺药及某些抗肿瘤药也正是通过干扰细菌及肿瘤细胞的叶酸、FH_4 的合成，来影响其一碳单位代谢进而影响核酸的合成而发挥药理作用。

考点：一碳单位的概念、载体、生理意义

三、含硫氨基酸代谢

含硫氨基酸包括甲硫氨酸（蛋氨酸）、半胱氨酸和胱氨酸。

（一）甲硫氨酸代谢

甲硫氨酸与 ATP 反应生成 *S*-腺苷甲硫氨酸（SAM），它是体内具有活泼甲基的化合物，称为活性甲硫氨酸，是体内最重要的甲基供体，可为许多重要生理活性物质的合成提供甲基，如肾上腺素、胆碱、肌酸等。

SAM 转甲基后生成 *S*-腺苷同型半胱氨酸，后者脱去腺苷生成同型半胱氨酸。同型半胱氨酸在 N^5-CH_3-FH_4 转甲基酶的催化下，由 N^5-CH_3-FH_4 提供甲基重新生成甲硫氨酸，这一循环过程称为甲硫氨酸循环（图 7-5）。

循环中催化甲硫氨酸生成的酶是 N^5-CH_3-FH_4 转甲基酶，其辅酶是维生素 B_{12}。当维生素 B_{12} 缺乏时，N^5-CH_3-FH_4 上的甲基不能转移，不仅影响甲硫氨酸的生成，同时也影响 FH_4 的再生，使细胞内游离的 FH_4 减少，一碳单位转运障碍，影响核酸合成，细胞分裂受阻，引起巨幼红细胞性贫血。体内 FH_4 由叶酸转变而来，叶酸的缺乏也会引起巨幼红细胞性贫血。

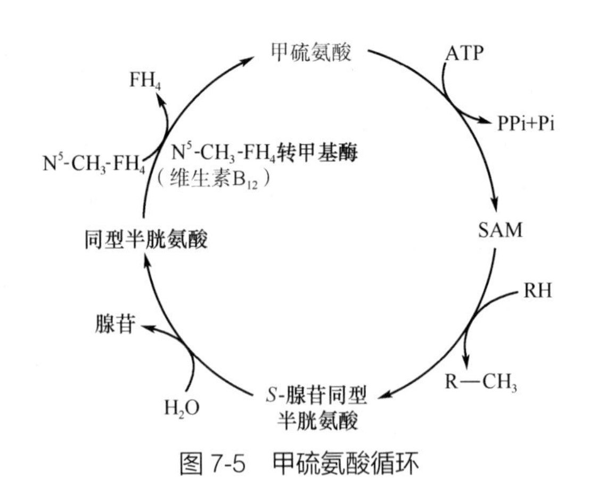

图 7-5　甲硫氨酸循环

甲硫氨酸循环的生理意义在于可以生成 SAM，进行体内广泛的甲基化反应。此外，甲硫氨酸循环还可提高 FH_4 的利用率。

考点：甲硫氨酸循环的意义、SAM 的作用

（二）半胱氨酸和胱氨酸的代谢

半胱氨酸含巯基（—SH），胱氨酸含二硫键（—S—S—），二者可通过氧化还原反应相互转变。胱氨酸分子中的二硫键对维持蛋白质的结构具有重要作用。

体内半胱氨酸可转变成牛磺酸，参与结合胆汁酸的合成。含硫氨基酸氧化分解均可产生硫酸根（SO_4^{2-}），半胱氨酸是其主要来源。体内的硫酸根一部分以无机盐形式随尿排出；另一部分经 ATP 活化成活性硫酸根（PAPS），在肝脏的生物转化作用中起重要作用。

四、芳香族氨基酸的代谢

芳香族氨基酸是含有苯环的一类氨基酸，包括苯丙氨酸、酪氨酸和色氨酸。

（一）苯丙氨酸和酪氨酸的代谢

1. 苯丙氨酸的代谢　正常情况下，体内苯丙氨酸主要经苯丙氨酸羟化酶催化生成酪氨酸，只有极少数在苯丙氨酸转氨酶催化下生成苯丙酮酸。

$$\text{苯丙氨酸} \xrightarrow{\text{苯丙氨酸羟化酶}} \text{酪氨酸(正常时大量)}$$

$$\text{苯丙氨酸} \xrightarrow{\text{苯丙氨酸转氨酶}} \text{苯丙酮酸(正常时少量)}$$

先天性苯丙氨酸羟化酶缺乏时，苯丙氨酸不能正常转化为酪氨酸，而大量地经转氨基作用生成苯丙酮酸，苯丙酮酸随尿排出，称为苯丙酮酸尿症。苯丙酮酸的堆积对中枢神经系统有毒性作用，可导致患儿智力发育障碍。

2. 酪氨酸的代谢

（1）转变为儿茶酚胺：在神经组织和肾上腺髓质中，酪氨酸经羟化、脱羧等反应转变为多巴胺、去甲肾上腺素和肾上腺素等儿茶酚胺类神经递质。

（2）合成黑色素：在黑色素细胞中酪氨酸羟化酶的作用下，酪氨酸羟化为多巴，再经一系列反应转变为黑色素。若人体先天性缺乏酪氨酸酶，黑色素合成障碍，可导致白化病。

链接

白　化　病

白化病是由于先天性酪氨酸酶缺乏引起的遗传性疾病。患者体内黑色素合成障碍，皮肤、头发、眉毛呈白色或黄白色；虹膜和瞳孔呈现淡粉色或淡灰色，怕光，视物眯眼。白化病属于家族遗传性疾病，为常染色体隐性遗传病，常发生于近亲结婚的人群中。目前对白化病的治疗只能对症，无法根治，禁止近亲结婚是重要的预防措施。

（3）生成甲状腺激素：酪氨酸还可碘化生成甲状腺激素（T_3、T_4）。

（4）分解代谢：酪氨酸脱氨生成对羟苯丙酮酸，继而氧化为尿黑酸，后者经尿黑酸氧化酶催化裂解为延胡索酸和乙酰乙酸，可彻底氧化供能，也能转变为糖或脂肪。故苯丙氨酸和酪氨酸皆为生

糖兼生酮氨基酸。

若体内先天性缺乏尿黑酸氧化酶，尿黑酸不能进一步分解而在体内堆积，过多的尿黑酸由尿排出，在空气中氧化为黑色，称为尿黑酸尿症。

苯丙氨酸和酪氨酸的代谢途径总结如图 7-6 所示。

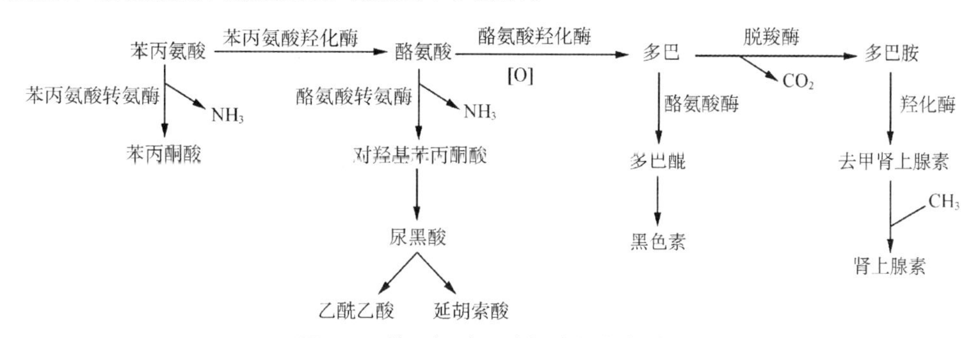

图 7-6　苯丙氨酸和酪氨酸的代谢过程

考点：苯丙氨酸和酪氨酸的代谢以及代谢缺陷症

（二）色氨酸的代谢

色氨酸除可转变为 5-羟色胺和一碳单位外，还可分解产生丙酮酸和乙酰 CoA，为生糖兼生酮氨基酸。此外，色氨酸还可转变为维生素 PP，但合成量甚少，不能满足机体需要。

第 4 节　氨基酸类药物简介

一、氨基酸类药物的分类和作用

氨基酸是合成人体蛋白质、激素、酶及抗体的原料，在人体内参与正常的代谢和生理活动。氨基酸及其衍生物可治疗各种疾病，也可作为营养剂、代谢改良剂，具有为特殊患者配制特殊膳食、抗溃疡、防辐射、抗菌、催眠、镇痛等功效。

多肽类药物是氨基酸类药物应用的一个重要方面。如谷胱甘肽是一种用于治疗肝病、药物中毒、过敏性疾病及预防白内障的有效药物。加压素是一个九肽，对细动脉、毛细血管的血压有促进上升的作用，同时具有抗利尿作用。

氨基酸衍生物已广泛用于临床治疗，如 N-酰化氨基酸、氨基酸酯、N-酰基氨基酸酯对革兰氏阳性和阴性菌有广谱的抗菌活性。D-3-巯基-2-甲基丙酰基-L-脯氨酸和利尿药合剂，是很好的抗高血压药。精氨酸阿司匹林、赖氨酸阿司匹林，既保持了阿司匹林的镇痛作用，又能降低其副作用。N-乙酰半胱氨酸甲酯盐酸对支气管炎有很好的疗效。

二、常见氨基酸类药物

（一）用作营养剂的氨基酸制剂

作为机体合成蛋白质和其他含氮生物分子的原料，氨基酸制剂广泛用于手术前后、创伤、烧伤或其他原因造成的营养不良和氮平衡失调等情况。

由于不同伤病对氨基酸的需求和利用能力不同，因而有各种不同的营养型氨基酸制剂。例如，复方氨基酸注射液（17AA）所含氨基酸的种类、必需氨基酸与非必需氨基酸的比值及各种氨基酸的量均恰当地配伍，适用于手术、严重创伤、大面积烧伤所引起的严重营养恶化及各种疾病引起的低蛋白血症等。又如复方氨基酸注射液（9AA）所含必需氨基酸能满足人体需要，使蛋白质合成增加而分解减少，可减少肾小球的滤过作用，延缓肾衰进展，用于治疗慢性肾衰竭。

（二）治疗消化道疾病的氨基酸及其衍生物

此类氨基酸及其衍生物有谷氨酸及其盐酸盐、谷氨酰胺、乙酰谷酰胺铝、甘氨酸及其铝盐、硫酸甘氨酸铁、组氨酸盐酸盐等。

谷氨酸、谷氨酰胺、乙酰谷酰胺铝主要通过保护消化道或促进黏膜增生，而达到防治综合性胃溃疡、十二指肠溃疡、神经衰弱等疾病的作用。甘氨酸及其铝盐、谷氨酸盐酸盐主要是通过调节胃液酸碱度实现治疗作用。

（三）治疗肝病的氨基酸及其衍生物

此类药物有精氨酸盐酸盐、磷葡精氨酸、鸟氨酸、天冬氨酸、谷氨酸钠、甲硫氨酸、乙酰甲硫氨酸、赖氨酸盐酸盐及天冬氨酸等。

精氨酸是鸟氨酸循环的中间产物，可促进血液中的氨转变为尿素，可用于治疗高氨血症、肝功能障碍等疾病，还是肝性脑病禁钠患者的急救用药。甲硫氨酸或乙酰甲硫氨酸是体内胆碱合成的甲基供体，可促进磷脂酰胆碱的合成，用于慢性肝炎、肝硬化、脂肪肝、药物性肝障碍的治疗。

（四）治疗脑及神经系统疾病的氨基酸及其衍生物

此类药物有谷氨酸钙盐及镁盐、氢溴酸谷氨酸、色氨酸、5-羟色氨酸、左旋多巴等。

L-谷氨酸的钙盐及镁盐用于治疗神经衰弱及其官能症，脑外伤以及癫痫发作。*γ*-酪氨酸用于治疗记忆障碍、语言障碍、癫痫等。*L*-色氨酸可治疗神经分裂、改善抑郁等。左旋多巴用于治疗帕金森病及控制锰中毒的神经症状。酪氨酸亚硫酸盐用于治疗脊髓灰质炎等。

（五）治疗肿瘤的氨基酸及其衍生物

不同癌细胞的增殖需要消耗大量某种特定的氨基酸，寻找这些氨基酸的类似物——代谢拮抗剂可能成为治疗癌症的一种有效手段。

如偶氮丝氨酸用于治疗急性白血病及霍奇金病；氯苯丙氨酸用于治疗肿瘤综合征，减轻症状；磷天冬氨酸用于治疗 B_{16} 黑色素瘤及 Lewis 肺癌；重氮氧代正亮氨酸用于治疗急性白血病。

（六）治疗其他疾病的氨基酸及其衍生物

天冬氨酸的钾镁盐可用于缓解疲劳，治疗低钾血症性心脏病、肝病、糖尿病等。半胱氨酸能促进毛发的生长，可用于治疗秃发症；其甲酰盐酸盐可用于治疗支气管炎等。

（柳晓燕）

自测题

一、名词解释

1. 必需氨基酸 2. 蛋白质的互补作用 3. 氮平衡 4. 一碳单位

二、单项选择题

1. 下列哪组氨基酸均是人体必需氨基酸（　　）
   A. 甲硫氨酸　苯丙氨酸　缬氨酸　组氨酸
   B. 赖氨酸　半胱氨酸　组氨酸　甘氨酸
   C. 色氨酸　异亮氨酸　缬氨酸　苏氨酸
   D. 谷氨酸　异亮氨酸　苏氨酸　甲硫氨酸
   E. 丙氨酸　天冬氨酸　丝氨酸　精氨酸
2. 我国营养学会推荐成人每日蛋白质需要量为（　　）
   A. 50g　B. 60g　C. 70g　D. 80g　E. 100g
3. 能直接进行氧化脱氨基作用的氨基酸是（　　）
   A. 精氨酸　B. 谷氨酸　C. 丙氨酸　D. 天冬氨酸　E. 组氨酸
4. 在骨骼肌和心肌组织中，氨基酸的脱氨基作用方式是（　　）
   A. 氧化脱氨基
   B. 转氨基
   C. 氧化脱氨基与转氨基联合
   D. 嘌呤核苷酸循环
   E. 鸟氨酸循环
5. 急性肝炎患者的血清中活性显著升高的氨基转移酶是（　　）
   A. ALT　B. AST　C. ATP　D. ALP　E. GABA
6. 体内氨的主要来源是（　　）
   A. 氨基酸脱氨基作用　B. 消化道吸收

C. 肾小管分泌
D. 谷氨酰胺分解
E. 肝脏产生

7. 体内氨运输和储存的主要形式是（ ）
A. 谷氨酸
B. 谷氨酰胺
C. 尿素
D. 天冬氨酸
E. 精氨酸

8. 血氨浓度升高的主要原因是（ ）
A. 蛋白质摄入过多
B. 肠道吸收氨增多
C. 谷氨酰胺合成减少
D. 肝功能障碍
E. 肾功能障碍

9. 一碳单位不能游离存在，它的载体是（ ）
A. 叶酸
B. FH_4
C. 维生素 B_{12}
D. TPP
E. 泛酸

10. 参与氨基转移酶和脱羧酶辅酶构成的维生素是（ ）
A. 维生素 B_1
B. 维生素 B_2
C. 维生素 B_6
D. 维生素 B_{12}
E. 维生素 PP

三、多项选择题

1. 代谢库中氨基酸的去路有（ ）
A. 合成组织蛋白
B. 转变为其他含氮物质
C. 转变为糖或脂肪
D. 脱氨基作用
E. 脱羧基作用

2. 下列哪些物质属于一碳单位（ ）
A. $—CH_3$
B. $—CH_2$
C. —CHO
D. CO
E. CO_2

3. 缺乏下列哪些维生素可引起巨幼红细胞性贫血（ ）
A. 维生素 B_1
B. 维生素 B_2
C. 维生素 B_6
D. 叶酸
E. 维生素 B_{12}

4. 属于儿茶酚胺类物质的有（ ）
A. 多巴胺
B. 去甲肾上腺素
C. 肾上腺素
D. 黑色素
E. 甲状腺素

5. 下列哪些物质属于酪氨酸的代谢衍生物（ ）
A. 黑色素
B. 甲状腺素
C. 胰岛素
D. 多巴胺
E. 肾上腺素

6. 下列叙述正确的是（ ）
A. 苯丙氨酸羟化酶缺乏会引起苯丙酮酸尿症
B. 5-HT 可作为抑制性神经递质
C. 组胺具有升高血压的作用
D. 酪氨酸酶缺乏会引起白化病
E. 肝功能严重损伤时，鸟氨酸循环受阻，可导致高血氨症

四、填空题

1. 儿童体内通常发生________平衡，即摄入氮＞排出氮，表明体内蛋白质的合成________分解。
2. 体内氨基酸脱氨基作用的方式有________、________和________作用三种，其中以________最为重要。
3. 氨代谢的主要去路是在________内通过________途径合成无毒的________，由________排出。
4. 体内先天性苯丙氨酸羟化酶缺乏引起________，先天性酪氨酸酶缺乏引起________，先天性尿黑酸氧化酶缺乏引起________。

五、简答题

1. 简述氨的来源与去路。
2. 简述高血氨的原因及血氨浓度增高引起肝性脑病的机制。

第8章

肝生物化学

人体内最大的消化腺是肝脏，其结构复杂且功能强大，参与维持人体的许多生命活动。肝脏不仅参与糖类、脂类、蛋白质、维生素及激素等重要物质的代谢过程，同时在物质的消化、吸收、分泌、排泄、解毒、转化等方面发挥重要作用。因此可将肝脏形象的比喻为人体的“化学加工厂”。

肝脏的形态结构与化学组成特点决定了肝具有诸多复杂的代谢功能。第一，肝有肝动脉和门静脉的双重血液供应：肺及其他组织运来的充足氧及代谢物经肝动脉向肝细胞提供；肠道吸收的各种营养物质经门静脉进行运输，为肝内多种代谢途径的进行奠定了物质基础。第二，肝脏还有肝静脉和胆道双重输出通道：通过肝静脉可将肝内的代谢产物运输到其他组织或送入肾随尿排出体外；通过胆道系统可将肝分泌的胆汁及代谢产物排入肠道，随粪便排出体外。第三，肝脏含有丰富的血窦：肝细胞通过血窦扩大了与血液接触的面积，由于血窦中血流速度缓慢，可使肝细胞与血液进行充分的物质交换。第四，肝脏含有丰富的酶类和亚细胞结构：肝脏含有数百种酶类，且许多酶是肝脏特有的；肝细胞还含有丰富的线粒体、粗面内质网、滑面内质网、高尔基复合体、微粒体、溶酶体、过氧化物酶体等亚细胞结构。上述特点赋予肝多样化的生物学功能，被誉为“物质代谢的枢纽”。

第1节　肝在物质代谢中的作用

课堂互动

俗话说“眼睛是心灵的窗户”，眼睛清澈明亮、神采奕奕，说明气血充足、肝气充盈；双目呆滞、灰暗无光则是气血虚弱的表现；很多人因为长时间面对电脑、手机等各类电子产品而常常觉得眼睛发干、看东西模糊。其实，这是眼疲劳的一种表现。如果眼睛过分疲劳，不仅会对视力产生影响，还会消耗肝血，甚至对肝脏造成损伤。《黄帝内经》里就曾说过：“肝开窍于目。”意思就是眼干、眼涩、眼疲劳等问题都与肝脏有着密切的关系。

思考：肝脏与体内物质代谢的关系是什么？该如何保护肝脏？

一、肝在糖代谢中的作用

在糖代谢中，肝脏的主要作用是维持血糖水平相对稳定。肝脏是调节血糖浓度的主要器官，主要通过调节糖原合成与分解及糖异生途径来实现这一作用。

（一）糖原合成作用

当血糖浓度增高时（如进餐后），肝糖原合成增强，储存多余的葡萄糖，使血糖降至正常水平。

（二）糖原分解作用

当血糖浓度降低时（如饥饿），肝糖原迅速分解为葡萄糖释放入血，防止血糖浓度过低。

（三）糖异生作用

当机体长期饥饿时，肝糖原几乎耗竭，此时肝细胞加速将乳酸、甘油和生糖氨基酸等非糖物质转变为葡萄糖，维持血糖浓度的相对恒定。

因此，当肝细胞严重受损时，糖原合成与分解及糖异生作用均降低，易造成糖代谢紊乱，进食后易出现一时性高血糖，空腹或运动后易出现低血糖。

考点：肝在糖代谢中的作用

二、肝在脂类代谢中的作用

肝脏在脂类的消化、吸收、运输、合成及分解等代谢过程中均发挥重要作用。

（一）胆汁分泌的调节

肝细胞分泌的胆汁中含有胆汁酸盐，可促进脂类物质的消化及吸收。若肝损伤或胆道阻塞时，肝脏分泌的胆汁及排泄减少，脂类的消化和吸收受到影响，患者常产生厌油腻和脂肪泻等临床症状。

（二）酮体合成的调节

肝是氧化分解脂肪酸的主要场所，脂肪酸分解生成的乙酰乙酸、β-羟丁酸及丙酮统称为酮体。肝脏是人体生成酮体的唯一器官，酮体本身不能在肝脏内利用，而是通过血液运输至肝外，供其他组织（尤其是脑和肌肉）在饥饿状态下氧化获能。

（三）脂类合成的调节

肝是合成脂肪及磷脂的主要器官，肝脏合成的 VLDL 能将三酰甘油运输到脂肪组织储存。脂肪酸分解的主要场所也在肝脏。通过 β 氧化，脂肪酸生成乙酰 CoA，后者可以进入三羧酸循环氧化供能，也可以用来合成酮体，为大脑和肌肉等组织提供能量。此外，肝也是胆固醇代谢的主要场所。

（四）胆固醇合成的调节

肝是合成胆固醇的重要器官，合成了人体 80%以上的胆固醇，是血浆胆固醇的主要来源。当肝功能障碍或磷脂合成原料缺乏时，合成的磷脂减少，血浆脂蛋白合成障碍，导致肝内脂肪运出受阻，肝细胞内脂肪堆积，形成脂肪肝。

考点：肝在脂类代谢中的作用

三、肝在蛋白质代谢中的作用

肝在人体蛋白质的合成、分解及尿素的合成等方面起重要作用。

（一）合成蛋白质方面

肝是合成蛋白质的重要器官。肝除合成自身所需蛋白质以外，还可合成 90%以上的血浆蛋白，如清蛋白、球蛋白、纤维蛋白原、凝血因子等。成人肝每日合成大量的清蛋白，后者除可作为许多物质的载体外，在维持血浆胶体渗透压方面也起着重要的作用。若清蛋白含量低于 30g/L，血浆胶体渗透压降低，可出现水肿。当肝功能受损时，清蛋白合成减少，球蛋白增多，血清清蛋白和球蛋白比值（A/G）变小甚至出现倒置，故临床生化检验将 A/G 值作为慢性肝病的诊断指标。

凝血因子大部分在肝中合成，因此严重肝细胞损伤时，纤维蛋白原、凝血酶原合成减少，可出现凝血时间延长及出血倾向。

（二）分解蛋白质方面

与氨基酸分解代谢有关的酶类大量存在于肝组织中。氨基酸在肝内可进行转氨基、脱氨基、脱羧基等反应，其中氨基转移酶活性较高，对于肝病诊断具有重要意义。

（三）合成尿素方面

肝脏可将氨基酸分解产生的有毒性的氨通过鸟氨酸循环转变成无毒的尿素排出体外。严重肝病患者，尿素合成能力下降，致使血氨浓度升高，严重时导致氨中毒，可引起肝性脑病。

考点：肝在蛋白质代谢中的作用

四、肝在维生素代谢中的作用

肝在维生素的吸收、运输、储存、转化及代谢等方面起重要作用。

（一）储存维生素的作用

肝分泌的胆汁酸可促进脂溶性维生素 A、维生素 D、维生素 E、维生素 K 的吸收，这些维生素主要储存在肝中，肝中维生素 A 的量占体内总量的 95%，故多食动物肝可治疗夜盲症。

（二）转化维生素的作用

肝可参与多种维生素的代谢转化，如肝可将 β-胡萝卜素转变为维生素 A，可将维生素 D_3 转变为 1, 25-羟维生素 D_3。

（三）维生素参与合成辅酶的作用

多种维生素在肝中参与辅酶的合成。维生素 PP 可转化为辅酶Ⅰ（NAD^+）和辅酶Ⅱ（$NADP^+$），泛酸可转化为辅酶 A（CoA），维生素 B_1 可转化为焦磷酸硫胺素（TPP）等。

五、肝在激素代谢中的作用

体内许多激素经过化学反应后，在肝内进行分解转化从而失活，此过程称为激素失活。激素失活的过程主要发生在肝中，肾上腺皮质激素、性激素、类固醇激素、胰岛素、甲状腺激素等均在肝中失活。严重肝细胞损伤时，肝激素灭活的功能降低，导致出现某些病理表现。如醛固酮及雌激素增多，可导致水钠潴留引起水肿，出现男性乳房发育、蜘蛛痣和肝掌等现象。

链 接

如何保护肝脏

肝就像一个“中央银行”，负责管理身体“三大货币”（气、血、水）的流通。情绪、睡眠、饮食甚至药物等，均会影响肝的疏泄功能。保肝，顾名思义就是保护肝脏的意思，但保护肝脏并不是把肝脏包起来不让病毒来侵犯，这里的保肝至少含有三种意思：减轻肝脏负担、增加肝脏营养和改善肝脏供血。俗话说“肝藏血”，意思是白天活动时，血流向四肢，晚上睡觉时，血藏于肝脏。研究表明：直立体位时肝脏血流量减少 40%，运动时肝脏血流量减少 80%～85%，因此平卧体位时肝脏供血较丰富。

第 2 节　胆汁酸代谢

一、胆　　汁

胆汁是由肝细胞分泌、储存在胆囊中、经胆管排至肠道的一种有苦味的黄色液体。正常成人 24 小时胆汁分泌量为 300～700ml。肝细胞最初分泌的金黄色或黄褐色的澄清透明胆汁称为肝胆汁。肝胆汁进入胆囊后经浓缩，颜色加深，呈棕绿色或暗褐色，称为胆囊胆汁。胆汁包括水和固体成分。胆汁的主要成分是胆汁酸盐、胆色素、磷脂、无机盐及胆固醇等，其中最多的是胆汁酸盐。正常人胆汁的主要化学成分见表 8-1。

表 8-1　正常人胆汁的物理性质及主要化学成分

	肝胆汁	胆囊胆汁
密度（g/ml）	1.009～1.013	1.026～1.032
pH	7.1～8.5	5.5～5.7
水（%）	96～97	80～86
固体成分（%）	3～4	14～20
磷脂（%）	0.05～0.08	0.2～0.5
胆汁酸盐（%）	0.2～2	1.5～10
胆色素（%）	0.05～0.17	0.2～1.5
胆固醇（%）	0.05～0.17	0.2～0.9

二、胆汁酸的代谢与功能

（一）胆汁酸的分类与代谢

胆汁酸可分为初级胆汁酸和次级胆汁酸两类，每类又分游离型和结合型。

1. 初级胆汁酸　初级胆汁酸是指在肝细胞内由胆固醇转化生成的胆汁酸。在7α-羟化酶（限速酶）的催化下，胆固醇转变为7α-羟胆固醇，接着转变为初级胆汁酸，包括胆酸和鹅脱氧胆酸，属于游离型胆汁酸。它们可分别与甘氨酸或牛磺酸结合生成初级结合型胆汁酸，人胆汁中的胆汁酸以结合型为主。

2. 次级胆汁酸　次级胆汁酸是指初级结合型胆汁酸进入肠道后，在肠道细菌的作用下转变生成的石胆酸和脱氧胆酸及其结合型胆汁酸。

3. 胆汁酸的肠肝循环　排入肠道的各种胆汁酸有95%被肠壁重吸收，其余随粪便排出，正常人每日经粪便排出的胆汁酸有0.4～0.6g。被肠道各部分重吸收的胆汁酸经门静脉重新进入肝，肝细胞将游离胆汁酸重新转变为结合胆汁酸，并同新合成的结合胆汁酸一起再排入肠道。此过程称为胆汁酸的肠肝循环（图8-1）。胆汁酸的肠肝循环可以使有限的胆汁酸能够重复利用，最大限度地发挥其生理功能。

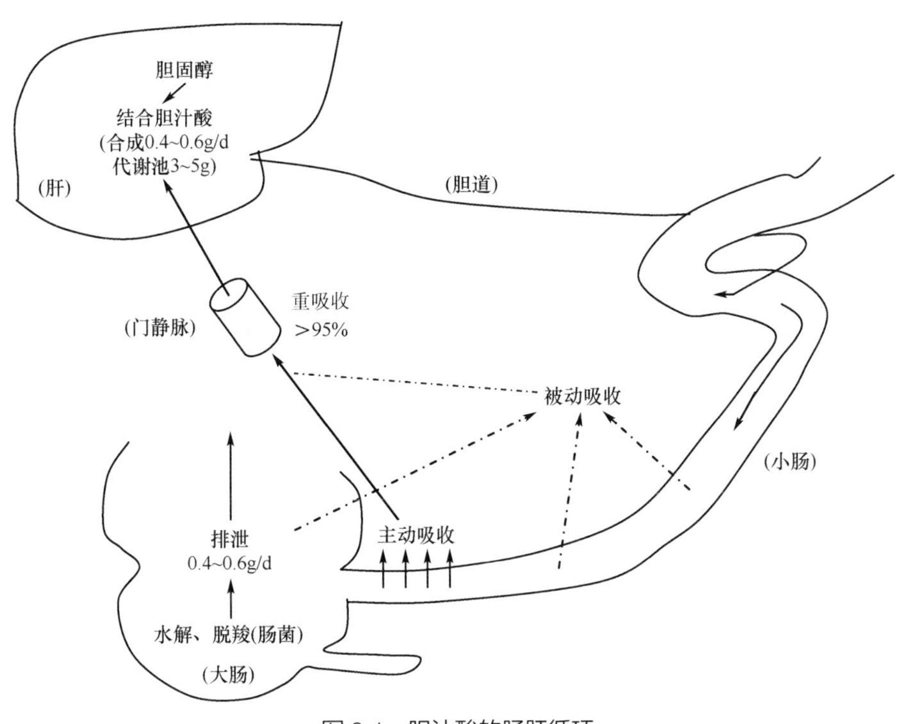

图8-1　胆汁酸的肠肝循环

（二）胆汁酸的功能

1. 胆汁酸可促进脂类物质的消化和吸收　胆汁酸分子内含有亲水性的羟基和羧基，又具有疏水性的烃核和甲基，所以它具有亲水和疏水两种作用，能降低油与水两相之间的表面张力，使脂类在水中乳化成细小微团。因此胆汁酸是较强的乳化剂，利于机体消化吸收脂类物质。

2. 胆汁酸可抑制胆固醇结石的形成　胆汁酸盐和卵磷脂可促使难溶于水的胆固醇形成可溶性微团，使之不易形成结晶沉淀，利于排出体外。若肝合成胆汁酸的能力下降，胆汁中的胆固醇因过饱和析出易形成结石。

第3节　肝的生物转化作用

一、生物转化的概念

机体将各类非营养物质进行代谢转变，使其极性增强或水溶性增加，从而更易随胆汁或尿液排出体外的过程，称为生物转化作用。非营养物质大多为有机化合物，难溶于水，在排出机体之前，需进行代谢转变，以利于排泄。

按来源可将体内非营养物质分为内源性物质和外源性物质两类。内源性物质是指体内物质代谢产生的生物活性物质（如激素、神经递质等）和有毒的代谢产物（如氨、胆红素等）；外源性物质包括从外界摄入的药物、食品添加剂等和从肠道吸收来的有害物质（如胺类、苯酚、吲哚等）。

生物转化有以下特点：①反应类型的多样性。物质经生物转化产生不同的反应，生成不同的产物。例如，乙酰水杨酸水解生成的水杨酸既可与甘氨酸反应又可与葡萄糖醛酸结合，还可进行氧化反应。②反应过程的连续性。大多数非营养物质都需要连续几步反应才能排出体外，一般先经过第一相的氧化、还原及水解反应，再进行结合反应。例如，肝内的黄曲霉素先进行氧化反应之后再与谷胱甘肽（GSH）、葡萄糖醛酸、硫酸等结合而代谢。③解毒和致毒的双重性。一般非营养物质经过生物转化后活性或毒性降低甚至消失，但有些物质经过代谢后出现毒性或者毒性增强。例如，致癌性极强的黄曲霉素 B_1 在体外不能与核酸大分子结合，但经氧化生成环氧化黄曲霉素 B_1 后，可与核酸结合反而致癌。

考点：生物转化的概念及特点

二、生物转化的意义

非营养物质既不是构成组织细胞的成分，也不能氧化供能，有的甚至还具有毒性，可对机体造成伤害，必须及时清除，以保证机体内各种生理活动的正常进行。生物转化的生理意义主要是使非营养物质水溶性增强，易于随胆汁或尿液排出体外。各种物质的生物活性在生物转化过程中发生很大变化，有的活性或毒性减弱或消失，有的活性或毒性反而增强，如 3，4-苯并芘。所以生物转化作用具有解毒和致毒的双重性。生物转化的主要部位在肝脏，肾、肺、肠、皮肤等组织虽也有一定的生物转化功能，但以肝最重要，其生物转化功能最强。

考点：生物转化的意义

三、生物转化的反应类型

按反应性质生物转化可分为第一相反应及第二相反应。第一相反应包括氧化、还原、水解反应。经第一相反应后，大多数非营养物质如药物和毒物等极性改变仍不够大，常需结合极性更强的物质（如葡萄糖醛酸等），以增强其极性或水溶性便于排出体外。这些结合反应称为第二相反应。故第二相结合反应是体内最重要的生物转化方式。

（一）氧化反应

氧化反应由多种氧化酶系催化，包括微粒体氧化酶系、线粒体单胺氧化酶系、脱氢酶系等。

（1）微粒体氧化酶系：该酶系存在于肝细胞微粒体中，反应特点是能激活分子氧，使其中一个氧原子加在底物分子上被氧化，而另一个氧原子被 NADPH 还原生成水，故称为加单氧酶系。反应通式如下：

$$RH + O_2 + NADPH + H^+ \xrightarrow{\text{加单氧酶系}} ROH + NADP^+ + H_2O$$

（2）线粒体单胺氧化酶系：此酶系存在于线粒体中，可催化组胺、尸胺、酪胺、腐胺等肠道内腐败产物氧化脱氨，生成相应的醛类或酸类。反应通式如下：

$$RCH_2\text{-}NH_2 + O_2 + H_2O \xrightarrow{\text{胺氧化酶}} R\text{-}CHO + H_2O_2 + NH_3$$

（3）脱氢酶系：以 NAD^+为辅酶的醇脱氢酶和醛脱氢酶分别存在于肝细胞微粒体和细胞液中，它们分别催化醇或醛氧化为相应的醛或酸。反应如下：

$$\underset{\text{乙醇}}{CH_2CH_2OH} \xrightarrow{\text{醇脱氢酶}} \underset{\text{乙醛}}{CH_3CHO} \xrightarrow{\text{醛脱氢酶}} \underset{\text{乙酸}}{CH_3COOH}$$

（二）还原反应

肝细胞微粒体中存在由 NADPH 及还原型色素 P_{450} 供氧的还原酶系，主要是硝基还原酶类和偶氮还原酶类，还原产物为胺类。例如，在硝基还原酶催化下，硝基苯还原生成亚硝基苯最后生成苯胺。

（三）水解反应

肝细胞微粒体中含有多种水解酶（如酯酶、酰胺酶和糖苷酶等）可催化脂类、酰胺类及糖苷类化合物水解。例如，药物阿司匹林进入体内很快被酯酶水解，生成水杨酸和乙酸。

（四）结合反应

结合反应为体内最重要的生物转化方式，可在肝细胞的微粒体、细胞液和线粒体内进行。结合反应是指含有羟基、巯基、氨基、羧基的非营养物质与肝内某些极性强、水溶性高的物质结合。常见结合物质或基团主要有葡萄糖醛酸、活性硫酸、乙酰基等。

（1）葡萄糖醛酸结合反应：葡萄糖醛酸结合反应是结合反应中最常见的一种。葡萄糖醛酸的供体是尿苷二磷酸葡萄糖醛酸（UDPGA）。在肝细胞微粒体内含有的尿苷二磷酸葡萄糖醛酸基转移酶可把 UDPGA 上的葡萄糖醛酸基转移到含有羟基、巯基、氨基、羧基的化合物上，生成相应的葡萄糖醛酸苷。人体中内源性代谢物胆红素的毒性就是通过与葡萄糖醛酸结合被消除，通过此反应进行生物转化的还有类固醇激素、氯霉素、苯巴比妥、吗啡等。例如，

$$\text{UDPGA}+\text{苯酚}\xrightarrow{\text{尿苷二磷酸葡萄糖醛酸转移酶}}\text{UDP}+\text{苯-}\beta\text{-葡萄糖苷酸}$$

（2）硫酸结合反应：3′-磷酸腺苷-5′-磷酸硫酸（PAPS）称为活性硫酸，肝细胞中的硫酸转移酶可催化各种醇、酚和芳香胺与 PAPS 结合生成硫酸酯。例如，雌酮经此反应生成雌酮硫酸酯而被灭活。

$$\text{PAPS}+\text{雌酮}\xrightarrow{\text{硫酸转移酶}}\text{PAP}+\text{雌酮硫酸酯}$$

（3）乙酰基结合反应：在肝细胞液中的乙酰基转移酶作用下，由乙酰 CoA 作为供体，可与芳香胺类物质（如苯胺、磺胺、异烟肼等）结合形成乙酰衍生物。例如，

$$CH_3CO\sim SCoA+\text{对氨基苯磺酰胺}\xrightarrow{\text{乙酰基转移酶}}HSCoA+\text{对乙酰氨基苯磺酰}$$

（4）甲基结合反应：在肝内甲基酶催化下，含羟基、巯基或氨基的药物、毒物和多种胺类活性物质可进行甲基化反应，甲基的供体由 *S*-腺苷甲硫氨酸（SAM）提供，生成甲基化衍生物而灭活，如儿茶酚胺、组胺等。

（5）甘氨酸结合反应：甘氨酸在肝细胞微粒体酰基转移酶的作用下，可与外来含羧基的化合物结合，如甘氨酸与胆酸结合生成甘氨胆酸。

第 4 节　胆色素代谢

胆色素是体内含有铁卟啉的化合物进行分解代谢的产物，包括胆绿素、胆红素、胆素原和胆素等。这些化合物在正常情况下随胆汁排出体外，其中主要的胆色素是胆红素。胆红素是有毒性的橙黄色物质，过多的胆红素可引起大脑不可逆性损害。

考点：胆色素的概念

一、胆色素的分解代谢

（一）胆红素的生成

正常红细胞的平均寿命为 120 天。衰老的红细胞在单核-吞噬细胞系统中被破坏，释放出的血红蛋白分解生成珠蛋白和血红素，血红素在加氧酶催化下生成胆绿素。胆绿素在胆绿素还原酶的催化下，迅速还原为胆红素，此胆红素称为游离胆红素。

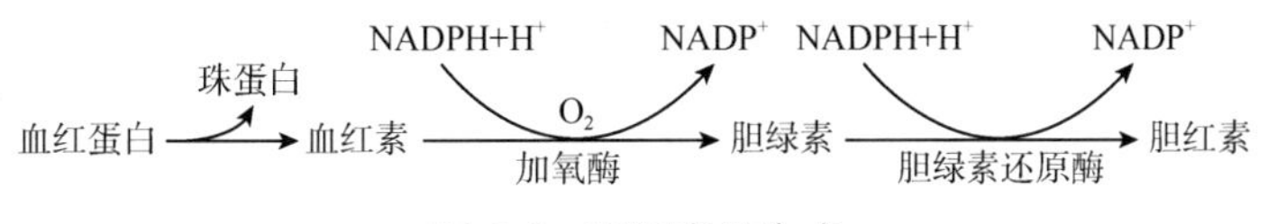

图 8-2　胆红素的生成

链接

新生儿黄疸

黄疸是婴儿出生后由于胆红素代谢异常引起血中胆红素水平升高，出现皮肤、黏膜及巩膜黄染为特征的疾病，主要分为生理性黄疸及病理性黄疸两种。新生儿在出生 7 周后 Y 蛋白才达到正常人水平，从而易出现生理性黄疸，其一般在出生后 2～3 天出现，4～6 天达到高峰，7～10 天可恢复正常。若出生 24 小时就出现黄疸，且 2～3 周仍不退，持续时间长，反复出现均为病理性黄疸，危害很大，婴儿表现为食欲差，尖叫甚至四肢抽搐，严重时可造成呼吸衰竭而死亡。

（二）胆红素的转运

难溶于水的游离胆红素进入血液后与血浆清蛋白结合，生成胆红素-清蛋白复合物进行运输，因未经肝转化故称为未结合胆红素。这种结合运输的形式既增加了胆红素的水溶性以便于运输，又限制了胆红素自由通过各种生物膜从而对组织细胞产生毒性作用。某些有机阴离子如磺胺类、水杨酸、胆汁酸等，可竞争性地同清蛋白结合，使胆红素从复合物中游离出来，过多的游离胆红素会干扰脑的正常功能，可引起胆红素脑病。

（三）胆红素在肝中的代谢

胆红素在肝中的代谢包括肝细胞对胆红素的摄取、转化和排泄三个过程。

1. 肝细胞摄取胆红素 未结合胆红素随血液循环运至肝后，与肝细胞液中存在的两种载体蛋白（Y 蛋白和 Z 蛋白）结合，以胆红素-Y 蛋白或胆红素-Z 蛋白的形式运往内质网进一步转化。胆红素经过结合后不再反流入血，可不断被肝细胞摄取。

2. 肝细胞对胆红素的转化 肝细胞的滑面内质网中有胆红素-尿苷二磷酸葡萄糖醛酸基转移酶，在此酶的催化下，胆红素-Y 蛋白与 UDP-葡萄糖醛酸提供的葡萄糖醛酸基结合，生成葡萄糖醛酸胆红素，也称结合胆红素。

3. 肝细胞对胆红素的排泄 结合胆红素是极性较强的水溶性物质，不易透过细胞膜，因而毒性降低。这种转化既有利于肾小球将结合胆红素滤过随胆汁排出，又起到了解毒作用，是体内胆红素解毒的主要方式。正常人血中结合胆红素含量甚微，故尿中无结合胆红素。若胆道阻塞等原因引起胆红素排泄受阻时，结合胆红素反流入血，在尿中可检测出胆红素。两种胆红素有许多不同之处（表 8-2）。

表 8-2 未结合胆红素与结合胆红素的比较

	未结合胆红素	结合胆红素
同义名称	间接胆红素、血胆红素	直接胆红素、肝胆红素
与葡萄糖醛酸结合	未结合	结合
与重氮试剂反应	间接反应阳性	直接反应阳性
溶解性	脂溶性	水溶性
毒性	有	无
膜通透性	大	小
对脑的毒性作用	大	小
经肾随尿液排出	不能	能

（四）胆红素在肠道中的转变及胆素原的肠肝循环

1. 胆红素在肠道中的变化 随胆汁排入肠道的结合胆红素在肠道细菌的作用下，脱去葡萄糖醛酸基团后再逐步还原生成无色的胆素原（包括中胆素原、尿胆素原和粪胆素原）。80%～90%的胆素原经肠道下端的空气氧化后生成黄褐色的粪胆素，其是正常粪便的主要颜色（图 8-3）。正常人每日经粪便排出的胆素原为 40～280mg。若胆道完全梗阻，结合胆红素无法排入肠道，不能生成胆素原和粪胆素，粪便则呈灰白色，临床称陶土样粪便。

2. 胆素原的肝肠循环　生理情况下，肠道中的胆素原有 10%～20%可被肠黏膜重吸收，经门静脉入肝。其中大部分（90%）由肝细胞摄取再次随胆汁排入肠道，称为胆素原的肝肠循环。小部分（10%）胆素原进入体循环，随血液流经肾小球滤过，随尿液排出体外，即尿胆素原。与空气接触后的尿胆素原被氧化为黄色的尿胆素，为尿液的主要颜色（图 8-3）。尿胆素原、尿胆素及尿胆红素在临床上称为尿三胆，是黄疸类型鉴别诊断的常用指标。

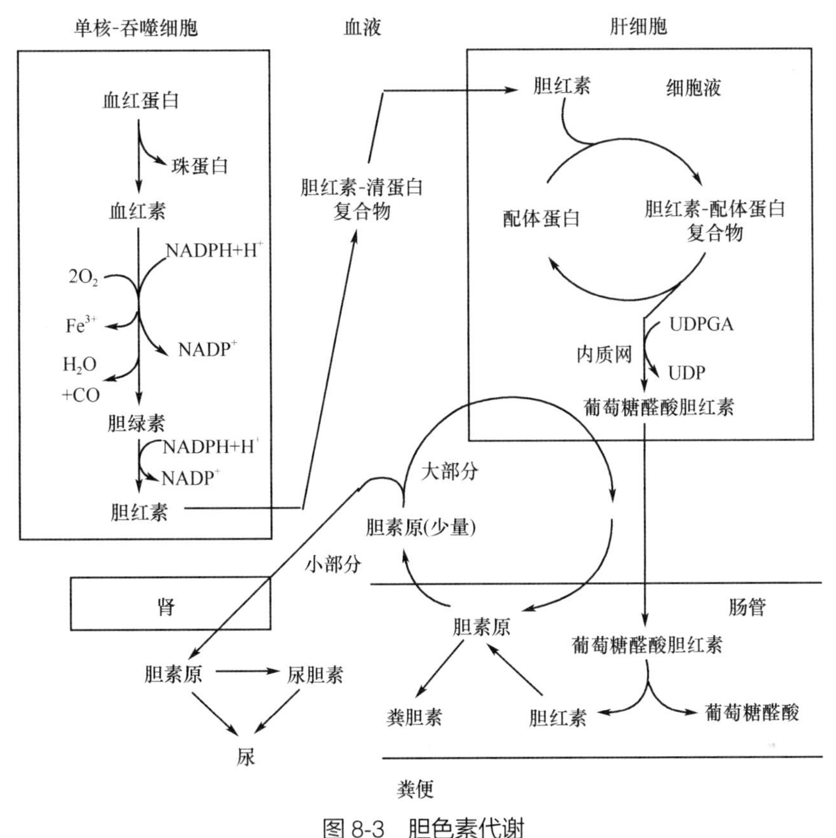

图 8-3　胆色素代谢

考点：胆色素的代谢

二、血清胆红素及黄疸

正常人血清中胆红素总量不超过 17.1μmol/L（10mg/L），其中 4/5 是未结合胆红素。由于未结合胆红素不能通过肾小球滤过膜，故正常人尿中无胆红素。若体内胆红素生成过多，或肝脏摄取、转化、排泄过程中发生障碍均可引起血清总胆红素含量升高。当浓度超过 34.2μmol/L（20mg/L）时，肉眼可见皮肤、黏膜及巩膜的黄染现象，称为显性黄疸。若血清胆红素浓度大于 17.1μmol/L（10mg/L）但未超过 34.2μmol/L（20mg/L）时，肉眼不易观察到黄染现象，称为隐性黄疸。根据黄疸产生的原因不同，可将黄疸分为三种类型。

（一）溶血性黄疸

由于各种原因（药物、输血不当等）导致大量的红细胞被破坏，生成的胆红素超过肝的转化能力而引起血中胆红素增高而出现的黄疸称为溶血性黄疸。其特点是：血清总胆红素增高，以未结合胆红素增高为主，因未结合胆红素不能由肾小球滤过，故尿中无胆红素。肝脏对于胆红素的摄取、转化及排泄增多，造成粪便和尿液中的胆素原增多，二者颜色均加深。

（二）肝细胞性黄疸

病理条件下（如肝炎、肝硬化等）导致肝细胞摄取、转化与排泄胆红素能力降低而引起的黄疸称为肝细胞性黄疸。血中两种胆红素均升高，粪便颜色变浅，尿中胆红素阳性。其特点是：由于肝细胞受损，肝将未结合胆红素转化为结合胆红素的能力下降，可致血中未结合胆红素升高；肝细胞肿胀，毛细血管通透性增大，结合胆红素反流入血，故血中结合胆红素亦升高。结合胆红素能由肾小球滤过，故尿中胆红素呈阳性。肝对结合胆红素的生成和排泄均减少，粪便颜色变浅。由于肝细胞受损程度不一，故尿中胆素原含量变化不定。若从肠道吸收的胆素原排泄受阻，则尿中胆素原增加，尿液颜色加深；若肝有实质性损害，结合胆红素生成减少，则尿中胆素原可能减少，尿液颜色变浅。肝细胞性黄疸常见于各种类型的肝炎、肝肿瘤等。

（三）阻塞性黄疸

由于各种原因引起的胆管阻塞导致胆汁排泄受阻，使胆汁中的结合胆红素反流入血引起的黄疸称为阻塞性黄疸。其特点是：血清总胆红素升高，以结合胆红素升高为主。结合胆红素可通过肾小球滤过随尿液排出，尿中胆红素呈阳性。胆管阻塞使胆素原生成减少或缺乏，粪便颜色变浅甚至为灰白色，尿液颜色也变浅。阻塞性黄疸常见于结石、胆管炎症、肿瘤或先天性胆管闭锁等疾病。

三种类型黄疸血液、尿液、粪便的改变对比有助于临床诊断（表 8-3）。

表 8-3　三种类型黄疸的比较

类型	血液		尿液		尿液颜色	粪便颜色
	未结合胆红素	结合胆红素	胆红素	胆素原		
正常	有	无或极微	阴性	阴性	淡黄色	黄色
溶血性黄疸	明显增加	正常或微增	阴性	显著增加	加深（浓茶色）	加深
肝细胞性黄疸	不变或微增	明显增加	强阳性	减少或无	加深（金黄色）	变浅或正常
阻塞性黄疸	增加	增加	阳性	减少	加深	变浅或陶土色

考点：黄疸的概念及三种类型黄疸的比较

第 5 节　常用肝功能试验及临床意义

了解肝功能状态对于疾病的诊断、预后及病程观察有重要意义。肝功能测验方法很多，但常用的肝功能试验只能反映肝功能的某一侧面，因此检测具有一定的局限性。所以，实际工作中要想正确评估肝功能状态，必须结合临床症状与体征对肝功能作全面的评估。目前常用的肝功能试验，大致可归纳为以下几个方面。

一、检测蛋白质代谢变化的试验

检测血清中蛋白质是肝疾病诊断、观察治疗效果和预后的重要手段之一。

（一）血浆总蛋白、清蛋白及清蛋白与球蛋白比值测定

为了了解肝功能，可以测定血浆总蛋白、清蛋白和球蛋白的含量及清蛋白与球蛋白比值（A/G）。正常人血浆清蛋白（A）的值为 40～55g/L，球蛋白（G）的值为 20～30g/L，A/G 值为（1.5～2.5）：1。慢性肝炎或肝硬化时 A/G 变小甚至倒置。

（二）血清甲胎蛋白的测定

血清甲胎蛋白（AFP）是胎儿发育早期肝血清中的一种蛋白成分。正常人血清中含量极少，仅为 5～20mg/ml。血清 AFP 的检测对原发性肝癌的诊断具有重要意义，约 80%的肝癌患者血清中 AFP 含量显著升高，可超过 200mg/ml。所以血清 AFP 可作为诊断原发性肝癌的重要指标。

（三）血清前清蛋白测定

在肝内合成的前清蛋白是反映肝早期合成功能损害的敏感指标。由于前清蛋白的半衰期比清蛋白短，故当肝合成蛋白质障碍时，前清蛋白下降出现更早，比清蛋白更能敏感地反映肝合成功能的

轻度损害，病情越重，前清蛋白降低得越明显。此外，测定前清蛋白可作为静脉高营养患者的营养监测指标之一。

（四）血氨测定

体内氨的主要代谢去路是通过肝合成尿素。严重的肝脏疾病时，肝合成尿素的能力下降，血氨增高从而引起肝性脑病。血氨测定主要用于肝性脑病的监测。

二、检测血清中某些酶活性变化的试验

肝病变时，受损肝细胞中释放出大量细胞酶至血清中，使得血清中一些酶的活性上升。

（一）谷丙转氨酶及谷草转氨酶测定

谷丙转氨酶（ALT）及谷草转氨酶（AST）广泛存在于肝、肾、心肌、骨骼肌等组织细胞中，但肝细胞中含量最多。当出现肝疾病如传染性肝炎、中毒性肝炎、肝癌及肝硬化等时，血清中 ALT 活性明显增高。测定血清 ALT，可反映肝细胞膜的改变，协助急性肝病的诊断。AST 随着 ALT 活性的升高而升高。AST 是检查有无肝细胞损伤的一个重要指标，急性肝炎时，ALT 与 AST 可显著升高。

（二）γ-谷氨酰转肽酶的测定

γ-谷氨酰转肽酶（γ-GT）分布在肝、肾等器官，主要作用于谷胱甘肽，当肝占位性病变、肝炎及肝硬化时 γ-GT 升高。

（三）碱性磷酸酶测定

碱性磷酸酶（ALP）是通过胆管随胆汁排泄的酶，反映肝功能。碱性磷酸酶主要来源于骨骼、肠黏膜、肝细胞。当胆道有阻塞或肝功能受损时，ALP 可增高。

三、检测胆色素代谢的试验

胆色素在血、尿、粪中的变化反映了肝对胆红素的摄取、转化和排泄功能。鉴别不同类别的黄疸可以通过测定血清总胆红素、结合胆红素及尿液中胆红素、胆素原、胆素等指标。测定尿中胆红素、胆素原和胆素水平，可反映肝处理胆红素能力，还可鉴别黄疸的类型。临床上将尿中胆红素、胆素原和胆素称为“尿三胆”。测定血清总胆红素的主要价值在于发现隐性黄疸。血清总胆红素、结合胆红素、未结合胆红素均升高见于肝细胞性黄疸。血清总胆红素及未结合胆红素升高见于溶血性黄疸。血清总胆红素及结合胆红素升高见于阻塞性黄疸。

（王　杰）

自测题

一、名词解释

1. 生物转化　2. 胆色素　3. 结合胆红素　4. 黄疸

二、单项选择题

1. 人体生物转化作用最重要的器官是（　　）
   A. 脑　B. 肾
   C. 心脏　D. 肝
   E. 肌肉
2. 体内生物转化的结合反应中最常见的是（　　）
   A. 乙酰基结合　B. 硫酸结合
   C. 葡萄糖醛酸结合　D. 甲基结合
   E. 谷胱甘肽结合
3. 生物转化最重要的生理意义是（　　）
   A. 使毒物的毒性降低
   B. 使药物失效
   C. 使生物活性物质灭活
   D. 使某些药物药效更强或毒性增加
   E. 使非营养物质极性增加，利于排泄
4. 胆汁中含量最多的有机成分是（　　）
   A. 胆色素　B. 胆固醇
   C. 胆汁酸盐　D. 磷脂
   E. 糖
5. 游离胆红素在血液中主要与哪种血浆蛋白结合而运输（　　）
   A. α_1-球蛋白　B. 清蛋白
   C. α_2-球蛋白　D. β-球蛋白
   E. γ-球蛋白

6. 肝功能受损时血液中升高的是（　　）

A. 血脂　　B. 血氨

C. 清蛋白　　D. 胆固醇

E. 酮体

7. 肝内胆固醇的主要代谢去路是转变为（　　）

A. 7α-羟胆固醇　　B. 胆酰 CoA

C. 胆汁酸　　D. 维生素 D_3

E. 胆色素

三、多项选择题

1. 属于胆色素的有（　　）

A. 血红素　　B. 胆绿素

C. 胆红素　　D. 胆素

E. 胆素原

2. 下列哪些反应属于第一相反应（　　）

A. 氧化反应　　B. 还原反应

C. 水解反应　　D. 结合反应

E. 分解反应

3. 常用肝功能试验血清酶类检测项目包括（　　）

A. ALT　　B. AST

C. ALP　　D. γ-GT

E. AFP

4. 下列关于肝脏在物质代谢中的作用叙述正确的是（　　）

A. 维持血糖浓度

B. 生成和利用酮体

C. 转化和分解支链氨基酸

D. 是维生素 A、E、K 和 B_{12} 主要储存场所

E. 参与激素灭活

四、填空题

1. 生物转化的第一相反应是________、________、________，第二相反应是________。

2. 储存于肝脏中的维生素主要包括维生素________、________、________、________。

3. 肝脏通过________、________、________途径来维持血糖浓度。

4. 根据产生的原因不同将黄疸分为________、________、________。

5. 初级胆汁酸包括________和________，次级胆汁酸包括________和________。

第 9 章

核苷酸代谢和蛋白质的生物合成

核苷酸是构成核酸的基本单位，是机体内一类重要的含氮化合物。核苷酸主要由机体细胞自身合成。核酸是生物体遗传物质的基础，蛋白质是生命现象的体现者。遗传信息的传递和表达告诉我们机体的生长、繁殖、遗传、变异等生命现象的奥秘。

体内蛋白质的生物合成受核酸的控制，核苷酸的代谢及功能的发挥需要蛋白质的参与，所以核苷酸代谢与蛋白质的生物合成有着密切关系。机体内核苷酸代谢与蛋白质的生物合成与生物生长、繁殖、遗传、变异等生命现象的过程有关。所以，对其深入的研究，对了解机体的免疫现象及免疫性疾病、病毒性疾病、遗传病、放射病、肿瘤、抗生素及某些药物作用机制等有重要意义。

第 1 节　核苷酸代谢

一、核苷酸的分解代谢

机体内的核酸，多以核蛋白的形式存在。人体内的水解酶类可分解食物中的核蛋白和核酸类物质。食物中的核蛋白在胃里受胃酸的作用，分解为核酸和蛋白质。核酸主要在小肠内被消化，在核酸酶的作用下，水解成寡核苷酸或单核苷酸，单核苷酸进一步降解为磷酸、戊糖和碱基。这些消化产物在小肠上段吸收，经肝门静脉入肝。被吸收的戊糖及磷酸可以继续合成核苷酸，而大部分碱基则被分解，然后排出体外。核苷酸分为嘌呤核苷酸和嘧啶核苷酸两类，它们有着不同的代谢方式。

核酸 → 核苷酸 → { 磷酸；核苷 → { 含氮碱基；戊糖 } }

（一）嘌呤核苷酸的分解代谢

组织细胞内的嘌呤核苷酸首先在核苷酸酶的催化下水解为核苷。核苷经核苷磷酸化酶催化，分解生成 1-磷酸核糖和嘌呤碱。1-磷酸核糖可以转变为 5-磷酸核糖，后者进入磷酸戊糖途径进行代谢。嘌呤碱进一步代谢，最终氧化生成尿酸。尿酸是嘌呤碱的分解代谢终产物，经肾随尿排出体外。

嘌呤核苷酸的分解示意图如图 9-1 所示。

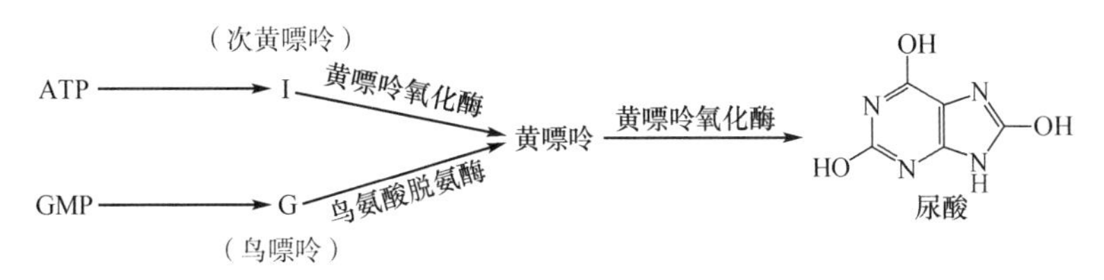

图 9-1　嘌呤核苷酸的分解示意图

黄嘌呤氧化酶是生成尿酸的关键酶，遗传缺陷或肝脏严重受损的人会导致该酶缺乏。临床表现为黄嘌呤尿、黄嘌呤肾结石、低尿酸血症等症状。

人体内嘌呤碱的分解主要在肝、小肠及肾脏中进行。机体内嘌呤核苷酸的终产物是尿酸，随尿排出体外。正常人血清中尿酸含量为 0.12～0.36mmol/L，男性略高于女性。尿酸呈酸性，水溶度较差，

常以 Na^+盐或 K^+盐的形式经肾排泄。当白血病、恶性肿瘤等疾病患者摄入富含嘌呤的食物时，嘌呤核苷酸在体内分解过多，尿酸生成量增多或排泄障碍，可导致血液中的尿酸含量增多。当血清尿酸的含量超过 0.48mmol/L 时，其尿酸盐结晶可沉积于关节、软组织、软骨及肾等处，引起痛风症。临床上常用与嘌呤核苷酸结构相似的别嘌醇竞争性抑制黄嘌呤氧化酶，从而抑制尿酸的生成、治疗痛风症。

痛风症的发病机制：痛风症可分为原发性痛风和继发性痛风两类。原发性痛风是一种先天代谢缺陷性疾病，由于体内与某些嘌呤核苷酸代谢相关酶的活性异常而引起嘌呤核苷酸合成增加，使血中尿酸异常升高所致。以男性患者为主，目前尚不能根治。目前，已知有两种酶活性异常可导致痛风，一种是次黄嘌呤-鸟嘌呤磷酸核糖转移酶（HGPRT）缺乏，导致嘌呤核苷酸补救合成障碍，致使体内游离的嘌呤碱增多；另一种是 5-磷酸核糖-1-焦磷酸（PRPP）合成酶活性升高，加快了嘌呤核苷酸的从头合成。继发性痛风主要见于某些疾病引起血尿酸升高所致，如肾疾病引起的尿酸排泄障碍，临床上的痛风患者多以此种情况居多。某些疾病如白血病、恶性肿瘤等，由于核苷酸大量分解，导致尿酸生成过多，使血尿酸升高。此外，药物也可通过影响肾脏的排泄致血尿酸升高，如高剂量的阿司匹林可影响尿酸盐的排泄和重吸收。现在，随着人们生活水平的提高，高嘌呤饮食导致的痛风症患者也逐渐增多。

考点：嘌呤核苷酸分解代谢的终产物，痛风症的定义、发病机制

课堂互动

患者，男，51 岁，几个月前发现足趾关节偶尔疼痛，尤其是饮酒或吃海鲜后，疼痛发作加重，查体：左足大趾趾关节红肿疼痛，拒按，走路困难。经医院化验血尿酸 0.68mmol/L，诊断为痛风。

思考：1. 该病例中，患者被诊断为痛风的依据是什么？为什么？

2. 临床上常用什么药物治疗痛风症？对患者的饮食和用药应给予怎样的指导？

（二）嘧啶核苷酸的分解代谢

嘧啶核苷酸在核苷酸酶及核苷磷酸化酶的催化下，水解生成游离的嘧啶、磷酸和核糖。嘧啶核苷酸代谢主要在肝中进行，胞嘧啶脱氨基转变为尿嘧啶。尿嘧啶在肝中进一步分解，最终分解为 NH_3、CO_2 及 β-丙氨酸。胸腺嘧啶分解为 NH_3、CO_2 及 β-氨基异丁酸。摄入富含 DNA 的食物、放射线治疗或化学治疗的恶性肿瘤患者，尿中 β-氨基异丁酸的排出量增多，检测尿中 β-氨基异丁酸的含量对临床治疗具有一定的指导意义。

考点：嘧啶核苷酸分解代谢的终产物

二、核苷酸的合成代谢

核苷酸的合成代谢有从头合成和补救合成两条途径。从头合成途径是指以氨基酸、一碳单位、CO_2、磷酸和核糖等为原料，经过一系列酶促反应合成核苷酸的过程。补救合成途径是指以机体内现成的碱基或核苷为原料，经过较简单的反应过程合成核苷酸的过程。机体内的脱氧核糖核苷酸由核糖核苷酸还原而来。

（一）嘌呤核苷酸的合成

1. 嘌呤核苷酸的从头合成途径

（1）合成部位：嘌呤核苷酸合成的主要部位是肝，其次是小肠黏膜及胸腺组织。在细胞液中进行。

（2）合成原料：嘌呤核苷酸合成的主要原料有 5-磷酸核糖、谷氨酰胺、一碳单位、甘氨酸、CO_2 和天冬氨酸。嘌呤环从头合成原料如图 9-2 所示。

考点：嘌呤核苷酸的合成原料

（3）合成过程：反应过程可分为两个阶段。①合成次黄嘌呤核苷酸（IMP）；②IMP 转化为 AMP 和 GMP。

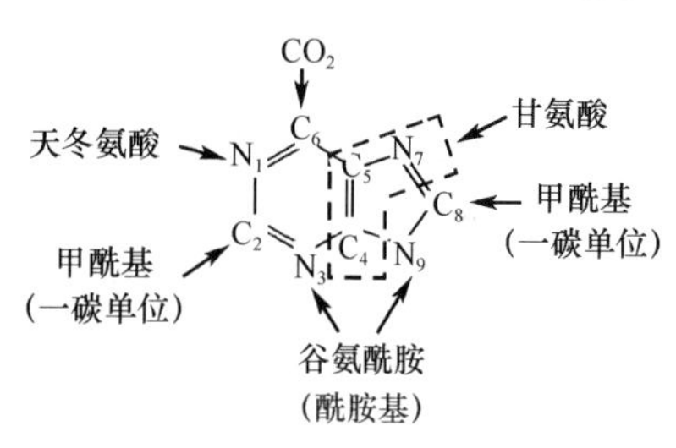

图 9-2　嘌呤环从头合成原料

抗肿瘤药物甲氨蝶呤（MTX）干扰一碳单位的代谢，可抑制嘌呤核苷酸的合成；6-巯基嘌呤（6-MP）可抑制 IMP 转变为 AMP 与 GMP。由于它们干扰核酸及蛋白质的生物合成，故有抗肿瘤作用。

2. 嘌呤核苷酸的补救合成途径　组织细胞利用现有的嘌呤碱或嘌呤核苷为原料，重新合成嘌呤核苷酸的过程。

机体内的某些组织器官如脑、骨髓，由于缺乏从头合成嘌呤苷核酸的酶系，因此补救合成途径为嘌呤核酸合成的唯一途径。次黄嘌呤-鸟嘌呤磷酸核糖转移酶缺陷的患儿表现为智力发育受阻、共济失调，具有攻击性和敌对性，患儿有咬自己的口唇、手指和足趾等自毁容貌的表现，称为自毁容貌症或 Lesch-Nyhan 综合征。

（二）嘧啶核苷酸的合成

1. 嘧啶核苷酸从头合成途径

（1）合成部位：嘧啶核苷酸主要在肝内细胞液中进行。

（2）合成原料：天冬氨酸、谷氨酰胺、CO_2 和 5-磷酸核糖。

嘧啶环从头合成原料如图 9-3 所示。

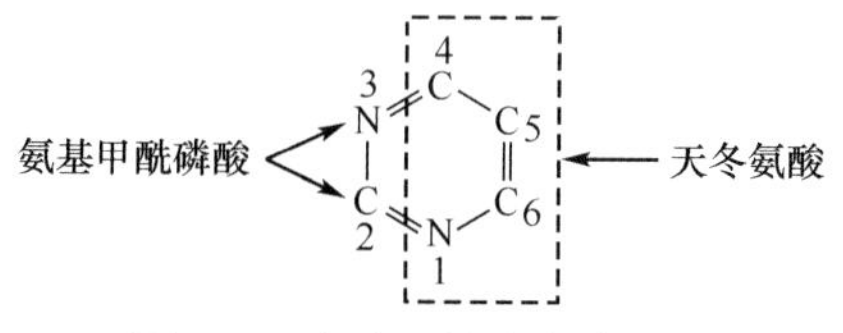

图 9-3　嘧啶环从头合成原料

考点：嘧啶核苷酸的合成原料

（3）合成过程：合成时由谷氨酰胺与 CO_2 缩合生成氨基甲酰磷酸，逐步形成嘧啶环，由 PRPP 提供磷酸核糖，合成尿苷酸（UMP）。UMP 在激酶催化下生成 UTP，UTP 可氨基化生成 CTP。

2. 嘧啶核苷酸的补救合成途径　以嘧啶碱和嘧啶核苷为底物在嘧啶磷酸核糖转移酶、尿苷激酶等一系列酶的催化下，生成嘧啶核苷酸。

（三）脱氧核苷酸合成

核糖核苷酸还原生成脱氧核苷酸。还原反应在核苷二磷酸（NDP：ADP、GDP、CDP 和 UDP）水平上进行，在核糖核苷酸还原酶的催化下，生成的脱氧核苷二磷酸再经激酶催化，生成脱氧核苷三磷酸。

抗肿瘤药物羟基脲是核糖核苷酸还原酶的抑制剂，可干扰脱氧核苷酸的合成。

脱氧胸苷酸的合成比较特殊。脱氧尿苷酸（dUMP）甲基化生成脱氧胸甘酸（dTMP）。反应由胸苷酸合成酶催化。

氟尿嘧啶（5-FU）结构与胸腺嘧啶相似，可干扰 dTMP 的合成，用于肿瘤的治疗。

三、DNA 的生物合成——复制

DNA 是主要的遗传物质，DNA 分子储存着生物体所有的遗传信息，遗传信息的功能单位为基因，通过基因的表达可以合成蛋白质。1958 年 Crick 将遗传信息的传递方式归纳为遗传学中心法则，描述了遗传信息从 DNA→DNA（复制）、从 DNA→RNA（转录）、从 RNA→蛋白质（翻译）的传递方向。1970 年 Temin 和 Baltimore 发现病毒不仅可以自我复制 RNA，并且还能以病毒 RNA 为模板指导合成 DNA，从而阐明了逆转录机制，就这样补充和修正了中心法则，修正与补充后的中心法则如图 9-4 所示。

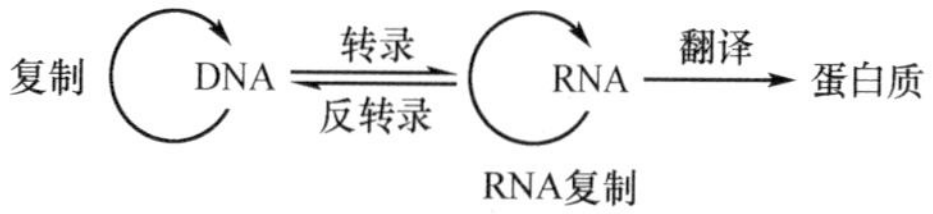

复制　DNA　转录　反转录　RNA　翻译　蛋白质
RNA复制

图 9-4　遗传信息传递的中心法则

DNA 的生物合成有复制和逆转录两种方式。DNA 复制是指在机体内以亲代 DNA 为模板，合成子代 DNA 的过程。复制的意义是维持生物物种的稳定性。逆转录是指以 RNA 为模板指导合成 DNA 的过程。

（一）DNA 的复制

1. DNA 的复制方式——半保留复制 DNA 进行复制时，亲代 DNA 链双螺旋结构解开，解离为两条单链，均称为母链。以两条母链 DNA 为模板，以 4 种三磷酸脱氧核苷为原料（底物），按照碱基互补配对原则（A-T、C-G），合成的新链，称为子链。母链和子链重新形成双螺旋结构，这样形成的两个子代 DNA 分子与亲代 DNA 分子的碱基顺序完全相同。在每个子代 DNA 分子的双链中，一条链保留了亲代 DNA 分子的一条链，另一条链是完全新合成的，故将这种复制方式称为半保留复制（图 9-5）。

通过复制，亲代 DNA 分子上的遗传信息可准确无误地传递给子代。

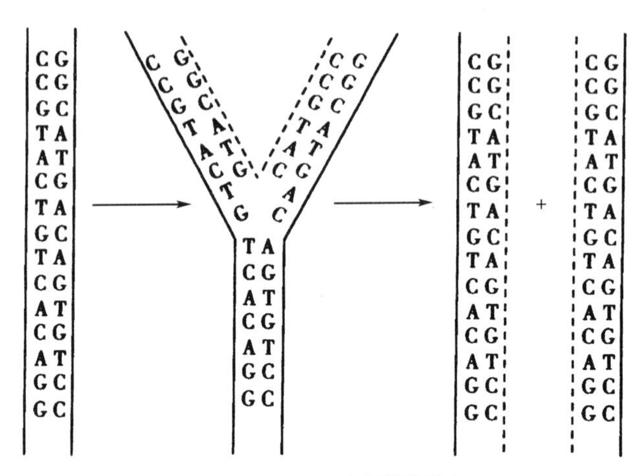

图 9-5 DNA 半保留复制

考点：半保留复制的定义

2. 参与复制的重要酶类及蛋白质因子 DNA 复制过程十分复杂，需要 20 多种酶和蛋白质因子的参加，其中主要有 DNA 聚合酶、引物酶和 DNA 连接酶等。

（1）DNA 聚合酶：是 DNA 复制中最重要的酶，又称依赖 DNA 的 DNA 聚合酶。现已知道的原核生物 DNA 聚合酶有三种：DNA 聚合酶Ⅰ、DNA 聚合酶Ⅱ、DNA 聚合酶Ⅲ。DNA 聚合酶催化亲代 DNA 链为模板链，以三磷酸脱氧核苷酸（dATP、dTTP、dCTP、dGTP）为原料，按碱基互补配对的原则合成新链，DNA 子链的延长方向均是 5′→3′方向。

（2）引物酶：在 DNA 模板的复制起始位点催化片段 RNA 引物的合成，并辨别认识起始位点。复制完成后，RNA 引物被水解去除。

（3）DNA 连接酶：可催化 DNA 片段的 3′端羟基与另一 DNA 片段的 5′端磷酸基脱水缩合形成 5′, 3′-磷酸二酯键，将相邻的 DNA 片段连接起来。DNA 连接酶不仅在复制中有连接缺口作用，在 DNA 修复、重组、剪接中均有缝合缺口的作用。

（4）DNA 解旋酶：是能促进 DNA 双链分离的酶。DNA 复制时通过 ATP 获取能量，使 DNA 双链解开。该酶从复制起始位点开始，先解开小片段 DNA，解旋后的单链可作为模板引导 DNA 新链的合成。每解开一个碱基对，需消耗 2 分子 ATP。

（5）拓扑异构酶：是可以改变 DNA 分子拓扑构象的酶，在复制过程中或复制完成后消除或引入超螺旋构象。使 DNA 双链中的一股或两股断开，使 DNA 解链反方向旋转时不致缠结。适当时又将缺口封闭，使 DNA 变为松弛状态。

（6）DNA 结合蛋白：已解旋的 DNA 单链，会有恢复形成双螺旋结构的倾向。细胞内的单链 DNA 结合蛋白能与解开的 DNA 单链结合，防止单链重新形成双螺旋，维持模板处于单链状态以便复制，并防止单链被核酸酶水解。

3. DNA 的复制过程　DNA 的复制是一个连续的过程，分为起始、延伸及终止三个阶段。

（1）DNA 复制的起始：DNA 的复制是在特定起始部位开始的，复制起始时，DNA 解旋酶及拓扑异构酶与 DNA 复制的起始位点结合，松弛 DNA 的超螺旋结构，使双链解开，并由 DNA 结合蛋白保护和稳定 DNA 单链，形成复制点。每个复制点的形状像一个叉子，称为复制叉。

当两股 DNA 单链暴露出足够数量的碱基对时，DNA 引物酶发挥作用。引物酶能识别起始位点，以 4 种核糖核苷酸为原料，以解开的一段 DNA 链为模板，按碱基配对原则，从 5′→3′方向合成 RNA 引物片段。RNA 引物的长短约为十多个至数十个核苷酸。在此阶段只合成引物 RNA，为 DNA 链的合成做好准备，此 RNA 引物的 3′-OH 端就是合成新的 DNA 的起点。RNA 引物的合成标志着复制的正式开始。

（2）DNA 链的延伸：通过碱基互补配对关系，在 RNA 引物的 3′-OH 端，由 DNA 聚合酶催化 4 种脱氧核苷三磷酸，并分别以 DNA 的两条链为模板，同时合成两条新的 DNA 子链。DNA 分子的两条链是反向平行的，而新合成的链方向都是按 5′→3′方向进行。因此，新合成的子链中有一条链的合成方向与复制叉前进方向是一致的，能连续合成，此链称为前导链；而另一条链的合成方向与复制叉前进方向相反，是不连续合成的，称为后随链。

后随链是非连续合成的，在 DNA 复制中这种不连续的 DNA 片段称为冈崎片段，是由日本科学家冈崎在电子显微镜下发现的。所以 DNA 的复制方式又称为半不连续复制。

（3）DNA 复制的终止：是指由 DNA 聚合酶 Ⅰ 切除引物并填补空隙、冈崎片段的连接和延长。DNA 片段合成至一定长度后，在 DNA 聚合酶 Ⅰ 的作用下，把前导链和后随链中的 RNA 引物除去。RNA 引物除去后，在冈崎片段间便留下间隙，在 DNA 聚合酶的催化下，按 5′→3′方向又合成 DNA 进行填补，最后在 DNA 连接酶催化下，将冈崎片段连接成完整的 DNA 分子。前导链的引物被水解后，需 DNA 聚合酶填补空隙，连接酶缝合缺口（图 9-6）。

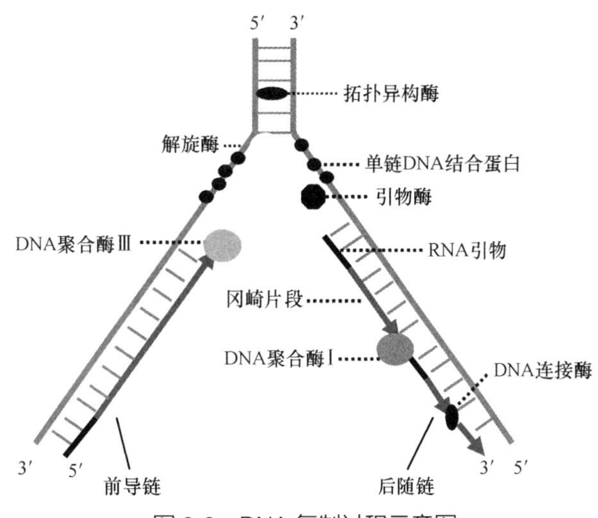

图 9-6　DNA 复制过程示意图

考点：DNA 的复制过程、主要的酶

（二）逆转录

逆转录指以 RNA 为模板，合成 DNA 的过程。这是合成 DNA 的另一种特殊形式。大多数生物的遗传物质主要是 DNA，而某些病毒的遗传物质是 RNA。催化逆转录的酶称为逆转录酶或反转录酶（也称依赖 RNA 的 DNA 聚合酶），该酶不仅存在于致癌 RNA 病毒中，也存在于其他 RNA 病毒及人的正常细胞和胚胎细胞中。

当 RNA 病毒感染宿主细胞后，胞质中脱去外壳，以病毒 RNA 为模板，dNTP 为原料，RNA 为引物，在逆转录酶催化下，在引物 3′-OH 端沿 5′→3′方向，合成一条与病毒 RNA 互补的 DNA 链

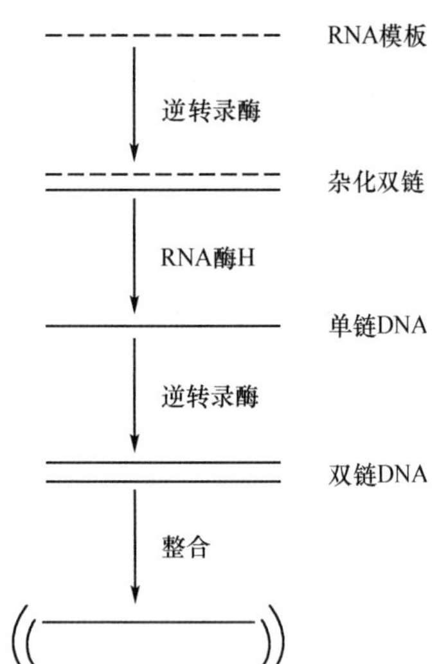

图 9-7 逆转录过程示意图

（cDNA），形成了 RNA-DNA 杂交分子。在此酶的催化下，杂交分子分解去掉 RNA，再以 cDNA 为模板，合成另一条互补的 DNA 链，形成 DNA 双链结构。新合成的 DNA 分子中存在着病毒 RNA 的信息，它会整合入宿主细胞的 DNA 中去。在静止（即不表达）情况下，它可往下传多代，但在某种情况下，病毒基因能被激活而使病毒复制，并使宿主细胞发生癌变（图 9-7）。

逆转录过程的发现具有重要的理论和实践意义，是分子生物学中心法则的补充和完善。在基因工程实施中，可将 mRNA 以逆转录合成 DNA，获得目的基因。

四、RNA 的生物合成——转录

（一）转录的概述

以 DNA 为模板合成 RNA 的过程称为转录。转录是生物体内合成 RNA 的主要方式，遗传信息通过转录从 DNA 传递到 RNA。转录时以 DNA 为模板，以四种核糖核苷酸（ATP、GTP、CTP、UTP）为原料，在 RNA 聚合酶的催化下，按照碱基互补配对原则（因 RNA 中无 T，U 代替 T 与 A 配对），按 DNA 模板中核苷酸排列顺序合成相应核苷酸顺序的 RNA 分子。

DNA 作为模板只有一条链有转录功能，能作为模板进行转录的 DNA 单链（有转录功能）称为模板链（也称有意义链）；另一条不能作为模板进行转录的 DNA 单链（没有转录功能）称为编码链（也称反意义链）。在 DNA 双链中，各基因的有意义链不一定是同一条链，这种 RNA 的转录称为不对称转录（图 9-8）。

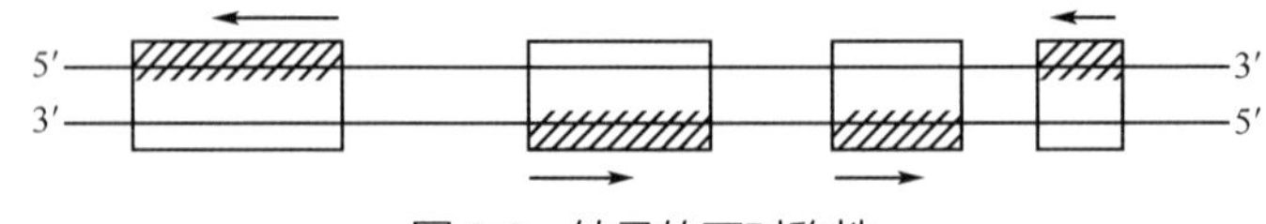

图 9-8 转录的不对称性

（二）RNA 聚合酶

大肠杆菌的 RNA 聚合酶是由 5 种亚基组成的六聚体，可用 α_2（2 个 α）$\beta\beta'\omega\delta$ 表示，称为全酶。全酶中的 δ 亚基能识别有意义链和转录的起始点；全酶中的 $\alpha_2\beta\beta'\omega$ 称为核心酶，能催化核苷酸聚合成 RNA。

真核生物的 RNA 聚合酶有 RNA 聚合酶Ⅰ、RNA 聚合酶Ⅱ、RNA 聚合酶Ⅲ三种。专一性强，转录不同的基因。因此它们转录的产物也不同，分别催化 rRNA、mRNA、tRNA 前体的合成。

（三）转录的基本过程

RNA 转录过程可分为起始、链的延长及终止三个阶段（图 9-9）。

1. 起始阶段 转录是在 DNA 模板的一段特殊部位开始的。转录起始位点之前有一段核苷酸序列组成的启动子，又称启动基因，是 RNA 聚合酶的识别和结合部位。转录过程从起始位点开

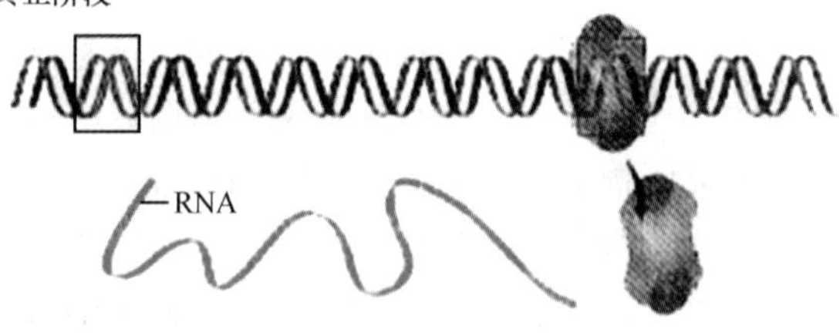

图 9-9 转录过程示意图

始向模板链的 5′端方向进行，在 DNA 模板上，从起始位点顺转录方向的区域称为下游，从起始位点逆转录方向的区域称为上游。启动子位于转录起始位点上游，RNA 聚合酶中的 δ 亚基无催化作用，它与核心酶结合为全酶，再与模板 DNA 启动子结合，识别转录起始位点。当 RNA 聚合酶滑动到起始位点后，RNA 聚合酶与模板之间形成疏松的复合物，并使 DNA 双链解开 4～8 个碱基对，在 RNA 聚合酶的催化下，与模板相配对的两个相邻的核苷酸形成二核苷酸。

2. 延长阶段　二核苷酸形成后 δ 亚基脱落，与另一核心酶结合继续发挥作用。剩下的核心酶发生构象改变，使酶沿着 DNA 模板链 3′→5′方向移动，以 4 种三磷酸核苷为原料，使 RNA 链按 5′→3′的方向不断合成、延长。在此过程中，新合成的 RNA 链逐渐与模板链分离，已被转录的 DNA 链重新形成双螺旋结构。

这样合成的 RNA 链的方向和模板链是相反的，碱基顺序和模板链是互补的，但和编码链的方向相同，碱基序列也相同（T 被 U 取代），合成的 RNA 链把编码链的碱基顺序抄录过来了。

3. 终止阶段　当核心酶沿着模板 3′→5′方向滑行到终止信号区域时，转录便会终止。模板 DNA 分子中停止转录作用的部位，称为终止子或终止信号。新合成的 RNA 链及 RNA 聚合酶便从模板链上脱落。

在哺乳动物细胞中，细胞核是 RNA 合成的主要部位，但在线粒体内也能合成 RNA。转录合成的 RNA 是 rRNA、mRNA、tRNA 的前体，它们经过各种化学修饰、添加、剪切、剪接、编辑等一系列反应后才成为具有生物活性的 mRNA 分子。

临床应用：利福霉素类抗生素是由地中海链霉菌中产生的利福霉素 B 转化而得，是结构与功能相近的一组抗生素，对革兰氏阳性菌和结核分枝杆菌有效。该类药物的作用机制是抑制细菌 RNA 聚合酶活性，从而影响核糖核酸的合成和蛋白质代谢，导致细菌生长繁殖停止而达到杀菌作用。利福霉素类药物主要有利福霉素 B 二乙酰胺、利福平等。利福平是其中药效最好、目前应用最多的一种，能用于多种细菌感染性疾病，而且与其他药物之间无交叉抗药性，对结核病的疗效尤为突出，是与异烟肼最有效的合用药物。但此药单独使用比合用效果差，易产生抗药性。此外，半合成的利福霉素钠也是临床常用的一种广谱抗菌药。

第 2 节　蛋白质的生物合成

蛋白质生物合成又称为翻译。遗传信息主要贮存于 DNA 分子中，通过转录合成 mRNA，mRNA 传递的遗传信息被转变成蛋白质分子中的氨基酸顺序。以 mRNA 为模板指导合成蛋白质的过程称为翻译。翻译需要以氨基酸为原料，还需要 mRNA、tRNA、核糖体、有关酶和蛋白质因子等，它们在蛋白质生物合成过程中发挥着重要的作用。

一、RNA 在蛋白质合成中的作用

在蛋白质合成中起着重要作用的有信使 RNA（mRNA）、转运 RNA（tRNA）和核糖体 RNA（rRNA）三种。

（一）mRNA 的作用

mRNA 含有遗传信息，是蛋白质肽链合成的直接模板。在真核细胞中，每种 mRNA 只带有一种蛋白质编码信息。mRNA 分子中含有 A、G、C、U 四种碱基，从 5′→3′的方向，每 3 个相邻的核苷酸组成的三联体，称为密码子或遗传密码。mRNA 分子中四种核苷酸可组成 64（4^3）种不同的密码子，其中有 61 种分别编码不同的氨基酸，UAA、UAG、UGA 是肽链合成的三个终止密码子，不编码任何氨基酸。AUG 是肽链合成的起始密码子，同时是代表甲硫氨酸的密码子（表 9-1）。

表 9-1 遗传密码表

第一个核苷酸（5′端）	第二个核苷酸 U	C	A	G	第三个核苷酸（3′端）
U	UUU 苯丙氨酸	UCU 丝氨酸	UAU 酪氨酸	UGU 半胱氨酸	U
	UUC 苯丙氨酸	UCC 丝氨酸	UAC 酪氨酸	UGC 半胱氨酸	C
	UUA 亮氨酸	UCA 丝氨酸	UAA 终止密码子	UGA 终止密码子	A
	UUG 亮氨酸	UCG 丝氨酸	UAG 终止密码子	UGG 色氨酸	G
C	CUU 亮氨酸	CCU 脯氨酸	CAU 组氨酸	CGU 精氨酸	U
	CUC 亮氨酸	CCC 脯氨酸	CAC 组氨酸	CGC 精氨酸	C
	CUA 亮氨酸	CCA 脯氨酸	CAA 谷氨酰胺	CGA 精氨酸	A
	CUG 亮氨酸	CCG 脯氨酸	CAG 谷氨酰胺	CGG 精氨酸	G
A	AUU 异亮氨酸	ACU 苏氨酸	AAU 天冬酰胺	AGU 丝氨酸	U
	AUC 异亮氨酸	ACC 苏氨酸	AAC 天冬酰胺	AGC 丝氨酸	C
	AUA 异亮氨酸	ACA 苏氨酸	AAA 赖氨酸	AGA 精氨酸	A
	AUG 甲硫氨酸（起始密码子）	ACG 苏氨酸	AAG 赖氨酸	AGG 精氨酸	G
G	GUU 缬氨酸	GCU 丙氨酸	GAU 天冬氨酸	GGU 甘氨酸	U
	GUC 缬氨酸	GCC 丙氨酸	GAC 天冬氨酸	GGC 甘氨酸	C
	GUA 缬氨酸	GCA 丙氨酸	GAA 谷氨酸	GGA 甘氨酸	A
	GUG 缬氨酸	GCG 丙氨酸	GAG 谷氨酸	GGG 甘氨酸	G

遗传密码是蛋白质生物合成的依据，有以下特点。

1. **连续性** 遗传密码在 mRNA 链上是连续排列的，密码子之间没有标点隔开。因此，在阅读密码子时是从 mRNA 链的 5′端起始密码子开始，沿着 5′→3′的方向，每三个相邻的核苷酸为一组，连续阅读下去，直至终止密码子的出现。如果在 mRNA 链上插入或缺失一个或数个碱基就会造成移码，读码也会发生错误。

2. **简并性** 同一种氨基酸具有多种遗传密码的现象，称为遗传密码的简并性。除甲硫氨酸和色氨酸外，其余 18 种氨基酸的密码子均有两种或两种以上，最多的可达 6 种。编码同一氨基酸的一组遗传密码称为同义密码。

3. **通用性** 目前这套密码，基本上通用于生物界的所有物种，近十几年来，研究表明，在线粒体和叶绿体中的遗传密码与“通用密码”有一些差别。

4. **方向性** 起始密码子 AUG 始终位于 mRNA 的 5′端，终止密码位于 3′端，所以翻译过程是沿着 mRNA 的 5′→3′方向进行。

链 接

破译遗传密码

1961 年克里克用遗传学方法证明了 DNA 上的三个相邻的核苷酸构成了一个三联体，决定多肽链上的一个氨基酸，即特定的核苷酸三联体构成了遗传密码。DNA 上有 4 种核苷酸，可组成 64 种不同的三联体遗传密码。

1966 年美国的科学家尼伦伯格和霍拉纳等用人工方法合成不同核苷酸组合的 RNA 片段，研究破译了全部的遗传密码，成功编绘了遗传密码。遗传密码的破译，是生物学史上一个重大的里程碑。尼伦伯格与霍拉纳于 1968 年荣获诺贝尔生理学或医学奖。

（二）tRNA 的作用

在蛋白质生物合成中，tRNA 的作用是转运和活化氨基酸。tRNA 分子反密码环上的反密码子与

mRNA 上的密码子配对，具有识别密码的作用，tRNA 的 3′端 CCA-OH 是氨基酸的结合位点。一种 tRNA 只可转运一种氨基酸，而一种氨基酸常由 2～6 种 tRNA 转运。tRNA 可通过反密码子，准确地按照 mRNA 上的密码子顺序，使所携带的氨基酸按序“对号入座”，使氨基酸按 mRNA 的密码编排顺序合成多肽链。

（三）rRNA 的作用

rRNA 与多种蛋白质共同构成核糖体（核蛋白体），是蛋白质生物合成的主要场所。原核生物核糖体是由大、小亚基组成，大亚基有两个 tRNA 结合位点：肽酰位（P 位），是肽酰 tRNA 结合的部位；氨基酰位（A 位），是氨酰 tRNA 结合的部位。另外，还有一个 E 位（空出位），是空载的 tRNA 脱落的部位。核糖体的结构使其在蛋白质合成过程中起着“装配机”的作用（图 9-10）。

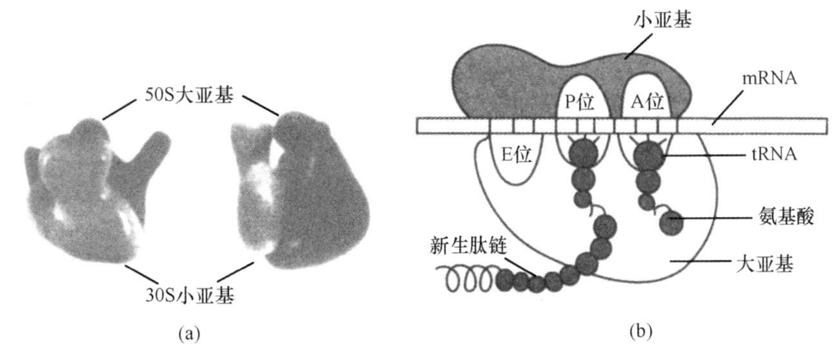

图 9-10　核糖体结构

二、蛋白质生物合成过程

蛋白质的生物合成在细胞代谢中有着重要地位，需要 mRNA 作为模板，tRNA 转运氨基酸，核糖体是蛋白质合成的场所，并需要多种酶和辅助因子参与，合成的多肽链需要经过加工，才能成为有生物活性的蛋白质。

蛋白质生物合成包括氨基酸的活化与转运、核糖体的循环两个过程。

（一）氨基酸的活化与转运

氨基酸与 tRNA 结合为氨基酰-tRNA 的过程称为氨基酸的活化。反应由 ATP 供能，在氨基酰-tRNA 合成酶的催化下进行。tRNA 的 3′端 CCA-OH 是氨基酸的结合位点。

氨基酰-tRNA 可根据 mRNA 中碱基顺序将活化的氨基酸转运至核糖体上合成肽链。

（二）核糖体循环

核糖体循环可分为肽链合成的起始、延长和终止三个阶段。现以原核细胞为例分述如下：

1. 肽链合成的起始　起始阶段是指大亚基、小亚基、mRNA、GTP 和具有启动作用的甲酰甲硫氨酰-tRNA 等聚合成为起始复合物。

（1）在起始因子Ⅰ和起始因子Ⅲ促进下，小亚基与 mRNA 的起始部位结合。

（2）在起始因子Ⅱ促进与起始因子Ⅰ辅助下，甲酰甲硫氨酰-tRNA 借助反密码子与 mRNA 的起始密码子结合，GTP 亦结合到复合物中。

（3）GTP 分解供能：大亚基与上述小亚基复合体结合，释放起始因子，形成起始复合物。此时的 mRNA 起始密码和甲酰甲硫氨酰-tRNA 处于大亚基的肽酰位，mRNA 的第二个密码处于氨酰位（图 9-11）。

2. 肽链的延长　起始复合物形成后，肽链沿 N 端向 C 端延长。此阶段需要肽链的延长因子、GTP、Mg^{2+}和 K^{+}参与，经进位、成肽和移位三个步骤重复进行（图 9-12）。

（1）进位：氨酰 tRNA 在延长因子Ⅰ、GTP 及 Mg^{2+}的参与下。以其反密码子识别起始复合物氨酰位上 mRNA 的密码子，并与之结合，进入氨酰位。

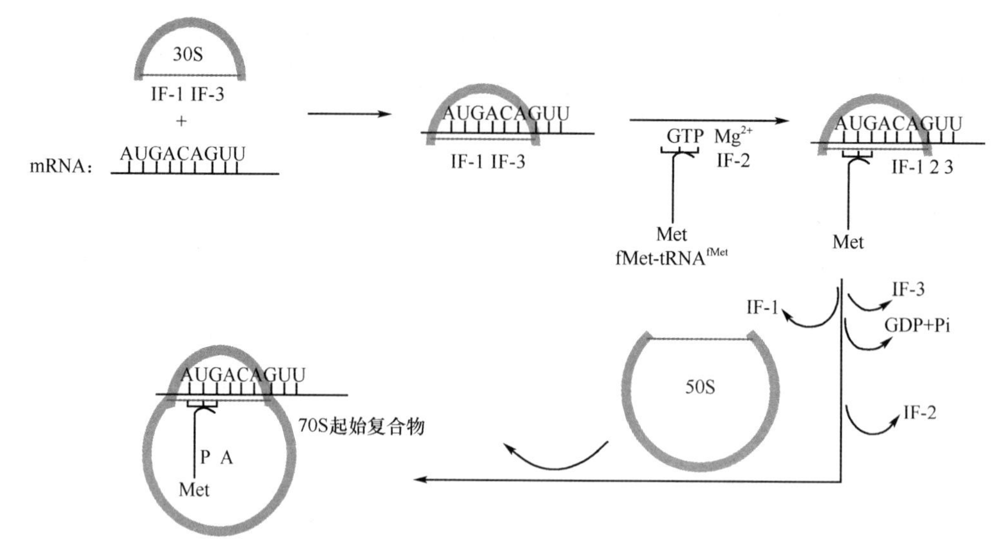

图 9-11 肽链合成的起始

（2）成肽：在转肽酶的催化下，肽酰位的甲酰甲硫氨酰基（以后继续延长时为肽酰-tRNA 的肽酰基）转移，以其羧基与氨酰位的氨基酰-tRNA 中的 α-氨基形成肽键。此时肽酰位上的 tRNA 中的 α-氨基形成肽键。此时肽酰位上的 tRNA 就从核糖体上脱落。

（3）移位：延长因子Ⅱ催化 GTP 分解供能，使核糖体沿 mRNA 5′→3′方向移动一个密码子的距离，于是氨酰位上的肽酰-tRNA 移动到肽酰位，下一个密码子进入氨酰位（图 9-12）。

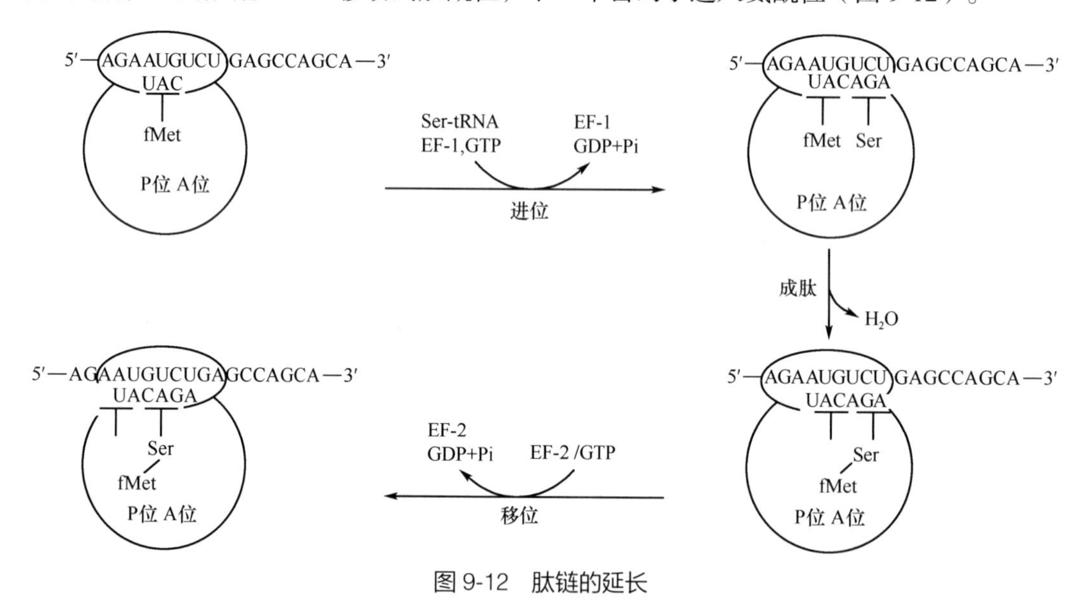

图 9-12 肽链的延长

通过进位、成肽、移位不断重复进行，肽链就按 mRNA 上密码子顺序不断延长。当多肽链合成到一定长度时，可在特异的氨基肽酶作用下，使氨基端的甲酰甲硫氨酸残基从肽链上水解脱落。

3. 肽链合成的终止 当肽链合成到一定长度时，核糖体氨酰位上出现终止密码子时，各种氨基酰-tRNA 不能进位，终止因子能识别终止密码子并与之结合。此时终止因子激活肽酰位的转肽酶，并使其结构发生改变，不起转肽作用而表现水解酶活性，使肽酰位上肽酰-tRNA 酯键水解，肽链释放出来。在核糖体释放因子作用下，以及延长因子Ⅱ、GTP 参与下，核糖体与 mRNA 分离，同时，tRNA 和终止因子脱落。最后在起始因子Ⅲ参与下，核糖体解离为大、小亚基，重新进入核糖体循环（图 9-13）。

以上是单个核糖体的循环。细胞内合成蛋白质时有多个核糖体同时结合在同一 mRNA 分子上，形成多核糖体，在一分子 mRNA 上同时合成多条同样的多肽链。mRNA 结合的核糖体数目视其分子大小而异。如体内合成血红蛋白多肽链的 mRNA 较小，只结合 5～6 个核糖体；而合成肌球蛋白多肽链的 mRNA 较大，可结合 50～60 个核糖体。

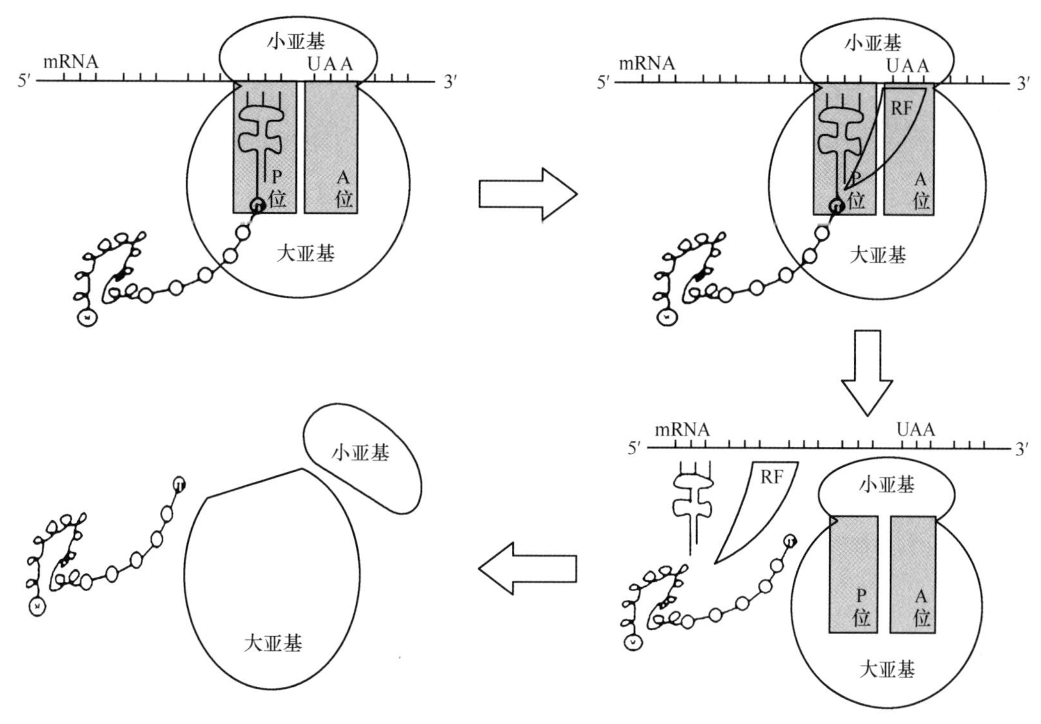

图 9-13　肽链合成的终止

以 mRNA 为模板合成的多肽链自行折叠卷曲，成为具有一定空间结构的蛋白质分子。但很多多肽链合成后，还需经过加工、修饰才能转变为具有生物活性的蛋白质。

链 接

基因工程（又称重组 DNA 技术）

基因是 DNA 分子上携带着遗传信息的碱基序列片段。基因工程是近几年发展较快的一项分子生物学高新技术，是将所获得的目的基因在体外与基因载体重组，然后将其转入适当宿主细胞中，随着该细胞的繁殖，DNA 重组体得到扩增，产生大量的目的基因片段（克隆），并同时使目的基因得以表达。

1996 年 7 月 5 日，英国的生物遗传学家维尔穆特成功地克隆出了多利羊。2005 年 8 月 5 日我国第一头体细胞克隆的小香猪诞生，2007 年 7 月 16 日另一头体细胞克隆的巴马小型猪在上海诞生，表明我国 DNA 重组技术迈上了新台阶。

（莫小卫）

自 测 题

一、名词解释

1. 半保留复制　2. 逆转录　3. 冈崎片段　4. 转录　5. 翻译

二、单项选择题

1. 机体内嘌呤核苷酸分解代谢的终产物是（　　）
   A. 肌酸　B. 尿素　C. 尿酸　D. 肌酐　E. 乙酸
2. 经化学治疗的癌症患者，尿排出量增多的是（　　）
   A. β-丙氨酸　B. 尿素　C. 尿酸　D. β-氨基异丁酸　E. 二氧化碳
3. 遗传物质的基础是（　　）
   A. DNA　B. RNA　C. CTP　D. mRNA　E. ATP
4. 冈崎片段是指（　　）
   A. DNA 模板链上的一段 DNA

B. 引起酶催化合成的 RNA 片段

C. 在后随链上合成的 DNA 片段

D. 在前导链上合成的 DNA 片段

E. 以上都不对

5. DNA 模板的碱基序列为 3′TGCAGTTA5′转录生成的 mRNA 的碱基序列是（　　）

A. 5′ACGTCAAT3′　　B. 5′ACGUCAAU3′

C. 5′AGGUCAAU3′　　D. 5′UCGUCAAU3′

E. 5′TGCAGTTA 3′

6. 下列关于蛋白质生物合成的叙述错误的是（　　）

A. 蛋白质生物合成就是翻译过程

B. mRNA 中的遗传信息可转变为蛋白质中的氨基酸序列

C. 体内蛋白质不断更新，所以体内不断合成蛋白质

D. 蛋白质生物合成是在细胞核内进行

E. 蛋白质生物合成需要 tRNA 转运氨基酸

7. 痛风症是由于下列哪种物质升高引起的（　　）

A. dATP　　B. dGTP

C. dCTP　　D. dTTP

E. CTP

8. DNA 复制过程中不含有（　　）

A. RNA 引物　　B. 多肽链

C. 复制叉　　D. DNA 片段

E. DNA 分子

9. 原核生物中 DNA 指导的 RNA 聚合酶的核心酶组成是（　　）

A. $\alpha_2\beta\beta'\delta$　　B. $\alpha_2\beta\beta'\omega$

C. $\alpha\beta\beta'$　　D. $\alpha_2\beta$

E. $\beta\beta'$

10. 蛋白质生物合成中能终止多肽链延长的密码子有几个（　　）

A. 1　　B. 2

C. 3　　D. 4

E. 5

三、多项选择题

1. 参与 DNA 复制的原料有（　　）

A. dATP　　B. dGTP

C. dCTP　　D. dTTP

E. CTP

2. DNA 的复制包括（　　）

A. 连接　　B. 起始

C. 解链　　D. 延长

E. 终止

3. 尿酸是下列哪些化合物分解的终产物（　　）

A. UMP　　B. AMP

C. IMP　　D. TMP

E. GMP

4. 嘧啶核苷酸的代谢终产物有（　　）

A. 氨　　B. CO_2

C. β-丙氨酸　　D. β-氨基异丁酸

E. 尿素

四、简答题

叙述蛋白质生物合成过程。

第10章

水和无机盐代谢

水和无机盐是人体的重要组成成分，也是必需的营养物质。人体内的水和溶解于水中的无机盐、小分子有机物、蛋白质共同构成体液。体液中的无机盐、某些小分子有机物和蛋白质等常以离子状态存在，故又称为电解质。体液对机体的正常代谢和功能有重要作用。人体的代谢活动都是在体液环境中进行的，疾病、内外环境的剧烈变化常导致水、电解质平衡失调，影响全身各系统器官的功能，如不及时纠正，可引起严重后果，甚至危及生命。因此，掌握体液平衡的基本理论、水和无机盐的代谢与功能，对防治疾病有着重要意义。

第1节 水的代谢

一、水的含量和分布

水是机体中含量最多的组成成分，体液的主要成分是水。以细胞膜为界，将体液分为细胞内液和细胞外液两大部分。正常成人体液总量约占体重的60%，其中细胞内液约占体重的40%，细胞外液约占体重的20%（组织间液占15%，血浆占5%）。细胞外液是组织细胞直接生存的环境，被称为细胞的内环境，是细胞与外界环境进行物质交换的中介场所。

体液（占体重的60%）
- 细胞内液(40%)
- 细胞外液(20%)
  - 血浆(5%)
  - 细胞间液(15%)(组织液)

体液含量随人的年龄、性别和胖瘦会有一定的差异。年龄越小体液所占体重比例越大，新生儿、婴幼儿、学龄儿童的体液分别占体重的80%、70%和65%。男性体液略多于女性，瘦者体液多于胖者，这是因为肌肉含水量远大于脂肪。

考点：体液的含量和分布

二、水的生理功能

水是维持人体正常生理活动所必需的营养物质。体内水有结合水和自由水两种存在形式，大部分以结合水形式存在。

（一）参与和促进体内的物质代谢

水是良好的溶剂，能使营养物、代谢物溶解，并将其通过血液循环或淋巴循环运送至各组织细胞，有利于体内代谢反应的进行和营养物质及代谢产物的运输。水还能直接参加代谢反应，如水解反应、加水脱氢反应等。

（二）调节体温

水的比热大，与等量的其他固体或液体物质相比，1g 水的温度升高 1℃所需要的热量较多，因此，水能吸收较多的热量而本身温度升高不多，使体温不致因机体产热或外界温度的变化而明显波动。水的蒸发热大，1g 水完全蒸发时能吸收较多的热量，因而蒸发少量的汗液就能散发大量的热量。水的流动性大，体内代谢产生的热量可通过血液循环在体内均匀分布并运输到体表散发，从而维持体温的正常。

（三）润滑作用

水是良好的润滑剂，能减少摩擦。例如，唾液有利于吞咽；关节液有利于关节的活动；泪液可防止眼球的干燥。

（四）赋形作用

体内的水大部分与蛋白质、核酸和蛋白多糖等以结合水形式存在。结合水参与维持组织器官的形态、弹性及硬度，维持组织的形态结构和生理功能。

考点：水的生理功能

三、水的摄入与排出

（一）水的摄入

1. 饮水 包括水、饮料等，饮水量随生活习惯、气温和劳动强度的不同而有较大差别。成人一般每天饮水约1200ml。

2. 食物水 各种食物含水量不同，成人每天随食物摄入的水量约1000ml。

3. 代谢水（内生水） 代谢水是由糖、脂类和蛋白质等营养物质在代谢过程中生成的水。成人每天体内生成的代谢水约为300ml，量比较稳定。

（二）水的排出

1. 肾排出 肾排尿是机体排出水分最主要的途径。正常情况下，成人每天的排尿量为1000～2000ml，平均为1500ml，并且排尿量受饮水量及其他排水途径的影响。成人每天由尿排出至少35g的固体代谢废物，每1g固体溶质至少需要15ml水才能使之溶解，故成人每天至少排尿500ml才能将代谢废物排出，因此，500ml称为最低尿量。尿量少于500ml时称为少尿，此时代谢废物将潴留在体内，导致氮质血症。

2. 皮肤蒸发 水分从皮肤蒸发分为不感蒸发（非显性汗）和可感蒸发（显性汗）两种形式。不感蒸发是指体表水分的蒸发，不为人们所感觉，成人每天由此蒸发水约500ml，因其中电解质含量甚微，故可视为纯水；可感蒸发是指汗腺分泌汗液并通过皮肤蒸发掉的过程，出汗量与环境温度、湿度和活动强度有关。这种汗液是低渗液体，含有NaCl、K^+等少量电解质，故大量出汗后，在补充水分的基础上还应注意电解质的补充。

3. 呼吸蒸发 肺呼吸时以蒸汽的形式排出的水每天约350ml，肺排水量的变化取决于呼吸的深度和频率，如高热时呼吸加深、加快，排水量增加。

4. 粪便排出 成人每日约有8000ml消化液进入消化道，内含有大量水分和电解质。这些消化液绝大部分被肠道重吸收，只有150ml左右随粪便排出。病理情况下随粪便排水可增多，如腹泻、胃肠减压、肠瘘等会引起消化液大量丢失，同时伴有电解质的丢失。

正常成人每天水的出入量大致相等，分别约为2500ml（表10-1）。

表10-1 正常成人每日水的摄入量和排出量

水的摄入	摄入量（ml）	水的排出	排出量（ml）
饮水	1200	肾排出	1500
食物水	1000	皮肤蒸发	500
代谢水	300	呼吸蒸发	350
		粪便排出	150
共计	2500	共计	2500

人体每日必然失水量是指当人体不进水时，每日仍通过肾脏排出（最低尿量500ml）、皮肤蒸发、

呼吸蒸发及粪便排出的水量，最少约 1500ml。为了维持水平衡，人体每日摄入的水量至少要达到 1500ml，称最低需水量，是临床工作中每日输液量的依据。

考点： 最低尿量和最低需水量的值

此外，儿童、孕妇和恢复期患者，需保留部分水作为组织生长、修复的需要，故他们的摄水量略大于排水量。婴幼儿新陈代谢旺盛，每天水的需要量（按千克体重计）较成人高 2～4 倍，但因其神经内分泌系统发育尚不健全，肾调节能力较弱，所以比成人更容易发生水、电解质平衡失调。

第 2 节　无机盐代谢

一、无机盐的含量和分布

无机盐在体液中电离成正离子和负离子。体液中主要的电解质是 Na^+、K^+、Ca^{2+}、Mg^{2+}、Cl^-、HCO_3^-等。人体中各部分体液中的电解质含量有所不同（表 10-2），其组成特点为：

1. 细胞内液与细胞外液中电解质分布差异很大。细胞内液中主要阳离子是 K^+，主要阴离子是有机磷酸离子（HPO_4^{2-}）和蛋白质阴离子；细胞外液中的主要阳离子是 Na^+，主要阴离子是 Cl^-和 HCO_3^-。

2. 体液中正离子和负离子的总量相等，呈电中性。

3. 细胞内液与细胞外液的渗透压相等。虽然细胞内液电解质总量高于细胞外液，但细胞内、外液产生的渗透压却相近，这是由于细胞内液蛋白质含量较多，蛋白质形成的胶体渗透压较小。

4. 同属细胞外液的血浆和组织液，电解质含量近似，但血浆蛋白质含量高于组织液，因而血浆胶体渗透压较高，这种差别有利于血浆与组织液之间的液体交换，有利于血容量的维持。

考点： 体液电解质的组成特点

表 10-2　体液中电解质的含量

电解质	血浆		细胞间液		细胞内液（肌肉）	
	离子（mmol/L）	电荷（mmol/L）	离子（mmol/L）	电荷（mmol/L）	离子（mmol/L）	电荷（mmol/L）
正离子						
Na^+	145	（145）	139	（139）	10	（10）
K^+	4.5	（4.5）	4	（4）	158	（158）
Ca^{2+}	2.5	（5）	2	（4）	3	（6）
Mg^{2+}	0.8	（1.6）	0.5	（1）	15.5	（31）
合计	152.8	（156）	145.5	（148）	186.5	（205）
负离子						
Cl^-	103	（103）	112	（112）	1	（1）
HCO_3^-	27	（27）	25	（25）	10	（10）
HPO_4^{2-}	1	（2）	1	（2）	12	（24）
SO_4^{2-}	0.5	（1）	0.5	（1）	9.5	（19）
蛋白质	2.25	（18）	0.25	（2）	8.1	（65）
有机酸	5	（5）	6	（6）	16	（16）
有机磷酸		（–）		（–）	23.3	（70）
合计	138.75	（156）	144.75	（148）	79.9	（205）

二、无机盐的生理功能

（一）维持体液的正常渗透压

无机盐在体内以解离状态存在，K^+、HPO_4^{2-}是维持细胞内液渗透压的主要离子；Na^+、Cl^-是维持细胞外液渗透压的主要离子。当这些离子浓度改变时会引起细胞内、外液渗透压的变化，从而影响体内水的分布。

（二）维持体液的酸碱平衡

Na^+、Cl^-、K^+和 HPO_4^{2-}是体液中各种缓冲对的主要成分，在维持体液的酸碱平衡上起着重要作用。

（三）维持神经、肌肉组织的应激性

神经、肌肉的兴奋性与体液中各种电解质的浓度有关：

$$\text{神经、肌肉的兴奋性} \propto \frac{[Na^+]+[K^+]+[OH^-]}{[Ca^{2+}]+[Mg^{2+}]+[H^+]}$$

由上可见，Na^+、K^+、OH^-可提高神经、肌肉的兴奋性，而 Ca^{2+}、Mg^{2+}、H^+可降低神经、肌肉的兴奋性。临床上常见的低钾血症，患者神经肌肉的兴奋性降低，出现四肢无力、肠麻痹，甚至呼吸肌麻痹；低血钙、低血镁、碱中毒的患者，神经肌肉的兴奋性升高，出现手足抽搐。

考点：神经、肌肉的兴奋性与体液中各种电解质的关系

无机离子对心肌兴奋性的影响，K^+与 Ca^{2+}作用正好相反：

$$\text{心肌兴奋性} \propto \frac{[Na^+]+[Ca^{2+}]+[OH^-]}{[K^+]+[Mg^{2+}]+[H^+]}$$

K^+可降低心肌细胞兴奋性，高血钾可出现心动过缓，严重者导致心搏停止于舒张期；相反，低血钾可出现心动过速，严重者导致心搏停止于收缩期。Ca^{2+}和 Na^+对心肌的作用与 K^+的作用是相拮抗的，临床上可用含钙和含钠的制剂来缓解 K^+对心肌的抑制作用。

考点：心肌兴奋性与体液中各种电解质的关系

（四）参与物质代谢

有些无机盐尤其是金属离子是酶的辅助因子或组成成分，如磷酸激酶需要 Mg^{2+}，细胞色素氧化酶中需要 Fe^{2+}和 Cu^{2+}；有些是酶的激活剂或抑制剂，如 Cl^-是淀粉酶的激活剂，Na^+是丙酮酸激酶的抑制剂；有些金属离子直接参与体内的物质代谢，如 K^+参与糖原及蛋白质的合成代谢。

（五）构成组织细胞的成分

所有组织中均有电解质成分，如钙、磷和镁是骨骼、牙组织中的主要成分，含硫酸根的蛋白多糖参与软骨、皮肤和角膜等组织的构成。

三、钠和氯的代谢

（一）含量与分布

正常成人体内钠总量为 45～50mmol/kg 体重，其中约 45%存在于细胞外液，45%存在于骨骼，10%存在于细胞内液。正常成人血清中钠浓度为 135～145mmol/L，平均为 142mmol/L。

氯主要存在于细胞外液，氯浓度为 98～106mmol/L，平均为 103mmol/L。

（二）吸收与排泄

人体的钠与氯主要来自食盐（NaCl），一般成人每日生理需要量 4.5～9.0g，其摄入量因个人的饮食习惯不同而有很大的差别。《中国居民膳食指南》（2016 版）推荐成人每天食盐摄入量不应超过 6g。Na^+和 Cl^-主要在消化道吸收，且极易被吸收，一般不会出现缺乏。

钠和氯主要经肾脏随尿排泄，少量由粪便及汗液排出。肾脏对排钠的调节能力很强，当血钠浓度高时，肾小管对钠的重吸收降低，过多的钠可以迅速通过肾脏排出体外；反之，重吸收增强，尿钠减少；当机体完全停止摄入钠时，肾排钠几乎为零。钠的排泄特点是：“多吃多排、少吃少排、不

吃不排”。体内氯随钠排出。此外，汗液和粪便亦可排出少量的钠和氯，如大量出汗和腹泻时，可丢失大量的钠和氯，出现水和电解质紊乱。

考点：肾脏排钠的特点

链接

减 盐 行 动

饮食中钠盐含量过高会引起高血压，增加心脏病、脑卒中等心血管疾病的发生风险。世界卫生组织推荐每日盐的摄入量控制在 5g（约 1 茶匙，相当于 2000mg 钠）以内。减盐不是喊口号，而需落实到每一个实际的小行动，让低盐理念融入日常生活，为健康加分。简单五点帮你轻松减盐：从减少食用加工食品或熟食开始；在超市购物时比较产品标签信息选择低钠产品；在餐桌上不再摆放盐罐或瓶装调味汁；在烹饪时用天然植物香料代替盐；在食堂、餐厅、小摊吃东西时要求少放盐。

四、钾 的 代 谢

（一）含量与分布

人体内钾含量为 31～57mmol/kg 体重。其中约 98%存在于细胞内液，仅约 2%存在于细胞外液。细胞内液钾的浓度与细胞外液相差约 30 倍。血清钾含量为 3.5～5.5mmol/L，红细胞内钾浓度约为 105mmol/L，因此测定血清钾时，要避免血标本溶血。

K^+、Na^+在细胞内外分布极不均匀，主要是由于细胞膜上“钠钾泵”的作用。用同位素做静脉注射，大约需 15 小时才能使细胞内外的钾达到平衡，心脏病患者则需 45 小时左右才能达到平衡。因此，在需要给患者补钾时，应注意用量少、浓度低、速度慢等原则，以免造成高血钾。此外，钾在细胞内、外的分布还受物质代谢和体液酸碱平衡等方面的影响。

1. 糖代谢的影响　每合成 1g 糖原需要 0.15mmol 的 K^+进入细胞内；每分解 lg 糖原则可释放等量的 K^+到细胞外。临床上应用胰岛素或大量补充葡萄糖时，细胞内糖原合成增强，钾从细胞外转入细胞内，血钾浓度降低，应注意适量补钾。对于高血钾患者，可采用注射葡萄糖溶液和胰岛素的方法，加速糖原合成，促使钾由细胞外进入细胞内，以达到降低血钾浓度的目的。

2. 蛋白质代谢的影响　每合成 1g 蛋白质需要 0.45mmol 的 K^+进入细胞内；每分解 lg 蛋白质则可释放等量的 K^+到细胞外。因此，在组织生长或创伤修复期等情况下，蛋白质合成代谢增强，钾进入细胞内，可使血钾浓度降低，应注意补钾；而在严重创伤、感染、缺氧以及溶血等情况下，蛋白质分解代谢增强，细胞内钾释放到细胞外，容易引起高血钾。

3. 细胞外液 H^+浓度的影响　酸中毒时细胞外液 H^+浓度增高，部分 H^+与体内细胞和肾小管上皮细胞内的 K^+进行交换，可引起高血钾；相反，碱中毒时则可引起低血钾。

（二）吸收与排泄

钾主要来自食物，正常成人每天钾的需要量为 2～3g。各种谷类、瓜果、肉类等均含有丰富的钾，故一般食物即可满足正常需要。食物中的钾 90%以上被消化道吸收，其余未被吸收的部分则随粪便排出体外。

正常情况下，80%～90%的钾经肾由尿排出，10%左右随粪便排出，少量钾可由汗液排出。肾对钾的排泄能力很强，钾的排泄特点是“多吃多排、少吃少排、不吃也排”。即使禁钾 1～2 周，肾每天排钾仍可达到 5～10mmol，所以，对长期不能进食或大量失钾的患者（如严重腹泻、呕吐、肠瘘等）应该注意及时补钾，防止发生低血钾。临床上，如果肾功能基本正常，尽量选择口服补钾。如果选择静脉注射补钾，要坚持“四不宜”的补钾原则：“不宜过浓、不宜过多、不宜过快、不宜过早，见尿补钾”，以避免引起暂时性高血钾。

考点：1. 肾脏排钾的特点；2. 静脉注射补钾的“四不宜”原则

五、水和钠、钾、氯代谢的调节

（一）神经系统的调节

中枢神经系统通过对体液渗透压变化的感受，直接影响水的摄入。在机体失水过多、进食高盐饮食、输入高 NaCl 或葡萄萄、甘露醇溶液的情况下，细胞外液渗透压升高，下丘脑视前区的渗透压感受器（渴觉中枢）受到刺激，产生兴奋并将其传至大脑皮质引起渴感；同时细胞内水分移至细胞外，细胞脱水，也可引起口渴。饮水后，细胞外液渗透压回降，水由细胞外转向细胞内，重新恢复平衡。

（二）激素的调节

1. 抗利尿激素（ADH） ADH 又称血管升压素，是下丘脑视上核神经细胞合成的一种九肽激素，主要作用是促进肾远曲小管及集合管对水的重吸收，减少尿量。

ADH 的分泌受细胞外液渗透压、血容量和血压等方面的影响。当机体失水导致血浆渗透压升高或大量失血导致血容量减少、血压下降时，可分别刺激下丘脑的渗透压感受器、左心房的容量感受器及主动脉弓和颈动脉窦的压力感受器，三者均能促使 ADH 分泌增加，从而增加肾小管对水的重吸收，机体的水分得到保留，尿量减少，使血浆渗透压恢复正常。反之，当血浆渗透压降低、血容量增加、血压升高时，ADH 分泌减少，水的重吸收降低，尿量增加，使血浆渗透压恢复正常。精神紧张、疼痛等因素也会引起抗利尿激素分泌增加，血管紧张素Ⅱ增多也可刺激 ADH 的分泌（图 10-1）。

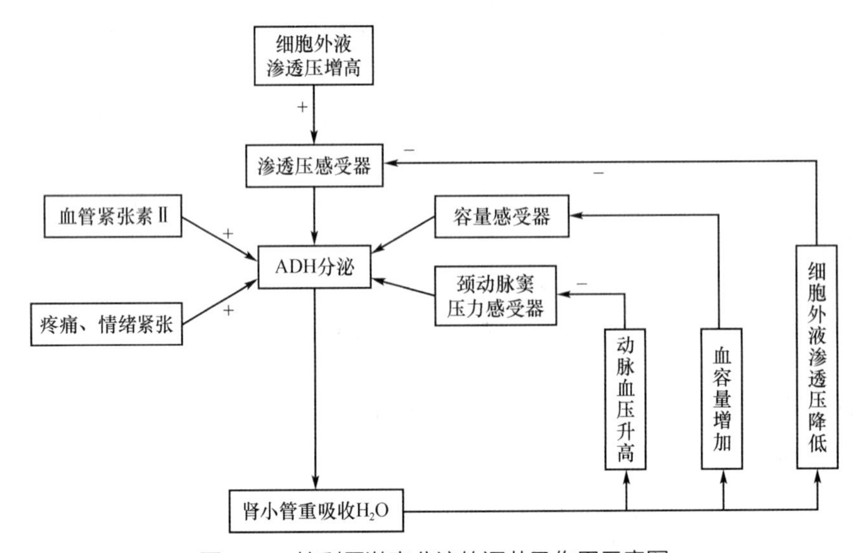

图 10-1 抗利尿激素分泌的调节及作用示意图

考点：抗利尿激素的作用

2. 醛固酮 醛固酮又称盐皮质激素，是肾上腺皮质球状带分泌的一种类固醇激素。醛固酮的主要作用是促进肾远曲小管和集合管上皮细胞排出 K^+和 H^+、重吸收 Na^+（保钠排钾），伴随 Na^+的重吸收，Cl^-和水也被重吸收，即“保钠、排钾、保水”，调节电解质平衡。

醛固酮的分泌主要受肾素-血管紧张素系统和血浆钠钾浓度的调节，当血容量减少或血压下降时，肾的球旁细胞感受血压下降和钠量减少的刺激，分泌肾素增多，肾素作用于血管紧张素原，生成血管紧张素。血管紧张素可刺激肾上腺皮质球状带合成和分泌醛固酮。当血 Na^+浓度下降或血 K^+浓度升高时，醛固酮分泌增加，尿液中排 Na^+减少；反之，醛固酮分泌减少，尿液中排 Na^+增加。

考点：醛固酮的作用

第 3 节 钙、磷代谢

钙、磷是体内含量最多的无机盐，正常人体钙总量为 700～1400g，磷总量为 400～800g。体内 98%以上的钙和 85%以上的磷以羟磷灰石[$3Ca_3(PO_4)_2 \cdot Ca(OH)_2$]的形式构成骨盐。钙、磷主要参与骨骼的形成，极少量的钙和磷分布于体液和软组织中，以溶解状态存在。

一、钙、磷的生理功能

钙、磷在体内主要用于构成骨盐，沉积于胶原纤维的表面参与骨骼的构成。存在于体液中的钙和磷虽然极少，却有着特殊的生理功能。

（一）钙的生理功能

1. 参与凝血作用 Ca^{2+}是凝血因子之一，参与血液凝固过程。

2. 降低毛细血管及细胞膜的通透性 临床上常用钙制剂治疗荨麻疹等过敏性疾病，以减轻组织的渗出性病变。

3. 降低神经肌肉的兴奋性 当血钙降低时，神经肌肉的兴奋性增强，可出现手足搐搦。

4. 增强心肌的收缩力 Ca^{2+}促进心肌的收缩，与促进心肌舒张的 K^+相拮抗，使心肌在正常工作时收缩与舒张的过程达到协调统一。

5. 参与物质代谢的调节 Ca^{2+}是许多酶（如脂肪酶、ATP 酶）的激活剂或某些酶（如 25-羟维生素 D_3羟化酶等）的抑制剂，对物质代谢起着重要的调节作用。

6. 作为第二信使调节细胞功能 Ca^{2+}通过钙信使系统对肌肉收缩、内分泌、糖原的合成与分解、电解质转运以及对细胞生长发挥重要的生理作用。

（二）磷的生理功能

1. 参与体内多种重要物质的组成 如 DNA、RNA、NAD^+及磷脂、磷蛋白等。

2. 参与物质代谢过程 如 6-磷酸葡萄糖、磷酸甘油、氨基甲酰磷酸等是糖类、脂类、氨基酸代谢的重要中间物质。

3. 参与体内能量生成、储存和利用 如 ATP、ADP、磷酸肌酸等。

4. 参与物质代谢的调节 通过酶的共价修饰中的磷酸化和脱磷酸化作用，改变酶的活性，对物质代谢进行调节。

5. 参与体液酸碱平衡的调节 血液中的 HPO_4^{2-}和 $H_2PO_4^-$构成缓冲对，参与体液酸碱平衡的调节。

二、钙、磷的吸收与排泄

（一）钙的吸收与排泄

人体内钙的主要来源是牛奶、豆类和叶类蔬菜。正常成人每日钙的需要量为 0.6～1.0g，儿童、孕妇及乳母需要量增加，每日需钙量为 1.0～1.5g。食物中的钙大多数是难溶性盐，在酸性环境中溶解度大，容易吸收。钙的吸收部位主要在酸度较强的小肠上段。影响钙吸收的主要因素有：

1. 1, 25-（OH）$_2$-D_3 1, 25-（OH）$_2$-D_3（即活性维生素 D）能促进小肠对钙的吸收。如果维生素 D 缺乏或任何原因造成活性维生素 D 形成障碍时，可导致钙的吸收降低，引起缺钙。因此，临床补钙的同时，给予一定量的维生素 D 能达到更好的效果。

2. 饮食 钙盐在酸性环境中易于溶解，凡能降低肠道 pH 的物质都可促进钙的吸收，如乳酸、氨基酸、柠檬酸等。食物中过多的碱性磷酸盐、草酸、鞣酸及植酸等可与钙形成难溶性的钙盐而阻碍钙的吸收。

3. 年龄 钙的吸收率与年龄呈反比，年龄越大，吸收率越低。婴儿和儿童钙的吸收率较高，分别可吸收食物中钙的 50%和 40%以上；成人为 20%左右。随着年龄的增大，钙的吸收率越来越低，故老年人容易缺钙而出现骨质疏松。

人体每天排出的钙，约 80%经肠道排出，20%经肾脏排出。粪便中的钙主要是食物及消化液中未被吸收的钙。肾小球每天可滤出约 10g 钙，其中 95%以上被肾小管重吸收，仅有 0.5%～5%可随尿排出，每日随尿排出的钙比较稳定。若血钙升高，尿钙排出量就增加，以维持血钙浓度相对稳定。

考点：影响钙吸收的主要因素

（二）磷的吸收与排泄

正常成人每日磷的需要量为 1.0～1.5。食物中的磷大部分以磷酸盐、磷蛋白、磷脂或磷酸脂的形式存在，有机磷酸酯被消化水解生成无机磷酸盐后才能被吸收。磷的吸收部位也在小肠上段，较钙容易吸收，吸收率达 70%，低磷时可达 90%，因此，临床上缺磷极为少见。

磷大部分由肾排出，约占总排出量的 70%，其余随粪便排出。当血磷浓度降低时，肾小管的重吸收增强。故肾功能不全时，可引起血磷升高。

三、血钙与血磷

（一）血钙

血液中的钙几乎全部存在于血浆中，故血钙主要指血浆钙（一般采用血清标本来进行测定），正常成人血钙浓度为 2.03～2.54mmol/L，儿童为 2.25～2.67mmol/L。血钙主要以结合钙和离子钙两种形式存在，各占约 50%。结合钙中绝大部分是与血浆蛋白质（主要是清蛋白）结合，小部分与柠檬酸、重碳酸盐结合，蛋白结合钙不能通过毛细血管壁，故称为不可扩散钙。离子钙和柠檬酸钙等可以通过毛细血管壁，则称为可扩散钙。离子钙与结合钙之间可以相互转变，并保持平衡，这一平衡受血浆 pH 影响。

$$\text{血浆蛋白结合钙} \underset{HCO_3^-}{\overset{H^+}{\rightleftharpoons}} \text{血浆蛋白} + Ca^{2+}$$

当血液 pH 下降（酸中毒），则结合钙解离，Ca^{2+}浓度增加；当血液 pH 升高（碱中毒）时，结合钙增多，Ca^{2+}浓度下降。当血浆 Ca^{2+}浓度低于 0.88mmol/L 时，神经肌肉兴奋性增强，可发生手足抽搐现象。

（二）血磷

血磷通常指血浆中的无机磷，其中 80%～85%以 HPO_4^{2-}形式存在，15%～20%以 $H_2PO_4^-$形式存在。由于磷酸根不易测定，所以通常以无机磷表示。正常成人血磷浓度为 0.96～1.62mmol/L，儿童为 1.45～2.10mmol/L。

血钙和血磷浓度保持一定的数量关系，如果两者浓度以“mg/dl”表示，则正常成人血浆[Ca]×[P]=35～40。当两者乘积大于 40 时，钙、磷以骨盐的形式存积于骨组织中；若两者乘积小于 35 时，则会影响骨组织的钙化和成骨作用，甚至会发生骨盐溶解而产生佝偻病及软骨病。

四、钙磷代谢的调节

调节钙磷代谢的因素主要是甲状旁腺素（PTH）、活性维生素 D 和降钙素（CT），它们通过影响肠道对钙磷的吸收、成骨与溶骨作用以及肾脏对钙磷的重吸收来发挥其调节作用。三种调节因素对钙磷代谢的影响见表 10-3。

表 10-3　三种调节因素对钙磷代谢的影响

调节因素	成骨	破骨	肠道钙吸收	血钙	血磷	尿钙	尿磷
1, 25-（OH）$_2$-D_3	↑	↑	↑↑	↑	↑	↓	↓
PTH	↓	↑↑	↑	↑	↓	↓	↑
CT	↑	↓	↓（生理剂量）	↓	↓	↑	↑

（一）1, 25-（OH）$_2$-D_3

维生素 D 本身并无活性，必须经过肝、肾两次羟化反应转变为 1, 25-（OH）$_2$-D_3（活性维生素 D）才具有生理活性。其主要生理作用是：①促进小肠对钙、磷的吸收。②促进骨的代谢（促进成骨与溶骨作用）。③促进肾近曲小管对钙、磷的重吸收。

1, 25-（OH）$_2$-D_3 总体作用是升高血钙、血磷，促进骨的更新。

（二）甲状旁腺素

甲状旁腺素是由甲状旁腺主细胞合成并分泌的一种由 84 个氨基酸残基组成的单链多肽。其主要生理作用是：①促进骨盐溶解（即溶骨），抑制骨盐生成（即成骨），骨组织中的钙、磷释放入血，导致血钙、血磷升高。②促进肾远曲小管对钙的重吸收，抑制对磷的重吸收，使尿磷排出增多。③促进 1, 25-（OH）$_2$-D_3 的生成，从而促进小肠对钙、磷的吸收。

综上所述，PTH 具有升高血钙，降低血磷的作用。

（三）降钙素

降钙素是由甲状腺滤泡旁细胞合成并分泌的一种由 32 个氨基酸残基组成的多肽。其主要生理作用是：①抑制骨盐溶解，促进骨盐生成，导致血钙、血磷降低。在调节血钙、血磷及骨代谢中，CT 和 PTH 有显著的拮抗作用。②抑制肾近曲小管对钙、磷的重吸收，使尿钙、尿磷排出增加。③抑制肾中 1α-羟化酶的活性，抑制 1, 25-（OH）$_2$-D_3 的生成，间接抑制小肠对钙、磷的吸收。CT 作用的总结果是降低血钙和血磷。

考点：调节钙磷代谢的因素

链 接

微 量 元 素

微量元素是指含量占人体体重 0.01%以下，或每日需要量在 100mg 以下的元素。人体必需微量元素有铁、铜、锌、碘、锰、硒、氟、钼、钴、铬、镍、钒、锶、锡 14 种。动物肝脏、瘦肉、黄豆、油菜等铁的含量较高。胃酸、维生素 C、葡萄糖等物质促进铁的吸收。植酸、草酸、鞣酸等妨碍铁的吸收。铁缺乏常见的表现有缺铁性贫血、儿童智力下降、活动能力下降等。铁过量会引起肝硬化、房性心律不齐等。锌主要来自鱼、肉、蛋、动物内脏、谷类、豆类等食物。植酸、钙、纤维素等可影响锌的吸收。儿童缺锌可导致发育不良、智力下降。碘主要来自海盐及海带、紫菜等。成人缺碘可引起甲状腺肿大。儿童缺碘可引起智力迟钝、体力发育迟缓。

（迟玉芹）

自 测 题

一、名词解释

1. 体液 2. 最低需水量

二、单项选择题

1. 人体细胞外液的含量约占体重的（ ）
   A. 5% B. 10%
   C. 15% D. 20%
   E. 40%

2. 对于不能进食的成人，每日的最低补液量为（ ）
   A. 100ml B. 350ml
   C. 500ml D. 1500ml
   E. 2500ml

3. 细胞内液含量最多的阳离子是（ ）
   A. K^+ B. Na^+
   C. Ca^{2+} D. Mg^{2+}
   E. H^+

4. 细胞外液含量最多的阴离子是（ ）
   A. HCO_3^- B. 蛋白质离子
   C. Cl^- D. HPO_4^{2-}
   E. $H_2PO_4^-$

5. 下列哪项可以使心肌兴奋性增加（ ）
   A. K^+↓ B. Na^+↓
   C. Ca^{2+}↓ D. OH^-↓
   E. 以上都不对

6. 人体每日最低尿量为（ ）
   A. 2500ml B. 1500ml
   C. 500ml D. 200ml

E. 100ml

7. 血浆与细胞间液的差别是下列哪项（　　）
A. Na^+不同　　B. K^+不同
C. Cl^-不同　　D. 蛋白质不同
E. 渗透压不同

三、多项选择题

1. 下列哪些可以使神经肌肉兴奋性升高（　　）
A. Na^+↑　　B. K^+↑
C. Ca^{2+}↑　　D. Mg^{2+}↑
E. H^+↑

2. 若肾功能基本正常，选择静脉注射补钾哪些是正确的（　　）
A. 不宜过浓　　B. 不宜过多
C. 不宜过快　　D. 不宜过早
E. 宜早补

3. 下列使钙吸收增加的是（　　）
A. 维生素 D　　B. 乳酸
C. 草酸　　D. 植酸
E. 鞣酸

四、填空题

1. 水的生理功能有________、________、________、________。

2. 调节水盐代谢的激素有________、________，其中醛固酮的作用是________、________，抗利尿激素作用是________。

3. 调节钙磷代谢的激素有________、________、________。

五、简答题

1. 简述体液电解质分布的特点。

2. 简述无机盐与神经肌肉兴奋性和心肌兴奋性的关系。

第11章 酸碱平衡

第1节 概 述

一、酸碱平衡的概念

人体内的物质代谢过程必须在一定的 pH 环境下才能正常进行。但组织细胞在代谢过程中会不断地产生一些酸性和碱性物质，另外还有一定数量的酸、碱性物质随食物进入体内。机体通过一系列调节作用，将体液 pH（酸碱度）维持在恒定范围内的过程，称为酸碱平衡。

考点：酸碱平衡的概念

机体各部分体液的 pH 不尽相同，细胞内液为 7.0，细胞外液略高。正常情况下血浆的 pH 在 7.35～7.45，平均为 7.40。由于各部分体液间相互沟通，因此血浆 pH 可间接反映其他各部分体液的酸碱平衡状态。

课堂互动

网上经常可以看到这样的说法"酸性体质是百病之源"，而且很多人都深信不疑，于是，家里堆满了各种碱性水、碱性食物、碱性保健品。那么，"酸性体质"真的存在吗？吃碱性食物真的可以改变体内的酸碱度吗？让我们一起来探讨！

二、体内酸性物质与碱性物质的来源

（一）酸性物质的来源

1. 内源性酸 这是体内酸性物质的主要来源。主要来自糖、脂肪、蛋白质及核酸在体内的代谢产物，根据这些酸性代谢产物在体内排出的方式不同，可分为挥发性酸和固定酸两类。

（1）挥发性酸：糖、脂肪、蛋白质在体内彻底氧化生成 CO_2 和 H_2O，CO_2 能与 H_2O 生成 H_2CO_3。在肺部，H_2CO_3 重新分解为 CO_2 而呼出，称为挥发性酸。正常成人每日产生的 CO_2 为 300～400L，可生成 15mol 的 H_2CO_3，释放相当于 15mol 的 H^+。

（2）固定酸：物质代谢产生的丙酮酸、乳酸、乙酰乙酸、磷酸、硫酸等，均不能由肺呼出，只能通过肾脏随尿排出，故称为固定酸。正常成人每天从固定酸解离出的 H^+ 为 50～100mmol。

体内的酸性物质主要来自含糖、脂肪、蛋白质丰富的动物性和谷类食物，故将这些食物称为酸性食物。

2. 外源性酸 是指食物及药物中的酸性物质，如柠檬酸、乙酸、乳酸、阿司匹林、维生素 C 等，也是体内酸性物质的来源。

（二）碱性物质的来源

1. 外源性碱 这是体内碱性物质的主要来源，主要来自水果和蔬菜，也称为碱性食物，碱性食物含丰富的有机酸盐，有机酸根可与 H^+ 结合生成有机酸，进而生成 CO_2 和 H_2O 排出体外，消耗体内的 H^+。有机酸盐中的金属离子，如 K^+、Na^+ 与 HCO_3^- 结合生成 $KHCO_3$ 或 $NaHCO_3$，使体内碱性物

质含量增加。

2. 内源性碱 体内物质代谢中也可产生为数不多的碱性代谢产物，如氨基酸脱氨基作用产生的氨，脱羧基作用产生的胺等。

3. 药物 某些药物如小苏打（$NaHCO_3$）、氢氧化铝等。

由此可见，在正常饮食情况下，体内各种来源的酸性物质远多于各种来源的碱性物质。因此，机体对酸碱平衡的调节作用主要是对酸的调节。

第2节 酸碱平衡的调节

体液 pH 的相对恒定，主要依靠血液的缓冲作用、肺的呼吸以及肾的排泄与重吸收三方面的协同作用来实现。

一、血液的缓冲作用

各种来源的酸性或碱性物质进入血液后，首先经血液稀释并被血液缓冲体系缓冲，将较强的酸或碱变成较弱的酸或碱，从而使血液 pH 不会发生明显的改变，以维持血液 pH 的相对恒定。

（一）血液中的缓冲体系

1. 血液缓冲体系的组成 血液缓冲体系是由弱酸及其对应的盐组成，称为缓冲对。根据存在的部位不同分为血浆缓冲体系和红细胞缓冲体系。

血浆缓冲体系的缓冲对有（Pr 代表蛋白质）：

$$\frac{NaHCO_3}{H_2CO_3} \quad \frac{Na_2HPO_4}{NaH_2PO_4} \quad \frac{Na\text{-}Pr}{H\text{-}Pr}$$

红细胞缓冲体系的缓冲对有（Hb 代表血红蛋白）：

$$\frac{KHCO_3}{H_2CO_3} \quad \frac{K_2HPO_4}{KH_2PO_4} \quad \frac{KHb}{HHb} \quad \frac{KHbO_2}{HHbO_2}$$

血浆中碳酸氢盐缓冲体系（$NaHCO_3/H_2CO_3$）最为重要，红细胞中血红蛋白缓冲体系（KHb/HHb、$KHbO_2/HHbO_2$）最为重要。

考点：血浆和红细胞内最重要的缓冲体系

2. 血浆 pH 与碳酸氢盐缓冲体系的关系 血浆 pH 主要取决于 $NaHCO_3/H_2CO_3$。正常人血浆 $NaHCO_3$ 浓度为 24mmol/L，H_2CO_3 浓度为 1.2mmol/L，两者比值为 20/1，只要 $NaHCO_3/H_2CO_3$ 保持 20/1，血浆 pH 即为 7.4。如果一方浓度发生改变，只要另一方也做出相应的改变以维持它们的比值为 20/1，血浆的 pH 就可维持正常。因此，机体酸碱平衡调节的实质，就是调节 $NaHCO_3$ 和 H_2CO_3 的含量，使二者比值保持 20/1，从而维持血浆 pH 相对恒定。

考点：血浆 pH 主要取决因素、$NaHCO_3/H_2CO_3$ 浓度的比值

（二）缓冲体系的缓冲作用

1. 对固定酸的缓冲 当固定酸（HA）进入血液时，首先由 $NaHCO_3$ 与之反应，生成固定酸钠盐（NaA）和 H_2CO_3，使血液 pH 不会明显下降。在血液流经肺时，H_2CO_3 分解成 H_2O 和 CO_2，后者由肺呼出。

$$HA + NaHCO_3 \longrightarrow NaA + H_2CO_3$$

$$H_2CO_3 \longrightarrow H_2O + CO_2$$

此外，Na-Pr 和 Na_2HPO_4 也能缓冲固定酸。

血浆中的 $NaHCO_3$ 主要用来缓冲固定酸，在一定程度上它代表血浆对固定酸的缓冲能力。故习惯上把血浆 $NaHCO_3$ 称为碱储。碱储可用 CO_2 结合力（CO_2-CP）来表示。

2. 对挥发性酸的缓冲 体内代谢产生的CO_2进入血液后，绝大部分扩散入红细胞，经碳酸酐酶（CA）催化与H_2O反应生成H_2CO_3。H_2CO_3主要被KHb/HHb和$KHbO_2/HHbO_2$缓冲体系缓冲，最终以CO_2形式经肺排出（图11-1）。

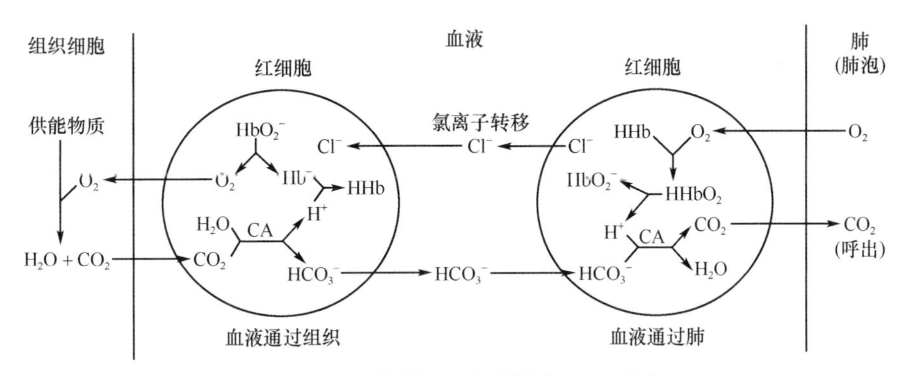

图11-1 对挥发性酸的缓冲作用示意图

因此，对挥发酸的缓冲作用实际上就是将组织细胞代谢中产生的CO_2通过血液循环运到肺部再排至体外的过程。

3. 对碱的缓冲作用 碱性物质（BOH）进入血液后，主要被碳酸氢盐缓冲体系中的H_2CO_3缓冲生成碱性较弱的碳酸氢盐，使血液的pH不会明显升高。

$$BOH + H_2CO_3 \longrightarrow BHCO_3 + H_2O$$

由上可见，血液缓冲体系在缓冲酸和碱中起着重要作用。缓冲固定酸时，消耗$NaHCO_3$，生成H_2CO_3，使H_2CO_3浓度升高；缓冲碱性物质时则使H_2CO_3被消耗，$NaHCO_3$浓度升高，从而导致血浆$NaHCO_3/H_2CO_3$发生改变，造成血液pH的改变，因此还需要通过肺和肾来调节$NaHCO_3$和H_2CO_3浓度，以维持其正常的比值。

二、肺在酸碱平衡中的调节作用

肺主要通过改变呼吸的频率和深度来控制CO_2排出量，进而调节血浆H_2CO_3的浓度，以维持血浆中$NaHCO_3/H_2CO_3$的正常值，调节体液酸碱平衡。

呼吸的频率和深度受延髓呼吸中枢控制，而呼吸中枢的兴奋性又受到血浆CO_2分压（PCO_2）和血浆pH的影响。当血浆PCO_2升高或pH降低时，呼吸中枢兴奋性增强，呼吸加深加快，CO_2排出增多，血液中H_2CO_3的含量减少。反之，当血浆PCO_2降低或pH升高时，呼吸中枢兴奋性降低，呼吸变浅、变慢，CO_2排出减少，血液中H_2CO_3的含量增加。

考点：肺调节酸碱平衡的特点

三、肾脏在酸碱平衡中的调节作用

肾脏主要通过排出过多的酸或碱以及对$NaHCO_3$的重吸收来调节血浆$NaHCO_3$的浓度。肾对酸碱平衡的调节作用强而持久。

正常情况下，体内产生的酸性物质比碱性物质多，并且缓冲固定酸时又要消耗大量的$NaHCO_3$，因此，肾脏的调节作用主要就是排出过多的酸性物质及重吸收$NaHCO_3$，以维持血浆中$NaHCO_3$正常浓度以及与H_2CO_3的正常比值。

考点：肾调节酸碱平衡的特点

（一）$NaHCO_3$的重吸收

$NaHCO_3$的重吸收通过H^+-Na^+交换来完成。人血液和原尿的pH约为7.4，而终尿的pH为4.5，可见肾小管上皮细胞的排酸能力和对$NaHCO_3$的重吸收能力很强。

在肾小管上皮细胞中有碳酸酐酶（CA），CA可催化CO_2和H_2O生成H_2CO_3，H_2CO_3再解离成

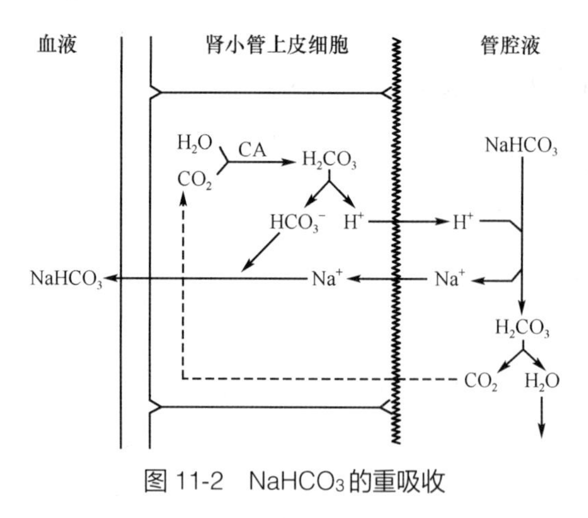

图 11-2 $NaHCO_3$的重吸收

H^+和 HCO_3^-。H^+分泌至管腔与原尿中 $NaHCO_3$ 的 Na^+进行交换，使Na^+重新进入肾小管上皮细胞内，与HCO_3^-形成 $NaHCO_3$ 转运入血液，补充缓冲酸时消耗的$NaHCO_3$。分泌到管腔中的H^+则与HCO_3^-结合成H_2CO_3，在 CA 的催化下又分解成 CO_2 和 H_2O，CO_2 扩散到细胞中再被利用（图 11-2）。

（二）尿液的酸化

尿液的酸化通过 H^+-Na^+交换来完成。肾小管上皮细胞分泌至管腔的 H^+可与 Na_2HPO_4 的 Na^+进行交换。重吸收的 Na^+与细胞内产生的 HCO_3^-结合，补充了血液在缓冲固定酸时所消耗的 $NaHCO_3$，达到维持 $NaHCO_3/H_2CO_3$ 的正常值和血液 pH 的恒定的作用。同时 H^+-Na^+交换后 Na_2HPO_4 转变成酸性的 NaH_2PO_4 随尿排出，终尿 pH 约降至 4.8，以这种方式排出的 H^+每天大约可达 39mmol/L（图 11-3）。

（三）泌 NH_3 作用

肾小管上皮细胞内含谷氨酰胺酶，能催化谷氨酰胺水解，生成谷氨酸和氨。此外，还有一部分氨来自氨基酸的脱氨基作用。这两条途径产生的氨由肾小管细胞分泌到管腔中，NH_3 与 H^+结合生成 NH_4^+，NH_4^+与原尿中 NaCl 的 Na^+进行交换，以 NH_4Cl 的形式随尿排出体外。Na^+被重吸收与肾小管细胞内的 HCO_3^-一起转运到血液形成 $NaHCO_3$（图 11-4）。

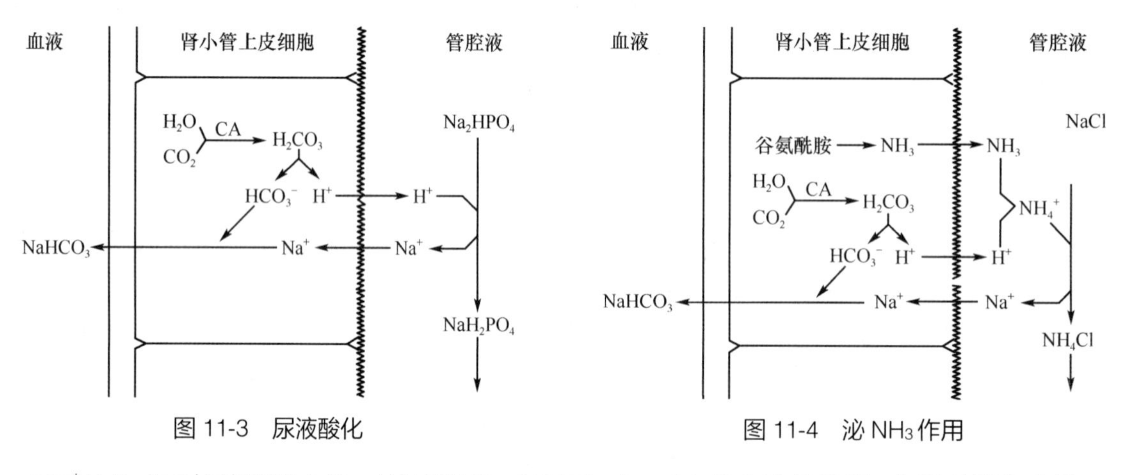

图 11-3 尿液酸化

图 11-4 泌 NH_3 作用

NH_4^+的生成可使管腔液中的 H^+浓度降低，有利于 H^+-Na^+交换和酸的排泄。分泌到管腔中的 NH_3，只有以 NH_4^+的形式才容易随尿排出，故酸性尿有利于 NH_3 的排泄。所以，临床上对高血氨患者不宜使用碱性利尿剂，以免使尿液碱化导致 NH_3 排出减少而加重氨中毒。

经过尿液酸化和泌 NH_3 作用的方式转运入血的 $NaHCO_3$ 与肾小管液中重吸收不同，它是由肾小管上皮细胞重新生成的，故也称为 $NaHCO_3$ 再生。通过上述过程即可排出过多的酸性物质，又可补充消耗的 $NaHCO_3$，可有效地调节酸碱平衡。

链 接

酸碱平衡与血钾浓度的关系

酸中毒时，H^+进入细胞内与 K^+交换，细胞外液 K^+浓度增加。同时，肾小管细胞 H^+-Na^+ 交换增强，K^+-Na^+交换减弱，尿排出 H^+增多，排出 K^+减少，导致高血钾。反之，碱中毒时引起低血钾。

高血钾时，部分 K^+进入细胞内，细胞内 H^+向外转移，使细胞外液 H^+浓度增加。肾小管细胞 K^+-Na^+交换增强，H^+-Na^+交换减弱，尿排出 K^+增多，排出 H^+减少，血浆中 H^+浓度增加，导致酸中毒。反之，低血钾引起碱中毒。

第3节 酸碱平衡失调

如果体内酸性、碱性物质产生或丢失过多，超出机体的调节能力，或肺、肾出现功能障碍，均可使血浆中 $NaHCO_3$ 和 H_2CO_3 的浓度或比值发生改变，导致酸碱平衡失调，出现酸中毒或碱中毒。酸碱平衡失调是临床常见的一种症状，各种疾病均有可能出现。根据酸碱平衡失调的原因不同可将其分为代谢性酸中毒、代谢性碱中毒、呼吸性酸中毒、呼吸性碱中毒四种基本类型。各种酸碱平衡失调又可根据血浆 pH 是否正常，将其分为代偿性和失代偿性两类。

一、酸碱平衡失调的基本类型

（一）代谢性酸中毒

代谢性酸中毒是指血浆中 $NaHCO_3$ 的浓度原发性降低，是临床上最常见的酸碱平衡失调类型。常见原因有：①酸性物质产生过多，如严重糖尿病并发酮症酸中毒、严重缺氧所致的乳酸酸中毒等。②肾排酸功能障碍，如肾衰竭。③碱性物质丢失过多，如严重腹泻、肠瘘等。④高钾血症。

代谢性酸中毒时，血中 H^+浓度升高，呼吸中枢兴奋性增强，使呼吸加深、加快，CO_2 排出增多；同时肾脏的泌 H^+作用、泌 NH_3 作用及 $NaHCO_3$ 重吸收作用加强。

（二）代谢性碱中毒

代谢性碱中毒是指血浆中 $NaHCO_3$ 浓度原发性升高。临床常见原因有：①$NaHCO_3$ 摄入过多。②胃液大量丢失（如剧烈呕吐、长期胃肠减压等）。③使用大量利尿剂。④低钾血症。

代谢性碱中毒时，血中 H^+浓度降低，呼吸中枢受抑制，使呼吸变浅、变慢，CO_2 排出减少；同时肾脏的泌 H^+作用、泌 NH_3 作用及 $NaHCO_3$ 重吸收作用减弱，$NaHCO_3$ 排出增多。

（三）呼吸性酸中毒

呼吸性酸中毒是指血浆中 H_2CO_3 浓度原发性升高。临床常见原因有：①呼吸道梗阻（如喉痉挛、支气管异物等）。②肺部疾患（如肺气肿、肺炎等）。③胸部损伤（如创伤、气胸、胸腔积液等）。④呼吸中枢抑制（如麻醉药使用过量）。

呼吸性酸中毒时，由于 H_2CO_3 浓度升高，肾脏泌 H^+作用和 $NaHCO_3$ 重吸收作用加强。

（四）呼吸性碱中毒

呼吸性碱中毒是指血浆中 H_2CO_3 浓度原发性降低。临床常见原因有：①过度换气（如癔症、高热、高山缺氧、手术麻醉时辅助呼吸过快）使 CO_2 排出过多。②甲状腺功能亢进。

呼吸性碱中毒时，肾脏泌 H^+作用和 $NaHCO_3$ 重吸收作用减弱，$NaHCO_3$ 排出增多。

二、酸碱平衡失调的生化指标

（一）血浆 pH

正常人血浆 pH 为 7.35～7.45，平均为 7.4。pH＞7.45 为失代偿性碱中毒，pH＜7.35 为失代偿性酸中毒。单凭血浆 pH 不能判断酸碱平衡失调属于呼吸性还是代谢性。

考点：正常人血浆 pH 正常值

（二）二氧化碳分压

二氧化碳分压（PCO_2）是指物理溶解于血浆中的 CO_2 所产生的张力。正常人动脉血 PCO_2 为 4.65～5.98kPa（35～45mmHg），平均为 5.32kPa（40mmHg）。PCO_2 是反映呼吸性酸或碱中毒的一项重要指标。

动脉血 PCO_2＞6.0kPa 时，表示体内 CO_2 蓄积，通气不足，多见于呼吸性酸中毒；PCO_2＜4.5kPa 时，表示 CO_2 排出过多，通气过度，多见于呼吸性碱中毒。

考点：二氧化碳分压（PCO_2）概念

（三）血浆二氧化碳结合力

血浆二氧化碳结合力（CO_2-CP）是指在25℃、PCO_2为5.3kPa的条件下，每升血浆中以HCO_3^-形式存在的CO_2的量。正常值为22～31mmol/L，平均为27mmol/L。代谢性酸中毒时，CO_2-CP降低；代谢性碱中毒时，CO_2-CP则升高。但在呼吸性酸中毒时，由于肾的代偿作用，CO_2-CP也会升高，而呼吸性碱中毒时则降低。

（四）实际碳酸氢盐和标准碳酸氢盐

实际碳酸氢盐（AB）是指在37℃隔绝空气所测得血浆中的HCO_3^-含量，该项指标受代谢成分和呼吸因素的影响。标准碳酸氢盐（SB）是指在标准条件下所测得血浆中的HCO_3^-含量，该项指标不受呼吸因素影响，是判断代谢性因素影响的指标。正常人AB=SB，正常值为22～27mmol/L，平均为24mmol/L。若AB＜SB，表示CO_2排出过多，为呼吸性碱中毒；若AB＞SB，表示体内CO_2蓄积，为呼吸性酸中毒；若AB=SB且二者均降低，表示为代谢性酸中毒；若AB=SB且二者均增高，则表示为代谢性碱中毒。

（五）碱剩余

碱剩余（BE）是指在标准条件下，用酸或碱滴定全血至pH为7.4时所需酸或碱的量。若用酸滴定，则表明有碱剩余，BE用正值表示；若用碱滴定，则说明血液有碱缺失，BE用负值表示。

全血BE正常值为–3.0～+3.0mmol/L，BE是判断代谢性因素的重要指标。BE正值增加，见于代谢性碱中毒；BE负值增加，见于代谢性酸中毒。

链 接

诊断酸碱平衡失调的好帮手——血气分析仪

酸碱平衡失调是错综复杂的，常混合存在。除根据病史、临床表现外，目前诊断酸碱平衡失调的最好方法是借助血气分析仪进行血气分析，直接测定血样中pH、PCO_2和PO_2。

血气分析仪是指利用电极在较短时间内对动脉中的酸碱度（pH）、二氧化碳分压和氧分压等相关指标进行测定的仪器。自20世纪50年代诞生以来，为临床医疗带来了重要帮助，广泛用于ICU/ER（重症监护/急诊）中对昏迷、休克、严重外伤等危急患者的抢救、外科手术的监护、呼吸衰竭患者治疗效果的观察与愈后的判断等，医生通过血气分析仪可以进行快速准确的诊断并及时有效地采取治疗措施，为抢救重症患者争取了更多的宝贵时间。

（迟玉芹）

自 测 题

一、名词解释

1. 酸碱平衡　2. 二氧化碳分压（PCO_2）

二、单项选择题

1. 下列物质属于挥发酸的是（　　）
   A. 硫酸　B. 碳酸　C. 丙酮酸　D. 乳酸　E. 乙酰乙酸
2. 血浆$NaHCO_3/H_2CO_3$的值为（　　）
   A. 10/1　B. 12/1　C. 15/1　D. 20/1　E. 24/1
3. 血浆中最重要的缓冲对是（　　）
   A. $NaHCO_3/H_2CO_3$　B. NaPr/HPr　C. Na_2HPO_4/NaH_2PO_4　D. KHb/HHb　E. K_2HPO_4/KH_2PO_4
4. 对酸碱平衡的调节作用最强的是（　　）
   A. 血液　B. 肺　C. 肾　D. 肝脏　E. 以上都不是
5. 红细胞中最重要的缓冲对是（　　）
   A. 血红蛋白缓冲对　B. 血浆蛋白盐缓冲对　C. 磷酸氢盐缓冲对　D. 乳酸盐缓冲对　E. 碳酸氢盐缓冲对
6. 肺对酸碱平衡的调节正确的是（　　）
   A. 肺能排出体内的酸性物质
   B. 体内pH升高时，肺换气加深加快
   C. 体内PCO_2升高时，肺换气加深加快
   D. 肺能调节$NaHCO_3$的含量

E. 以上都不对

三、多项选择题

1. 下列哪些是体内碱性物质的来源（　　）

A. 水果　　B. 肉类

C. 蔬菜　　D. 小苏打

E. 奶类

2. 肾在调节酸碱平衡中的作用（　　）

A. 重吸收碳酸氢钠　　B. 酸化尿液

C. 泌氨作用　　D. 碱化尿液

E. 排出挥发酸

3. 引起代谢性酸中毒的是（　　）

A. 腹泻　　B. 肾功能不全

C. 糖尿病　　D. 缺氧

E. 过度换气

四、填空题

1. 正常人血浆 pH 为________。

2. 血浆 pH 主要取决于________。

3. 酸碱平衡的调节系统有________、________、________。

实践指导

实验1 酶的专一性

【实验目的】

1. 验证酶的专一性。

2. 掌握生物化学实验的基本操作。

【实验原理】

淀粉酶能够催化淀粉水解，水解生成的终产物麦芽糖具有还原性，能够与班氏试剂反应生成砖红色氧化亚铜（Cu_2O），淀粉酶不能催化蔗糖分解，蔗糖本身不具有还原性，故不能与班氏试剂出现颜色反应。唾液淀粉酶只能够催化淀粉水解，不能催化蔗糖水解，用此实验来证明酶催化底物的专一性。

【实验器材】

恒温水浴箱、沸水浴箱、电炉、试管、试管架、记号笔、滴管、烧杯等。

【实验试剂】

1. **1%淀粉溶液** 称取1g可溶性淀粉，加5ml蒸馏水，调成糊状，再加蒸馏水80ml，加热，搅拌使其溶解，最后用蒸馏水稀释至100ml。

2. **1%蔗糖溶液** 称取1g蔗糖，加蒸馏水至100ml溶解。

3. **pH6.8缓冲液** 取0.2mol/L磷酸氢二钠772ml，0.1mol/L柠檬酸溶液228ml，混合后即可得到。

4. **班氏试剂** 溶解结晶硫酸铜（$CuSO_4 \cdot 5H_2O$）17.3g于100ml热的蒸馏水中，冷却，稀释至150ml，此为第一液。将柠檬酸钠173g和无水碳酸钠100g加水600ml，加热溶解，冷却，稀释至850ml，此为第二液。最后把第一液慢慢倒入第二液，混匀后置于细口瓶中储存。

【实验步骤】

1. 稀释唾液的制备 将痰咳净，用水漱口，除去食物残渣，再含蒸馏水约30ml，做咀嚼运动，2分钟后吐入小烧杯中，再用滤纸过滤（或者稍微静置，取上液）待用。

2. 取两支试管，编号，每支试管加入pH6.8缓冲液20滴。1号试管加入1%淀粉溶液10滴，2号试管中加入1%蔗糖溶液10滴。

3. 将两支试管置于37℃恒温水浴箱中，经过5分钟后。分别向两支试管各加入稀唾液5滴，将各试管摇匀后再放入原水浴。

4. 10分钟后，分别向两支试管滴入班氏试剂20滴，放入沸水浴中加热，观察颜色变化，分析结果。

【实验结果】

如实填写实验数据，并作简单解释

管号	颜色、沉淀	原因
1		
2		

【注意事项】

唾液淀粉酶的活性存在有个体差异，同时受到唾液稀释倍数的影响，收集唾液要确定稀释倍数，或者收集2～4人的混合唾液。

【思考题】

什么是酶的专一性？

（刘保东）

实验2　影响酶促反应的因素

【实验目的】

1. 验证温度、pH、激活剂与抑制剂对酶促反应的影响。
2. 掌握生物化学实验的基本操作方法。

【实验原理】

淀粉在唾液淀粉酶的催化下水解为中间产物糊精，后者继续水解为麦芽糖。淀粉、糊精与碘反应呈现不同的颜色，淀粉与碘呈蓝色；糊精依分子大小与碘反应可呈蓝色、紫色、暗褐色和红色；麦芽糖遇碘不反应，显示碘的颜色。根据颜色反应可判断淀粉水解程度，本实验利用碘与淀粉及其水解产物（大分子糊精、麦芽糖）的颜色反应，来比较唾液淀粉酶在不同条件下催化淀粉酶的水解速度，从而判断温度、pH、激活剂和抑制剂对酶活性的影响。

【实验器材】

恒温水浴箱、沸水浴箱、冰箱、电炉、试管、烧杯等。

【实验试剂】

1. **1%淀粉溶液**　取1g可溶性淀粉，加5ml蒸馏水，调成糊状，再加蒸馏水80ml，加热，搅拌使其溶解，最后用蒸馏水稀释至100ml。

2. **不同pH缓冲液**

（1）pH3.0缓冲液：取0.2mol/L磷酸氢二钠205ml，0.1mol/L柠檬酸溶液795ml，混合后即可得到。

（2）pH6.8缓冲液：取0.2mol/L磷酸氢二钠772ml，0.1mol/L柠檬酸溶液228ml，混合后即可得到。

（3）pH8.0缓冲液：取0.2mol/L磷酸氢二钠972ml，0.1mol/L柠檬酸溶液28ml，混合后即可得到。

3. **0.9%NaCl溶液**

4. **0.1%$CuSO_4$溶液**　取$CuSO_4 \cdot 5H_2O$ 15.625g溶于1000ml蒸馏水中。

5. **碘液**　取碘2g，碘化钾4g，共同溶于1000ml蒸馏水中，储存于棕色瓶中。

【实验步骤】

1. **稀释唾液的制备**　将痰咳净，用水漱口，除去食物残渣，再含蒸馏水约30ml，做咀嚼运动，2分钟后吐入小烧杯中，再用滤纸过滤（或者稍微静置，取上液）待用。

2. **温度对酶促反应的影响**

（1）取三支试管，编号，按下表加入试剂。

管号	1%淀粉（滴）	pH6.8 缓冲液（滴）
1	5～10	5～20
2	5～10	5～20
3	5～10	5～20

（2）摇匀后，同时将 1 号试管置于 37℃恒温水浴，2 号试管置于 100℃水浴，3 号试管置于冰浴。

（3）5 分钟后，分别向各支试管加入稀唾液 5 滴，混匀后再放回原水浴中。

（4）10 分钟后，分别向各支试管（2 号试管待冷却后）滴加碘液 1 滴，观察三支试管颜色，并记录。

3. pH 对酶促反应的影响

（1）取三支试管，编号，按下表加入试剂。

管号	pH3.0 缓冲液（滴）	pH6.8 缓冲液（滴）	pH8.0 缓冲液（滴）	1%淀粉溶液（滴）	稀唾液（滴）
1	15	—	—	5	5
2	—	15	—	5	5
3	—	—	15	5	5

（2）将三支试管摇匀，置于 37℃恒温水浴箱中恒温 5～10 分钟。

（3）取出各试管，分别加入 1 滴碘液（切忌摇动），观察三支试管颜色，并记录。

4. 激活剂与抑制剂对酶促反应的影响

（1）取三支试管，编号，按下表加入试剂。

管号	蒸馏水（滴）	0.9%NaCl 溶液（滴）	1%$CuSO_4$溶液（滴）	pH8.0 缓冲液（滴）	1%淀粉溶液（滴）	稀唾液（滴）
1	10	—	—	15	5	5
2	—	10	—	15	5	5
3	—	—	10	15	5	5

（2）将三支试管摇匀，置于 37℃恒温水浴箱中恒温 5～10 分钟。

（3）取出各试管，分别加入 1 滴碘液（切忌摇动），观察三支试管颜色，并记录。

【实验结果】

根据实验结果，正确填写下列各表，并简单分析原因。

（1）温度的影响

管号	加碘后颜色	原因
3（冰浴）		
2（沸水浴）		
1（恒温水浴）		

（2）pH 的影响

管号	加碘后颜色	原因
1（pH3.0）		
2（pH6.8）		
3（pH8.0）		

（3）激活剂和抑制剂的影响

管号	加碘后颜色	原因
1（蒸馏水）		
2（0.9%NaCl）		
3（1%$CuSO_4$）		

【思考题】

1. 通过实验结果，说明温度对酶促反应的影响。
2. 通过实验结果，说明 pH 对酶促反应的影响。
3. 通过实验结果，说出唾液淀粉酶的激活剂与抑制剂。

（刘保东）

实验 3　琥珀酸脱氢酶的作用及其抑制

【实验目的】

1. 掌握琥珀酸脱氢酶活性的测定原理及方法。
2. 证明组织中琥珀酸脱氢酶的催化反应以及丙二酸的竞争性抑制作用。

【实验原理】

心肌、骨骼肌、肝等组织的细胞中含有琥珀酸脱氢酶，在该酶的催化下，琥珀酸脱氢生成延胡索酸，脱下的氢可使甲烯蓝（MB^+，蓝色）褪色，还原成甲烯白（MBH_2，无色）。

丙二酸、草酸等在结构上与琥珀酸相似，能同琥珀酸竞争与琥珀酸脱氢酶的活性中心结合。若酶与丙二酸结合后，则不能与琥珀酸结合而使之脱氢，产生抑制作用，且抑制的程度取决于琥珀酸与抑制剂在反应体系中浓度的相对比例，所以这种抑制是竞争性抑制。本实验通过观察由不同浓度的琥珀酸与丙二酸组成的反应体系中，使等量甲烯蓝褪色所需的反应时间，从而验证丙二酸对琥珀酸的竞争性抑制作用。

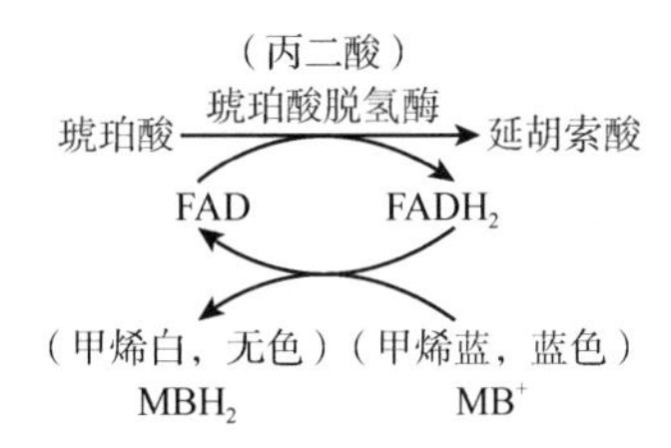

【实验器材】

家兔、组织剪、试管、记号笔、试管架、滴管、高速组织捣碎机或研钵、恒温水浴箱等。

【实验试剂】

1. 0.1mol/L 磷酸盐缓冲液（pH7.4）　取 0.1mol/L 磷酸氢二钠溶液 81ml 和 0.1mol/L 磷酸二氢钠 19ml，二者混合即可，4℃冰箱内保存。
2. 1.5%琥珀酸钠溶液　称取 1.5g 琥珀酸钠，加蒸馏水溶解并稀释至 100ml。
3. 1%丙二酸钠溶液　称取 1g 丙二酸钠，加蒸馏水溶解并稀释至 100ml。
4. 0.02%甲烯蓝溶液　称取 0.02g 甲烯蓝，加蒸馏水溶解并稀释至 100ml。
5. 液体石蜡。

【实验步骤】

1. 将家兔气栓致死后，迅速取出大腿肌肉或肝组织，加入 0～4℃的磷酸盐缓冲液（pH7.4），用高速组织捣碎机或研钵制备成20%匀浆。

2. 取四支试管，编号1、2、3、4，按下表加入试剂。

管号	匀浆（滴）	1.5%琥珀酸钠（滴）	1%丙二酸钠（滴）	蒸馏水（滴）	0.02%甲烯蓝（滴）
1	10	10	—	20	5
2	10	10	10	10	5
3	—	10	10	20	5
4	10	20	10	—	5

3. 将各试管溶液混匀，各加少量液体石蜡覆盖在溶液液面上，然后将试管放入37℃水浴中保温。（注意：加入液体石蜡后不要摇动试管）

4. 在15min内观察各管颜色的改变，并记录在表内。

【实验结果】

填写以下实验结果，并对原因作简单解释。

管号	颜色、沉淀	原因
1		
2		
3		
4		

【思考题】

为什么要在各管溶液液面上覆盖液体石蜡？

（王　杰）

实验4　血清葡萄糖的测定（葡萄糖氧化酶法）

【实验目的】

1. 掌握葡萄糖氧化酶法测定血糖含量的原理和方法。

2. 熟悉微量移液器、刻度吸管及紫外、可见分光光度计的使用。

【实验原理】

葡萄糖氧化酶（GOD）可将葡萄糖氧化为葡萄糖酸和过氧化氢，后者在过氧化物酶（POD）催化作用下，分解为水和氧，同时使4-氨基安替比林（AAP）和酚脱氢缩合为红色醌类化合物，即Trinder反应，其颜色深浅在一定范围内与葡萄糖浓度成正比，与同样处理的标准管比较，即可求得标本中的葡萄糖浓度，其反应式如下：

$$\text{葡萄糖} + O_2 + 2H_2O \xrightarrow{GOD} \text{葡萄糖酸} + 2H_2O_2$$

$$2H_2O_2 + 4\text{-氨基安替比林} + \text{酚} \xrightarrow{POD} \text{红色醌类化合物} + 2H_2O$$

【实验器材】

1200型分光光度计、水浴箱、刻度吸管、微量移液器、塑料管、洗耳球等。

【实验样品】

动物（家兔）血清，患者血清或质控血清。

【实验试剂】

推荐使用有批准文号的优质市售试剂盒。以下试剂配制仅供参考。

（1）0.1mol/L 磷酸盐缓冲液（pH=7.0）：称取无水磷酸氢二钠 8.67g 及无水磷酸二氢钾 5.3g 溶于蒸馏水 800ml 中，用 1mol/L 氢氧化钠（或 1mol/L 盐酸）调 pH 至 7.0，然后用蒸馏水定容至 1000ml。

（2）酶试剂：称取过氧化物酶 1200U，葡萄糖氧化酶 1200U，4-氨基安替比林 10mg，叠氮钠 100mg，溶于上述磷酸盐缓冲液 80ml 中，用 1mol/L 氢氧化钠调 pH 至 7.0，用磷酸盐缓冲液定容至 100ml，置 4℃冰箱保存，至少可稳定 3 个月。

（3）酚溶液：称取酚 100mg 溶于蒸馏水 100ml 中，用棕色瓶贮存。

（4）酶酚混合试剂：临用前取等量酶试剂及酚溶液混合，在 4 ℃冰箱可以存放 1 个月。

（5）12mmol/L 苯甲酸溶液：称取苯甲酸 1.4g 溶于蒸馏水 800ml 中，加热助溶，冷却后加蒸馏水定容至 1000ml。

（6）100mmol/L 葡萄糖标准贮存液：称取无水葡萄糖（预先置 80℃烤箱内干燥至恒重，移置于干燥器内保存）1.802g，溶于 12mmol/L 苯甲酸溶液并移入 100ml 容量瓶内，再用 12mmol/L 苯甲酸溶液稀释到刻度，混匀，移入棕色瓶，置冰箱内保存，2h 以后方可使用。

（7）5mmol/L 葡萄糖标准应用液：吸取葡萄糖标准贮存液 5.0ml 放于 100ml 容量瓶中，用 12mmol/L 苯甲酸溶液稀释至刻度，混匀。

【实验步骤】

1. 操作步骤 取试管 3 支，按下表加入各反应物。

表 1 血清葡萄糖的测定

加入物	测定管（T）	标准管（S）	空白管（B）
血清（ml）	0.02	—	—
葡萄糖标准液（ml）	—	0.02	—
蒸馏水（ml）	—	—	0.02
酶酚混合试剂（ml）	3.0	3.0	3.0

各管混匀，置于 37℃水浴中保温 15min，在分光光度计波长 505nm 处，以空白管调零，分别读取测定管和标准管吸光度。

2. 注意事项

（1）分离血清要求使用未溶血样品，否则测定结果偏大。血清或血浆应在血液采集 1h 内及早分离。

（2）血糖测定应在室温下取血后 2h 内完成，4～8℃可稳定 24h，放置太久，血糖易分解，使含量降低。

（3）酶酚混合液一般现用现配，若呈红色，应弃去重配。

（4）因标本和标准用量少，其加量是否准确对测定结果影响较大，故其加量必须准确。建议使用微量移液器进行加样。

（5）试剂应避光保存于 2～8℃，不可冰冻。

【实验结果】

1. 结果与计算

血清葡萄糖（mmol/L）=测定管吸光度/标准管吸光度×标准液浓度

2. 正常参考值

空腹血清葡萄糖含量为 3.89～6.11mmol/L。

3. 实验分析

（1）葡萄糖氧化酶对 β-D-葡萄糖具有高度特异性，溶液中的葡萄糖约 36%为 α-型，64%为 β-型。葡萄糖的完全氧化需要 α 型到 β 型的变旋反应。目前某些商品葡萄糖氧化酶试剂盒含有葡萄糖变旋酶，可加速这一反应。新配制的葡萄糖标准液主要是 α 型，故需放置 2h 以上，最好是过夜，待变旋平衡后方可应用。

（2）葡萄糖氧化酶法可直接测定脑脊液葡萄糖含量，但不能直接测定尿液葡萄糖含量，这是因为尿液中尿酸等干扰物质浓度过高，可干扰过氧化物酶反应，造成结果假性偏低。

（3）过氧化物酶的特异性比葡萄糖氧化酶的特异性低得多，一些还原性物质如尿酸、抗坏血酸、胆红素和谷胱甘肽等可与色原性物质竞争过氧化氢，使测定结果偏低。

（4）溶血标本血红蛋白小于 10g/L，黄疸标本胆红素浓度小于 342μmol/L，尿素浓度小于 46.7mmo/L，尿酸浓度小于 2.95mmoL/L，肌酐浓度小于 4.42mmol/L，甘油三酯浓度小于 500mg/dl，均不影响测定结果。只有严重黄疸、溶血及乳糜样血清先制备无蛋白血滤液，然后再进行测定。

（5）本法对葡萄糖的检测范围为 0.06～22.2mmol/L，当样品测定值超过上限时，应将样品用生理盐水稀释后再进行测定，结果乘以稀释倍数。

【临床意义】

1. 生理性高血糖 可见摄入高糖食物后，或情绪紧张肾上腺分泌增加时。

2. 病理性高血糖

（1）糖尿病：病理性高血糖常见于胰岛素绝对或相对不足的糖尿病患者。

（2）内分泌腺功能障碍：甲状腺功能亢进，肾上腺皮质功能及髓质功能亢进。

（3）颅内压增高：颅内压增高刺激血糖中枢，如颅外伤、颅内出血、脑膜炎等。

（4）脱水引起的高血糖：如呕吐、腹泻和高热等也可使血糖轻度增高。

3. 生理性低血糖 见于长期饥饿和剧烈运动后。

4. 病理性低血糖

（1）胰岛 B 细胞增生或胰岛 B 细胞瘤等，使胰岛素分泌过多。

（2）对抗胰岛素的激素分泌不足，如垂体前叶功能减退、肾上腺皮质功能减退和甲状腺功能减退而使生长素、肾上腺皮质激素分泌减少。

（3）严重肝病患者，由于肝脏储存糖原及糖异生等功能低下，肝脏不能有效地调节血糖。

5. 药物的影响 某些药物可以诱导血糖升高或降低。①引起血糖升高的药物：噻嗪类利尿药、避孕药、口服儿茶酚胺、吲哚美辛、咖啡因、甲状腺素、肾上腺素等。②引起血糖降低的药物：降糖药、致毒量阿司匹林、乙醇、胍乙啶、普萘洛尔等。

【安全提示】

1. 在配制试剂时，NaOH 有腐蚀性，操作时避免接触皮肤和眼睛，如有意外发生或感到不适，立刻用大量清水冲洗或就医。

2. 试剂中含的叠氮钠（0.95g/L）为防腐剂，不可入口！避免接触皮肤和黏膜。

【废物处理】

本实验的废液应集中处理，不可直接倒入下水道。

（张文娟）

实验 5 肝中酮体的生成作用

【实验目的】

验证酮体的生成是肝脏特有的功能。

【实验原理】

酮体包括乙酰乙酸、β-羟丁酸和丙酮三种物质，是脂肪酸在肝中氧化的正常中间代谢产物。体内只有肝脏含有催化酮体生成的酶系，所以酮体只在肝脏中生成，不能在其他组织（如肌肉组织）生成。

本实验以丁酸为底物，将其与新鲜肝匀浆（含有肝组织中的酮体生成酶系）混合后保温，即有酮体生成。酮体中的乙酰乙酸和丙酮可与显色粉中的亚硝基铁氰化钠反应，生成紫红色化合物。

肌肉组织匀浆里不含催化酮体生成的酶系，不能催化丁酸生成酮体，故不产生显色反应。

$$丁酸\xrightarrow[肝匀浆]{酮体生成酶}酮体\xrightarrow[显色]{亚硝基铁氰化钠}紫红色化合物$$

$$丁酸\xrightarrow[肌匀浆]{}无酮体\xrightarrow[显色]{亚硝基铁氰化钠}无紫红色化合物$$

【实验器材】

家兔（或豚鼠）1 只，手术剪、试管架、试管、记号笔、滴管、研钵、离心机、恒温水浴箱、白瓷反应板。

【实验试剂】

1. 0.9%氯化钠溶液。

2. 洛克溶液　取氯化钠 0.9g，氯化钾 0.042g，氯化钙 0.024g，碳酸氢钠 0.02g，葡萄糖 0.1g，加少量蒸馏水溶解后，再加蒸馏水稀释至 100ml。

3. 0.5mol/L 丁酸溶液　取 44.0g 正丁酸，溶于适量 0.1mol/L 氢氧化钠溶液，再加 0.1mol/L 氢氧化钠溶液稀释至 1000ml。

4. pH=7.6 的磷酸盐缓冲液　取 $Na_2HPO_4 \cdot 2H_2O$ 7.74g，$NaH_2PO_4 \cdot H_2O$ 0.897g，加蒸馏水稀释至 500ml。精测 pH 至 7.6。

5. 15%三氯乙酸溶液。

6. 显色粉　亚硝基铁氰化钠 1g，无水碳酸钠 30g，硫酸铵 50g，混合研匀即得。

【实验步骤】

1. 制备肝匀浆和肌匀浆　取家兔（或豚鼠），猛击脑后致死，迅速取其肝和肌肉组织，用 0.9%氯化钠溶液冲洗除去血渍并剪碎，分别放入匀浆器或研钵内，按 1（g）：3（ml）的比例加入 0.9%氯化钠溶液，充分研磨，制成肝匀浆和肌匀浆。

2. 取 4 支试管，编号，按下表分别加入各种试剂。

试剂（滴）	1 号管	2 号管	3 号管	4 号管
洛克溶液	15	15	15	15
0.5mol/L 丁酸溶液	30	—	30	30
pH7.6 的磷酸盐缓冲液	15	15	15	15
肝匀浆	20	20	—	—
肌匀浆	—	—	—	20
蒸馏水	—	30	20	—

3. 将各管摇匀，放置于 37℃恒温水浴箱中保温 40 分钟。

4. 取出各管，分别加入 15%三氯乙酸溶液 20 滴，摇匀；离心，3000r/min，5min。

5. 用滴管分别吸取上述 4 管中的上清液各 10 滴，滴于白瓷反应板的 4 个凹槽中，再向各凹槽中分别加显色粉约 0.1g，观察所产生的颜色反应。

【实验报告】

1. 记录实验结果（颜色变化），并分析原因。

管号	实验现象	原因
1		
2		
3		
4		

2. 比较分析本次实验结果，说明酮体生成的部位。

3. 讨论酮体代谢的特点及生理意义，酮症酸中毒是如何发生的?

（柳晓燕）

实验 6　ALT 活性测定（赖氏法）

【实验目的】

掌握血清 ALT 活性测定的方法，理解实验原理和临床意义。

【实验原理】

丙氨酸和 α-酮戊二酸经血清中丙氨酸氨基转移酶（ALT）催化，生成丙酮酸和谷氨酸。丙酮酸与 2, 4-二硝基苯肼作用，生成丙酮酸-2, 4 二硝基苯腙。后者在碱性条件下呈红棕色，颜色深浅表示 ALT 活性大小。在波长 505nm 处比色，根据吸光度值推算 ALT 的活性。

$$\text{丙氨酸}+\alpha\text{-酮戊二酸}\xrightarrow{\text{ALT}}\text{丙酮酸}+\text{谷氨酸}$$

$$\text{丙酮酸}+2,4\text{-二硝基苯肼}\xrightarrow{OH^-}\text{丙酮酸-2,4-二硝基苯腙}$$

【实验器材】

分析天平、分光光度计、恒温水浴箱、容量瓶、试管、50～250μl 可调加样器、刻度吸量管等。

【实验试剂】

1. **0.1mol/L Na_2HPO_4 溶液**　$Na_2HPO_4 \cdot 2H_2O$ 17.8g 溶于蒸馏水中，加蒸馏水至 1000ml，4℃冰箱内保存。

2. **0.1mol/L KH_2PO_4 溶液**　KH_2PO_4 13.6g 溶于蒸馏水中，加蒸馏水至 1000ml，4℃冰箱内保存。

3. **0.1mol/L pH=7.4 磷酸盐缓冲液**　0.1mol/L Na_2HPO_4溶液 420ml 和 0.1mol/L KH_2PO_4溶液 80ml 混匀，加氯仿数滴，4℃冰箱内保存。

4. **底物缓冲液**（DL-丙氨酸 200mmol/L，α-酮戊二酸 2mmol/L）　精确称取 1.79g DL-丙氨酸和 29.2mg α-酮戊二酸，先溶于 50ml 0.1mol/L 磷酸盐缓冲液中，用 1mol/L NaOH 溶液（约 0.5ml）调节至 PH=7.4，再加 0.1mol/L 磷酸盐缓冲液至 100ml，4℃冰箱内保存（稳定期 2 周）。

5. **1.0mmol/L 2, 4-二硝基苯肼溶液**　称取 19.8 mg 2, 4-二硝基苯肼，溶于 10ml 10mol/L 盐酸中，完全溶解后，加蒸馏水至 100ml，置棕色玻璃瓶内，室温保存。若有结晶析出，应重新配制。

6. **0.4mol/L NaOH 溶液**　称取 16.0g NaOH 溶于蒸馏水中，加蒸馏水至 1000ml，置具塞塑料瓶内室温保存。

7. **2mmol/L 丙酮酸标准液**　精确称取 22.0mg 丙酮酸，置 100ml 容量瓶中，加 0.05mol/L 硫酸至刻度。

【实验步骤】

1. 标准曲线制作

（1）取 5 支试管，编号，按下表加入相应试剂。

加入试剂（ml）	0 号管	1 号管	2 号管	3 号管	4 号管
0.1mol/L 磷酸盐缓冲液	0.10	0.10	0.10	0.10	0.10
2mmol/L 丙酮酸标准液	0	0.05	0.10	0.15	0.20
1.0mol/L 2, 4-二硝基苯肼溶液	0.50	0.50	0.50	0.50	0.50
底物缓冲液	0.50	0.45	0.40	0.35	0.30
相当于酶活性单位（卡门单位）	0	28	57	97	150

（2）将各管摇匀，放置于37℃恒温水浴箱中保温20分钟。

（3）取出各管，分别加入0.4mol/L NaOH溶液5.0ml。

（4）将各管摇匀，室温放置5分钟。

（5）用分光光度计，在波长505nm处以蒸馏水调零，读取各管吸光度。

（6）以各管吸光度减去0号管吸光度所得的差值为纵坐标，以卡门单位为横坐标作图，即为标准曲线图。

2. 标本的测定

（1）取2支试管，按下表操作。

加入试剂（ml）	测定管	对照管
血清	0.1	0.1
底物缓冲液	0.5	—
混匀后，置37℃恒温水浴箱中保温30min		
1.0mol/L 2，4-二硝基苯肼溶液	0.5	0.5
底物缓冲液	—	0.5
混匀后，置37℃恒温水浴箱中保温20min		
0.4mol/L NaOH溶液	5	5

（2）将各管摇匀，室温放置5分钟，用分光光度计在波长505nm处以蒸馏水调零，读取各管吸光度。

（3）标本的吸光度=测定管吸光度－对照管吸光度，从标准曲线查得标本的ALT活性单位。

正常参考值：5～25卡门单位。

【实验报告】

1. 绘制标准曲线图，并根据标准曲线查得标本的ALT活性单位。
2. 简述ALT活性测定的原理及实验条件（最适pH、最适温度、酶促反应时间等）。

（柳晓燕）

参考文献

车龙浩，2008. 生物化学. 2 版. 北京：人民卫生出版社
陈孝英，2013. 生物化学基础. 北京：科学出版社
程伟，2003. 生物化学. 北京：科学出版社
程伟，2007. 生物化学. 2 版. 北京：科学出版社
何旭辉，吕世杰，2014. 生物化学. 7 版. 北京：人民卫生出版社
黄纯，2009. 生物化学. 2 版. 北京：科学出版社
马如骏，2007. 生物化学. 3 版. 北京：人民卫生出版社
莫小卫，方国强，2017. 生物化学基础. 3 版. 北京：人民卫生出版社
王易振，何旭辉，2013. 生物化学. 2 版. 北京：人民卫生出版社
韦斌，宾巴，2012. 生物化学. 西安：第四军医大学出版社
许激扬，2010. 生物化学. 2 版. 南京：东南大学出版社
杨淑兰，张玉环，2010. 生物化学基础. 北京：科学出版社
查锡良，2010. 生物化学. 7 版. 北京：人民卫生出版社
查锡良，药立波，2015. 生物化学与分子生物学. 8 版. 北京：人民卫生出版社
赵勋蘼，王懿，莫小卫，2016. 生物化学基础. 北京：科学出版社
周爱儒，何旭辉，2008. 医学生物化学. 3 版. 北京：北京大学医学出版社

教学基本要求

（54课时）

一、课程性质和课程任务

生物化学基础是中等卫生职业教育药学类及医学类专业的一门专业基础课程，与护理学、医药学以及临床医学的关联十分密切。本课程的主要内容分十一章，主要内容包括：绪论、蛋白质与核酸化学、酶与维生素、生物氧化、糖代谢、脂类代谢、氨基酸代谢、肝生物化学、核苷酸代谢和蛋白质的生物合成、水和无机盐代谢、酸碱平衡。本课程的主要任务是使学生了解物质代谢与机能活动的关系，熟悉物质代谢和能量代谢的过程及生理意义，掌握人体主要组成成分及其结构、性质和功能，培养学生的科学思维方法和良好的学习习惯，使之具有运用生物化学知识分析问题、解决问题的能力，为专业课程的学习打下一定的基础。

二、课程教学目标

（一）课程目标

知识目标

1. 掌握人体主要化学物质的组成、结构、性质和功能。
2. 熟悉人体内物质代谢的主要过程及生理意义。
3. 了解物质代谢与机能活动的关系。
4. 学会使用常用的生物化学实验仪器。
5. 熟悉生物化学实验的基本操作。
6. 具有运用生物化学知识分析和解释实验现象的能力。
7. 具有良好的职业道德、伦理知识、法律知识、医疗安全意识。
8. 具有良好的医疗卫生服务文化品质、心理调节能力，以及人际沟通与团队合作能力。

职业素养目标

1. 对医学职业价值有正确认识，掌握和理解医学道德规范，热爱本职工作，具有为人类健康服务的敬业精神。
2. 关心患者疾苦，以诚实、真挚的情怀关爱生命，正确处理职业关系，正确评价职业行为的善恶、是非。
3. 有良好的医德医风，廉洁奉公。
4. 工作作风严谨细微、主动、果断、敏捷、实事求是。
5. 具有健康的心理，开朗、稳定的情绪，宽容豁达的胸怀，健壮的体格。
6. 与同行及其他人员保持良好的合作关系，相互尊重、友爱、团结、协作。
7. 注意文明礼貌，用语规范，态度和蔼，稳重端庄，服装整洁，仪表大方。

（二）按照教育部中等卫生职业教育课程标准要求编写，要体现中等职业教育的特点，强调教材的实用性、科学性和创新性，融入专业的新观点、新知识和新技术，尽量与全国护士执业资格考试内容接轨，实现学历证书和执业证书“双证”并举，使新教材成为受欢迎的教材。

（三）教材根据中等卫生职业学校学生的特点，以“链接”的方式加入相关知识，开阔学生的视野和增加教材的趣味性，教材中插有丰富的图片帮助学生理解所学的内容；配有制作精美的 PPT 课件或视频供教学使用。每一章后附有对学科知识进行自我评估的自测题题目。

三、教学内容要求

目录	教学内容及教学要求	课时数		
		总课时	理论	实践
第 1 章　绪论	1. 掌握生物化学、生化药物的概念。 2. 熟悉生物化学的主要研究内容，生化药物的特点、来源。 3. 了解生物化学的发展史、生物化学与医学的关系；生物化学药物分类和发展。	2	2	
第 2 章　蛋白质与核酸化学	1. 掌握肽和肽键的概念；蛋白质的一级结构；蛋白质的两性解离及等电点；蛋白质的胶体性质；蛋白质的变性；核酸的基本成分；核酸的基本单位；核酸的一级结构。 2. 熟悉蛋白质的空间结构；蛋白质的沉淀；核酸的元素组成；几种重要的游离核苷酸；核酸分子的空间结构；核酸类药物。 3. 了解蛋白质的结构与功能的关系；蛋白质紫外吸收性质与呈色反应。	6	6	
第 3 章　酶与维生素	1. 掌握酶的概念，酶分子组成及其作用；酶的活性中心；抑制剂对酶促反应的影响。维生素的概念，脂溶性维生素及其主要生化功能、缺乏症。 2. 熟悉酶原与酶原激活的概念、酶促反应的影响因素。水溶性维生素及其主要生化功能、缺乏症。 3. 了解同工酶与酶分子缺陷，酶的分类与命名及其酶在医学上的应用。维生素的来源、分类。 实验 1　酶的专一性 实验 2　影响酶促反应的因素	8	6	2
第 4 章　生物氧化	1. 掌握生物氧化的概念、氧化呼吸链的概念、组成、种类及其意义；氧化磷酸化的概念及其影响因素。 2. 熟悉生物氧化的特点及意义；两条氧化呼吸链的排列方式。 3. 了解参与生物氧化的酶类；线粒体外的氧化方式。 实验 3　琥珀酸脱氢酶的作用及其抑制	4	2	2
第 5 章　糖代谢	1. 掌握糖的无氧分解、有氧氧化的概念、主要反应过程、关键酶及生理意义，磷酸戊糖途径的生理意义；糖异生作用的概念及生理意义；血糖正常参考范围、高血糖、低血糖和糖尿。 2. 熟悉糖原合成与分解的概念、过程要点及生理意义；血糖的来源、去路及血糖浓度的调节。 3. 了解糖的概念和分类；糖在体内的重要生理功能；糖异生反应途径；糖代谢紊乱与临床疾病关系；糖类药物特点和作用；临床常见糖类药物。 实验 4　血清葡萄糖的测定（葡萄糖氧化酶法）	8	6	2
第 6 章　脂类代谢	1. 掌握脂类的分类、分布与生理功能；酮体的代谢特点和生理意义；血浆脂蛋白的分类和功能。 2. 熟悉甘油三酯的分解代谢；脂肪动员；胆固醇的转化与排泄；脂类药物的作用与分类。 3. 了解甘油三酯的合成代谢；甘油磷脂的代谢；血脂的组成及来源与去路。 实验 5　肝中酮体的生成作用	8	6	2
第 7 章　氨基酸代谢	1. 掌握氨基酸的脱氨基作用；氨的来源与去路；高血氨与氨中毒；一碳单位的代谢。 2. 熟悉蛋白质的营养价值；氨基酸的代谢概况；氨基酸的脱羧基作用；氨基酸类药物的分类和作用；常见氨基酸类药物。 3. 了解蛋白质的生理功能；α-酮酸的代谢；芳香族氨基酸的代谢。 实验 6　ALT 活性测定（赖氏法）	7	5	2
第 8 章　肝生物化学	1. 掌握肝在糖类、脂类、蛋白质代谢中的作用；生物转化的概念、特点及生理意义；血红素合成的原料及生成部位；胆色素的概念及代谢。 2. 熟悉生物转化的影响因素；胆汁酸的肠肝循环及胆汁酸的功能；红细胞的代谢特点及功能。 3. 了解生物转化的反应类型；胆汁酸的生成；血红素的生物合成。	3	3	

续表

目录	教学内容及教学要求	课时数		
		总课时	理论	实践
第9章 核苷酸代谢和蛋白质的生物合成	1. 掌握嘌呤、嘧啶核苷酸分解代的终产物；中心法则、DNA半保留复制的概念。 2. 熟悉嘌呤核苷酸、嘧啶核苷酸的合成原料；DNA的生物合成过程、反转录过程。 3. 了解翻译的概念及蛋白质生合成过程。	3	3	
第10章 水和无机盐代谢	1. 掌握水的平衡；主要电解质的代谢特点。 2. 熟悉水与主要电解质的含量和分布；水与电解质的生理功能；钙、磷代谢及其调节。 3. 了解水与电解质平衡调节。	3	3	
第11章 酸碱平衡	1. 掌握酸碱平衡的概念；酸碱平衡的主要调节机制和特点。 2. 熟悉体内酸性、碱性物质的主要来源；酸碱平衡调节。 3. 了解酸碱平衡失常引起原因；酸中毒和碱中毒的概念和特点；判断酸碱平衡的生化指标及其临床意义。 4. 学会运用酸碱平衡知识解释临床症状。	2	2	

四、学时分配建议（54学时）

教学内容	学时数		
	理论	实践	小计
一、绪论	2	0	2
二、蛋白质与核酸化学	6	0	6
三、酶与维生素	6	2	8
四、生物氧化	2	2	4
五、糖代谢	6	2	8
六、脂类代谢	6	2	8
七、氨基酸代谢	5	2	7
八、肝生物化学	3	0	3
九、核苷酸代谢和蛋白质的生物合成	3	0	3
十、水和无机盐代谢	3	0	3
十一、酸碱平衡	2	0	2
合计	44	10	54

五、编写说明

（一）本教材出版后主要供中等卫生职业教育药学类专业以及医药类相关专业教学使用，总学时为54学时，其中理论教学44学时，实践教学10学时。

（二）教学要求

本课程理论部分教学要求分为掌握、熟悉、了解三个层次。

掌握：是指对基本知识、基本理论、基本技能有较深刻的认识，并能综合、灵活地运用所学的知识解决实际问题。

熟悉：指能领会概念、原理的基本含义，理解代谢过程及生理意义。

了解：指对基本知识、基本理论能有一定的初步认识，能够记忆所学的知识要点。

自测题选择题参考答案

第 1 章

一、单项选择题

1. C　2. E

第 2 章

二、单项选择题

1. C　2. B　3. D　4. D　5. B　6. E　7. C　8. D　9. E

三、多项选择题

1. AD　2. ACD　3. BCD

第 3 章

二、单项选择题

1. A　2. C　3. E　4. C　5. B　6. A　7. C　8. C　9. A　10. C

三、多项选择题

1. AC　2. ACDE　3. BDE　4. BD　5. CD

第 4 章

二、单项选择题

1. C　2. A　3. C　4. B　5. E

三、多项选择题

1. ABCDE　2. ABCE　3. ABC

第 5 章

二、单项选择题

1. A　2. D　3. C　4. D　5. B　6. A　7. D　8. B　9. D　10. C

三、多项选择题

1. ABCD　2. ABCE　3. ABCD　4. AE　5. ABDE　6. BCD　7. ABCD　8. ABCE　9. ABC　10. ABC

第 6 章

二、单项选择题

1. D　2. A　3. A　4. D　5. E　6. D　7. D　8. E　9. B　10. C　11. A　12. D　13. A　14. B　15. D

三、多项选择题

1. ACDE　2. CDE　3. CDE　4. ABCD　5. ABCE　6. ABCDE　7. ABCDE

第 7 章

二、单项选择题

1. C　2. D　3. B　4. D　5. A　6. A　7. B　8. D　9. B　10. C

三、多项选择题

1. ABCDE　2. ABC　3. DE　4. ABC　5. ABDE　6. ABDE

第 8 章

二、单项选择题

1. D　2. C　3. E　4. C　5. B　6. B　7. C

三、多项选择题

1. BCDE　2. ABC　3. ABCD　4. ABCDE

第 9 章

二、单项选择题

1. C　2. D　3. A　4. C　5. B　6. D　7. D　8. B　9. B　10. C

三、多项选择题

1. ABCD　2. BDE　3. BE　4. ABCD

第 10 章

二、单项选择题

1. D　2. D　3. A　4. C　5. A　6. C　7. D

三、多项选择题

1. AB　2. ABCD　3. AB

第 11 章

二、单项选择题

1. B　2. D　3. A　4. C　5. A　6. C

三、多项选择题

1. ACD　2. ABC　3. ABCD